NITROX

PIERRE GOBINET

NITROX

ROMAN

TRADUIT DE L'ANGLAIS
PAR ALEXANDRA BIGAIGNON

ÉDITIONS DU SEUIL
57, rue Gaston-Tessier, Paris XIXe

ISBN 978-2-02-141751-7

www.seuil.com

À DeDe. Pour que tu n'aies plus peur de l'eau.

« “Garce”, dit Bond. Il sourit, puis entra dans le restaurant régler l’addition et commander un taxi. »

Ian Fleming, *Opération Tonnerre*

Première partie

Sans les bulles remontant vers l'air libre et le rideau de lumière agonisant au-dessus de nos têtes, il serait impossible de différencier le haut du bas. Nous avons franchi les vingt premiers mètres, serrant les dents pour affronter la férocité du courant de surface qui semble labourer en permanence le détroit de Gubal. Le sommet du mât avant et le nid-de-pie sont tapis là, quelque part, mais la visibilité est si restreinte aujourd'hui qu'il ne sert à rien de chercher. Rassemblés autour de la ligne de mouillage, nous poursuivons notre descente à coups de palmes, fragments de vie qui s'agitent au gré d'une masse d'eau verte, sombre et salée. La descente a quelque chose de magique. Toutes procurent des sensations fortes, mais celle-ci est particulièrement grisante. Il y a ce moment précis, délicieux, où vous ne voyez plus la surface, et ne distinguez pas encore l'épave. Vous êtes entre deux eaux et votre cerveau vous dit que vous n'avez rien à faire là, dans l'immensité de ce lieu de perdition. À ce stade de la plongée, les débutants auront la nausée. Mais aujourd'hui pas de petits nouveaux à chaperonner. Nous sommes entre nous.

Le jour se lève. L'épave nous attend.

Je commence tout juste à me lasser de ce désert vert et liquide, quand enfin elle surgit, proue majestueuse, tel un *Titanic*, à une quarantaine de mètres. Un vaisseau fantôme amarré à jamais au fond marin. Je tends le bras pour toucher le mât : étrange intimité avec cent huit mètres d'acier rouillé, de jeunes coraux et de vieux charbon. Du charbon, le *Rosalie Moller* devait en livrer une cargaison à Alexandrie, après une grande traversée le long de la pointe de l'Afrique, lorsqu'il fut coulé par des bombardiers allemands Heinkel He 111, en octobre 1941.

Les plongeurs les plus téméraires, friands de coins sombres et confinés, se précipiteront vers les cales, derrière la salle des machines. Un trou béant signale l'endroit où deux bombes ont frappé la cale 4 du côté tribord cette nuit d'octobre, tuant probablement sur le coup deux membres de l'équipage. Mais on ne taquine pas ces profondeurs pour une cargaison sans intérêt. Les photographes et ceux qui raffolent des longs paliers de décompression iront droit vers la poupe, où l'immense gouvernail et l'hélice reposent sur le fond à plus de cinquante mètres sous la surface. J'ai vu des types enfouir une main dans le sable à cet endroit dans le seul but d'exhiber leur montre-ordinateur au bar et revendiquer le record maximal de profondeur.

En fait, c'est sur les ponts que tout se joue.

Le temps de plongée est limité et chaque minute compte. Je lève la tête et vois le dernier plongeur de l'équipe descendre en piqué pour nous rejoindre. Nous nous regroupons à trente-cinq mètres, vérifions ordinateurs et manomètres, puis nous dirigeons vers l'arrière, le long des ponts. Nous glissons au-dessus du treuil d'ancrage, des rambardes et des échelles, à travers les garde-fous et les coursives, tous tapissés de coraux durs et mous. Nous pénétrons dans le compartiment passagers, puis sur le pont principal amputé de son gouvernail, et arrivons à un croisement où la cheminée du navire gît sur le flanc.

Nous voici dans l'arène.

Nous marquons un temps d'arrêt, examinant de près la structure rouillée afin d'éviter les épines venimeuses d'une rascasse volante, puis chacun choisit un endroit confortable où s'installer. Et observer.

On imagine toujours les plongeurs en train de flotter, de couler, de remonter, de pédaler ou de prendre des photos. Ils nagent, gesticulent. Bref, ils sont sans cesse en mouvement et ne sont satisfaits que lorsqu'ils ont fait le tour complet du site de plongée. En réalité, la vraie plongée de loisir est une activité de paresseux. Moins on bouge, moins on respire, plus on reste longtemps, et plus on observe.

Alors nous observons.

Très vite, le charme de l'épave opère. D'abord, les poissons de verre. Ils grouillent ici par millions, murs géants de flèches d'argent massées autour du bâtiment, formant un seul être. Tendez la main, ils l'entourent aussitôt d'un cercle parfait. Ici, ils constituent un mets de choix, le substrat primitif de la chaîne alimentaire. À un moment donné, ils sont si nombreux que mon cerveau n'est plus capable de distinguer l'épave et cesse carrément d'intégrer les formes.

Soudain la foudre frappe, le mur de poissons cède et la mer s'ouvre. Il faut un certain temps pour comprendre ce qui se passe, et pourtant le spectacle semble familier. Nous y avons assisté plusieurs fois déjà et nous connaissons intimement les protagonistes : d'immondes carangues et des thons furtifs en chasse. Ils patrouillent les abords de l'épave, traquant sans relâche les poissons de verre isolés qui se seraient éloignés de l'anonymat du banc. Lorsqu'ils repèrent une cible potentielle, ils accélèrent puis explosent de vitesse, une véritable onde de choc. Le banc se rétracte presque simultanément dans une tentative désespérée d'embrouiller le prédateur, de le désorienter. C'est un ballet sans fin qui se reproduit à l'envi. Et au moment précis où vous pensez que le festin est terminé, un missile d'argent percute le banc à quelques centimètres au-dessus de votre tête. Un véritable feu d'artifice, trente-cinq mètres sous une des voies de navigation les plus densément fréquentées de la mer Rouge.

L'effervescence retombe. Le banc de poissons de verre se regroupe et palpite autour de moi, tel un voile géant ensorcelé. Il berce mes pensées et altère mes sens.

Désormais je suis seul.

Je regarde à gauche. Puis à droite. À gauche. À droite encore. Pris au piège dans ce mur de chair tourbillonnant aux reflets d'argent. Ma respiration s'accélère. Mon pouls galope.

Le banc de poissons frémit et s'ouvre.

Elle est là. Ses longs cheveux blonds ondulent avec le courant. La lumière danse et se réfléchit sur le verre ovale de son masque. Elle lève une arbalète sombre et fuselée et vise ma tête. Lentement, très lentement. Presqu'à bout portant. La flèche à double pointe en inox étincelle en haute définition. Je retiens mon souffle, paralysé.

Son index tressaille sur la détente.

Les sandows de l'arbalète claquent.

Coup parti !

*

La flèche transperça la vitre de mon masque : le verre brisé fit voler mon rêve en éclats. De l'autre côté du miroir, le portable sonna dans un fracas infernal. Je l'empoignai d'une main, balayant des éclats de verre imaginaires de l'autre. Les pages glacées d'un magazine de plongée glissèrent de ma poitrine et allèrent s'échouer par terre : un numéro spécial « épaves ». Chevauchement sensoriel et transition douloureuse vers la réalité. Bon retour à Dunkerque, nord de la France. Novembre 2009. Appel d'astreinte à 2 heures du matin. Des toiles d'araignées au fond de la gorge et un début de mal de crâne brouillèrent mon discours. *Bon, soyons bref.*

– Gopler.

– Mon capitaine, nous avons un mort au 24, avenue Mitterrand.

L'adjudant Gaulois, mon officier de permanence.

– Femme de soixante-treize ans, ajouta-t-il. Probablement un suicide. On est sur place.

Mon vieux poste de télé diffusait en sourdine un flash spécial sur Eurosport : des images filmées avec un téléphone portable, montrant une foule de supporters égyptiens et algériens enragés en train de s'étriper au sujet d'un match de foot au Caire. À l'antenne, un charabia quasiment inaudible : « partialité des grands médias… tensions communautaires sans précédent… crise diplomatique… instrumentalisation des affrontements ». Du tapage médiatique classique. Mon suicide local éclipsa l'agitation footballistique internationale.

– Heure du décès ? demandai-je.

– À première vue, je dirais il y a trois ou quatre jours, répondit Gaulois. Le toubib a dit qu'il serait là dans une demi-heure. J'ai averti l'adjoint de permanence au bureau du maire.

J'avais attrapé la télécommande et zappais machinalement, tandis que l'adjudant énumérait la procédure habituelle. Une Ferrari cabriolet noire accélérait et faisait des étincelles sur l'asphalte. La caméra filmait à hauteur des jantes chromées. Crockett et Tubbs filaient vers la scène du crime à toute allure, de nuit, bercés par la pop de Phil Collins interprétant « In the Air Tonight ». Deux flics à Miami dans toute leur splendeur. Mon suicide local éclipsa aussi la série policière des années 80 aux couleurs saturées.

– Merci, mon adjudant, j'arrive.

Je me redressai brusquement sur le canapé, les yeux grands ouverts, mais pas encore en face des trous.

La douche froide fut radicale, engourdissant mes quelques réticences et avivant mes pensées, ou était-ce l'inverse ? Cinq minutes plus tard, j'étais en tenue, mon SIG 2022 de service dans son holster. La lumière bleue stroboscopique du gyrophare de ma Renault Mégane mitrailla la caserne de gendarmerie endormie alors que je filais dans la nuit.

Dommage. Je ne connaîtrais jamais l'identité de la femme à l'arbalète.

*

– Elle a *tout* avalé ? demandai-je.

– Oui, mon capitaine. Le pot entier, dit Gaulois, calant le funeste récipient jaune entre deux doigts gantés de latex blanc. Mort-aux-rats.

– Ces gens sont si désespérés ? dis-je naïvement.

Il leva les yeux et inclina la tête en direction de la pleine lune incandescente – ce funeste présage qui en pousse plus d'un à bout.

– *Elle* y contribue forcément, souligna-t-il. Un gars du QG l'a prouvé, statistiques à l'appui.

– Peut-être. Mais… du rodenticide, bon sang ? Enfin, j'imagine que vous êtes un pur produit de Dunkerque. Est-ce que ce procé…

– Non, pas du tout ! m'interrompit-il.

– Bon, dans ce cas, il faut absolument vérifier les stats avec le QG, parce que c'est le troisième suicide par empoisonnement ce mois-ci et c'est une façon particulièrement glauque de…

– Je viens de Zuydcoote ! corrigea-t-il, scandalisé par ma première supposition qu'il percevait quasiment comme une insulte.

Zuydcoote : imaginez une commune minuscule à cinq kilomètres à peine à l'est de Dunkerque. Pour lui, il s'agissait d'un autre système solaire. Bienvenue dans la France rurale. J'avais été affecté ici deux mois plus tôt en tant que commandant de compagnie. Imaginez : l'extrémité nord de l'Hexagone, au beau milieu du triangle stratégique qui enjambe le Royaume-Uni, la Belgique, les Pays-Bas et l'axe Lille-Paris. Avec une position géographique aussi sexy, je m'étais représenté un lieu qui incarnait la coolitude européenne, accueillant les autoroutes supersoniques de Schengen, des mégatonnes de marchandises dédouanées acheminées par ferry, où l'on maniait aisément trois langues étrangères, attirant des millions de technocrates cosmopolites et branchés. Grosse erreur. En lieu et place, l'alcool à profusion, les multiples suicides par pendaison ou empoisonnement, les chiffres capricieux de l'immigration clandestine, une caserne sinistre, des protocoles stériles, une quantité inépuisable de commémorations de la Seconde Guerre mondiale et des querelles sans fin avec l'administration locale, genre celles qui vous font prendre conscience que tous ensemble on est encore plus cons que seul dans son coin. Je traversais ce désert avec toute ma bonne volonté, incapable de me plier à cette mission. Je n'arrivais même pas à défaire mes cartons. Ils s'amoncelaient dans mon appartement de fonction : certains encore scellés et boursouflés, d'autres éventrés, tous implorant un sursis de dernière minute, un contrordre qui exigerait que je prenne mes cliques et mes claques, et fissa !

– Ah pardon, fis-je sans conviction. Zuydcoote. D'accord. Vous voulez bien me montrer le corps ?

– Par ici, mon capitaine.

Gaulois ouvrit la marche dans cette grande propriété lugubre à deux étages, construite en brique rouge sur les décombres de la ville bombardée. Nous passâmes devant le living sordide et encombré, devant le gros tube cathodique Toshiba, devant le vieux canapé cramoisi et sa têtière brodée, devant le mausolée poussiéreux des photos de famille un peu passées, devant la vitrine exhibant l'argenterie abîmée et la vaisselle en porcelaine de Limoges. Cette maison aurait très bien pu être celle de ma défunte grand-mère. Et même, à la réflexion, celle des grands-parents de n'importe quel Français de ma génération.

Deux gendarmes équipés de surchaussures en plastique bleu et de gants blancs en latex passaient la maison au peigne fin, parcouraient le courrier et inspectaient les taies d'oreiller. Flairant les signes d'un acte criminel ou d'une intention malveillante. Le plus âgé leva les yeux de la pile de vieilles photos, se redressa et s'avança, nous saluant d'un signe de tête compétent.

– Ça me paraît simple, dit-il. Elle vivait seule ici depuis trois ans. Pas de famille. Pas de signe apparent de lutte. On a ratissé la baraque pour trouver des empreintes : il n'y a que les siennes. Carré, mon capitaine.

Ici, *mon* n'est pas un adjectif possessif. Il veut dire *Monsieur. Monsieur le capitaine.* Hé oui. J'étais le patron. J'avais les pleins pouvoirs sur cent cinquante bonshommes au sein de la plus vieille institution d'ordre public de France : la grande Gendarmerie, mi-armée, mi-police. Mon quotidien rimait avec responsabilité, visibilité, paperasse monstre, appels téléphoniques tous azimuts. Oui, ma tronche était très souvent dans les journaux, et oui, je rencontrais régulièrement la crème des notables de province : le maire, le sous-préfet, les élus, les francs-maçons. Ils me voulaient tous parce que mes gendarmes incarnaient « la Loi » ici-bas. En bleu et noir, ils étaient omniprésents, portaient beau devant la caméra et constituaient une force avec laquelle il fallait compter.

J'étais le patron. Et c'était l'enfer. J'avais l'impression de faire un boulot de sous-fifre, dans les pompes d'un carriériste de quarante-cinq balais, flanqué de sa progéniture préformatée et de son épouse humble et docile. Pas d'intrigue, pas de tension. Pas d'intérêt. Rien n'éveillait ma curiosité. Les cadavres me laissaient de marbre. Dans mon esprit, un crack de la police scientifique qui examine un cadavre de plus ou un mécano de F1 inspectant le moteur d'une Trabant, c'était du pareil au même. Voilà où j'en étais, un diplômé de Saint-Cyr totalement indifférent au sort et à la carrière des types qui trimaient pour lui. Tu parles d'un grand patron, j'étais irrécupérable. Et je m'en foutais éperdument, même si je faisais semblant du contraire parce que c'était mon devoir. Ce boulot ne me faisait pas vibrer, j'avais deux de tension et je faisais mon possible pour ne pas montrer aux gars que j'avais juste envie d'être n'importe où, sauf là.

Quelques secondes plus tard, je me penchai sur la peau grise tirant vers le bleu, les yeux mi-clos, la bouche obscurcie et les dents tachées par le poison. La vieille dame, toute raidie sur son lit, semblait ruminer et s'attarder sur la situation malencontreuse qui nous réunissait. Nos chemins se croisaient. Elle s'adressa à moi : « Tu peux être libre toi aussi, prédit-elle. Mais ça a un coût. Et *quelqu'un* en fait toujours les frais. »

*

Novembre 2009. 6 h 37. Obscurité totale, brouillard et bruine froide un mercredi matin. Les gars échangeaient des anecdotes d'autopsies sordides avec le médecin légiste. En attendant, on regardait deux types charger la carcasse de la vieille dans la Mercedes Sprinter jaune poussin de la morgue. La pluie détrempait nos képis et éclaboussait nos parkas bleus. Je la sentais dégouliner le long de ma chemise, le long de mon col, elle transperçait mes os. J'étais frigorifié. La morosité accablante de la scène me donnait envie de me tailler les veines à la petite cuillère. Les mains dans les poches et les épaules voûtées, fronçant les sourcils moins par malaise que par résignation, je décampai pour me réfugier dans le cocon hermétique de ma Renault.

J'allumai la radio.

France Culture diffusait l'émission de philosophie du matin. Un type de la Sorbonne affirmait que la peur de quelque chose n'était qu'une idée, et non l'objet de la peur en soi. Épictète aurait honte de nous s'il voyait à quel point notre société contemporaine repose sur la peur. La peur de tomber malade, d'être fatigué, d'être gros, de ne pas avoir de retraite, de ne pas être heureux, de ne pas être apprécié, la peur de ne pas arriver à temps à la réunion, la peur de ne pas faire bonne impression, la peur d'être victime d'un attentat à la bombe, la peur du vide, la peur de l'eau, la peur des qualités élémentaires – le chaud/le froid, l'humide/le sec –, la peur de la vie en général. La peur remplace l'anticipation, la clairvoyance et l'inspiration. Nous sommes tous si effrayés par la vie que nous avons tendance à oublier, au fil des ans, que la vie est censée être vécue, et non appréhendée. Dixit Franklin Delano Roosevelt dans sa première allocution en tant que président, le 4 mars 1933 : « La seule chose dont nous devons avoir peur, c'est de la peur elle-même. » J'attrapai le volant, mis le contact et méditai sur la peur.

Retour à la caserne. Je garai la Mégane à l'emplacement marqué « Capitaine », sortis sous la pluie et marchai d'un pas lourd vers le QG : « Wicked Soul » de Kubb résonnait dans ma tête. Je repérai deux ou trois types en imper, recroquevillés sous le parapluie défraîchi, qui sortaient leur chien pour faire la crotte avant de retourner au bureau. La vie de caserne : votre travail est votre maison est votre travail. Il fallait que j'arrête de me les tâter, que je mette un terme à tout ça, sans quoi j'allais y rester.

Mon appartement de fonction se trouvait dans le bâtiment principal, au dernier étage. Deux sous-offs me saluèrent au passage dans l'escalier. Je répondis sommairement et pris la tangente dans le couloir qui menait aux appartements – j'étouffais. Crise d'angoisse. *Respire lentement, Nash.* Se débattre avec le trousseau de clés, lutter contre la serrure, claquer la porte bruyamment, poser le SIG, esquiver ces fichus cartons et se diriger tant bien que mal vers le canapé. S'affaler. *Ok : inspire, expire. Profondément. La vieille a raison, tu sais. De toute évidence, ça ne peut plus durer.*

J'avais besoin de roupiller. La journée allait être longue.

*

Mi-novembre 2009. La semaine avait été intense. Trois jours plus tôt, les gitans du coin avaient accroché d'énormes chaînes sur un distributeur automatique du centre-ville et l'avaient tout bonnement arraché du mur avec un tracteur volé. Puis ils avaient enfoncé le fourgon de la gendarmerie qui les poursuivait avec une voiture-bélier. Pas de victime. De vilains bleus, quelques bosses. Beaucoup de mauvais sang. Quelques heures plus tard, les gars avaient retrouvé le distributeur vide à une quinzaine de kilomètres, entouré de vaches qui broutaient paisiblement au milieu d'un pré.

Ce soir, la tension était retombée. Les gitans nous accordaient un peu de répit. Hendrix exsudait « South Saturn Delta » sur les enceintes chétives de mon salon. Et j'étais là en calbut, en train de faire les cent pas dans mon appartement de fonction : en pleine séance de télé-coaching existentiel avec une ancienne collègue d'Europol.

– Choisis un carton, Nash.

Enfin une voix familière. L'adjudant Johanne Bopotin était, et demeure, l'officier de liaison de la gendarmerie à l'Office européen de police, qui siège à La Haye. Europol. Trois mois plus tôt, elle travaillait pour moi. Du moins, d'un point de vue administratif. Johanne ne travaillait pas pour les gens, elle travaillait avec eux. Elle sortait clairement du lot : fuselée, brillante, intransigeante, une bouffée d'air frais dans ce monde de protocole militaire et de dogme institutionnel. À son actif, quinze années de service dans différentes unités d'enquête, des hanches de folie, l'intuition féminine et un carnet d'adresses à faire pâlir d'envie n'importe quel général. Je l'avais vue manipuler des magistrats hautains et des chefs de division pète-sec avec un sourire d'ange et un jeu de jambes subtil. Elle était ce que les militaires anglo-saxons appellent un multiplicateur de force et la Strass avait eu le nez fin de l'affecter à un poste d'officier de liaison. Vu la quantité de renseignement brut qui circulait H24 entre les États de l'Union européenne, elle valait bien à elle seule une vingtaine ou une trentaine d'agents de terrain. Elle était restée à La Haye. Moi j'étais parti, réaffecté après les trois ans de rigueur.

Putain de statut d'officier.

– Lequel ? C'est la bérézina ici.

Elle réfléchit quelques secondes.

– Alors, quel carton ? m'impatientai-je.

– Eh bien, si tu fais tes cartons comme moi, il est fort probable que l'un d'entre eux ne soit pas étiqueté, dit-elle. Parce que tu sais ce qu'il y a à l'intérieur. Le contenu est intime. Imagine la scène, Nash : si le bâtiment prenait feu et que tu devais cavaler vers la sortie de secours… lequel prendrais-tu ?

– Oh, ça je sais.

Je lançai aussitôt un regard en arrière, tout au fond à gauche de la chambre à coucher. Oui. La cantine, bien sûr.

– Et après je fais quoi, coach ?

– Prends les objets dont tu ne peux pas te passer. Concentre-toi sur ça, va à l'essentiel et laisse tomber le reste. Après… les choses suivront leur cours, *mon capitaine*.

Je m'approchai de la cantine militaire gris métal qui trônait dans un coin. Elle était tapissée d'autocollants de centres de plongée tape-à-l'œil et de stickers de matos fluo. Elle snobait les boîtes en carton bas de gamme, à l'instar d'un fauteuil de velours Louis-Philippe qui éviterait prudemment des tabourets de cuisine. Elle avait voyagé avec moi, sur le siège arrière de ma Volvo diesel, et pas dans le camion miteux de la société de déménagement.

Johanne me cajolait, m'accompagnait pas à pas.

– Tu as toujours du mal à t'adapter à ton nouveau boulot ? demanda-t-elle.

– C'est pas un boulot, Johanne. C'est une perversion. Non, pire que ça : un supplice. Un malaise latent, puissant, qui laisse un goût amer sur tout ce que j'entreprends depuis que j'ai accepté cette mission à la con.

– Oulaa. À ce point-là ? Comment tu tiens le coup ?

– Distance et perspective. Je me force à croire qu'un détachement suprême me permet de gérer les urgences avec calme et impartialité, qu'une attitude distante me donne suffisamment de recul pour prendre les bonnes décisions. Ah, et puis j'ai souvent recours à un autre subterfuge : je replace mon fardeau dans une perspective plus large.

– Large comment ?

– Excessivement large. Par exemple, je pense au caractère insignifiant de ce travail par rapport aux grands enjeux de la planète, au peu d'impact sur les gens qui vivent leur vie ailleurs, sur un autre continent. Ça me permet de lâcher du lest, de me libérer de cette angoisse. Futile, n'est-ce pas ? Complètement vain et futile.

– Nash, tu es déprimé. Tu t'ennuies, tu es pathétique et déprimé. Probablement un peu perdu aussi. Il te faudrait une femme pour te remonter le moral. Tu as des nouvelles de Babette ?

– Non. Ma chère petite amie néerlandaise a mis les voiles il y a trois semaines et m'a abandonné à mon sort à Dunkerque. Je pensais que tu étais au courant.

– Non, désolée. Et quand tu arpentes les couloirs du tribunal ou de la mairie de Dunkerque, ça ne donne rien ?

– Que dalle. Désormais, je me complais dans le célibat et les responsabilités sociales. C'est le vide sentimental.

– Arrête ton cinéma et ressaisis-toi, bon sang.

– Ok, voyons voir. Une naïade exotique en bikini, armée d'une arbalète, *pourrait* éventuellement m'aider à reprendre mes esprits, je dis bien *pourrait.* Comment ? Ai-je bien entendu, tu te portes volontaire ?

Son rire cristallin rebondit. Puis elle prononça la sentence sans ménagement :

– Nash, ça n'a rien à voir avec Dunkerque, ni avec la gendarmerie, ni même avec ton ex d'ailleurs. Tout ça, c'est de ta faute. Comme la plupart de tes potes de Saint-Cyr, tu as grandi et tu es devenu adulte le jour où tu as réalisé que tu ne serais jamais James Bond. Tu avais trente ans.

– Aïe, bon, mieux vaut tard que jamais, tu ne crois pas ?

– Et ensuite tu l'as complètement oublié, abruti ! Tu es entré dans le moule du statut d'officier et tu as embrassé tout ce qui s'y rattache : la fierté bidon, l'ordre établi, le souci du protocole. Tu t'es endormi dans une illusion confortable et trompeuse. Voilà ce qui t'arrive, Nash. Tu as laissé tomber tes rêves de gosse.

– C'est rude, m'dame. Vrai, mais rude. Délivre-moi de ce terrible ennui, veux-tu ?

– Tu l'as trouvé, ce fameux carton ?

– Je suis assis dessus en ce moment même.

– Bien. Tu attends quoi, alors ? Ouvre-le.

Elle raccrocha.

*

Le cadenas s'ouvrit d'un coup. J'appuyai le lourd couvercle de la cantine contre le mur et admirai la première strate d'objets. Le matos empestait le caoutchouc vintage, le silicone et la graisse. À l'intérieur : la cagoule, deux masques, les deuxièmes étages du détendeur avec leurs embouts ; le premier étage en inox, relié à la console deux éléments (mano et profondimètre), et des flexibles noirs haute pression, entortillés comme un nœud de vipères qui attendent l'heure du réveil prophétisé. Tout au fond : une combinaison deux-pièces 5 mm froissée, engoncée entre les palmes et le gilet de stabilisation. Et, bien rangé du côté droit de la cantine, un porte-documents zippé en cuir. Je caressai respectueusement le grain épais du vélin et fis glisser la fermeture éclair bien huilée le long de la tranche. Le porte-documents s'ouvrit, délivrant trois reliques, et au passage une foule de souvenirs pas si lointains que ça.

Une édition poche fatiguée et toute fripée d'*Opération Tonnerre* : premier tirage de la première édition publiée en 1961 par Jonathan Cape, rescapée du goulag d'un bouquiniste parisien.

Un classeur épais, format de poche, recouvert de néoprène : mon carnet de plongée, que je tenais depuis 1985.

Et enfin, une montre militaire.

Le fond acier du boîtier de la montre reflétait la lumière du bureau et projetait un cercle jaune sur la paume de ma main. Gravé dans la matière, on pouvait lire : FF96 BUND ETA CD2873. Je plaçai le bracelet en peau de requin, de couleur brune, autour de mon poignet et refermai la boucle ardillon. L'aiguille des secondes était immobile, dans l'attente de la pulsation magique du remontage manuel.

Maintenant, vérifie le carnet de plongée. Voyons un peu... Je fis défiler les pages. Voilà. L'île de Kuredu. C'était le déclic. J'avais condensé tout ça en deux petites lignes, mais en les relisant les souvenirs refirent surface. La Bund était un sceptre, en fait. Elle était là quand le vent avait tourné.

De mes premières plongées, il me reste toujours quelques bribes en Technicolor : le contact humide de la combi sur ma peau, l'embout du détendeur sur mes gencives, des suçons de raie sur le dos de ma main à Grand Cayman, une pieuvre déployant un tentacule pour me toucher en Corse. Mais certaines plongées occupent un tiroir distinct de ma mémoire, une bobine de film entière d'une précision exceptionnelle. Une plongée en particulier.

*

Les Maldives. Atoll de Lhaviyani. Janvier 2009.

Je me souviens d'un matin calme. Dix plongeurs tout au plus étaient inscrits. Un Latino trapu s'approcha du ponton en poussant une brouette. Short de bain déchiré. T-shirt bleu Aerolíneas Argentinas. Une casquette des Yankees blanchie par le sel retenait ses cheveux noirs et répartissait de chaque côté de longues boucles ondulées. Sous la casquette, un visage buriné. Un nez busqué tordu à la Rossy de Palma surmontait une mâchoire carrée encadrée par des rouflaquettes. Il s'arrêta sur le ponton à bâbord et transféra sans peine le contenu de la brouette à bord du bateau de plongée : un caisson vidéo Gates professionnel et un recycleur à circuit fermé (un scaphandre permettant d'ajuster automatiquement le mélange de gaz respirable du plongeur en fonction de la profondeur et de la pression partielle d'oxygène programmée). À première vue, c'était un moniteur du centre, décontracté mais au sang chaud, profitant de son précieux jour de congé pour s'offrir une plongée royale.

Pendant le trajet, il ignora le briefing traditionnel sur le pont arrière du bateau, se tenant soigneusement à l'écart de la plèbe. Il tripotait son kit de manière obsessionnelle, bidouillait la myriade de boutons, de joints toriques et de plaques de plexiglas, et effectuait divers contrôles pré-plongée sur le recycleur. Une vieille montre de plongée mécanique scintillait discrètement à son poignet épais.

J'étais fasciné par le matos. Le recycleur ressemblait à une carapace de tortue articulée et équipée d'antennes TV. Le caisson vidéo à lui seul devait coûter plus cher que notre embarcation, équipage compris. Il me laissa observer son rituel de préparation un certain temps, puis m'adressa la parole sans lever les yeux :

– Tu dois être flic.

Anglais américanisé avec une forte inflexion latine, façon Miami.

– Qu'est-ce qui m'a trahi ? lui répondis-je.

– Tu te demandes comment un clodo comme moi peut se payer un tel équipement.

– Je m'en fous. En fait, je me demandais si tu avais besoin d'un binôme.

– Je n'ai jamais plongé avec un flic, dit-il.

– Moi je n'ai jamais plongé avec un clodo. Nous sommes quittes. Ne t'inquiète pas, je ne gênerai pas la prise de vue.

– Tes bulles le feront, en revanche. Tu peux retenir ta respiration pendant une heure ?

– Je peux faire semblant.

– Marché conclu, dit-il en souriant d'un air moqueur. Je m'appelle Daniel.

Il tendit une grosse main calleuse.

– De Patagonie.

Au programme de la sortie ce jour-là : Kuredu Caves, une série de cavités et de surplombs émaillant le récif nord de l'île de Kuredu. Ce site de plongée abrite d'énormes tortues vertes, qui se nichent tête baissée dans les moindres recoins entre huit et vingt mètres, carapaces tournées vers l'océan, et jettent un coup d'œil de temps à autre aux intrus maladroits osant déranger leur sommeil. Derrière cet « aéroport à tortues », le mur vertical du récif s'enfonce à pic dans les profondeurs.

Daniel tenait le gros caisson à bout de bras. Dès que la luminosité faiblissait, il déclenchait deux phares vidéo puissants montés de chaque côté et filmait une courte séquence. Un peu comme si la lumière du jour chassait l'obscurité par tranches de quinze ou trente secondes. J'avais l'impression d'explorer le *Titanic* à vingt mètres de la surface.

Après environ une demi-heure d'immersion, Daniel détacha ses yeux du viseur et tourna son attention vers une palanquée évoluant à dix mètres au-dessus de nous. Derrière eux, une femme corpulente nageait à la traîne, palmes vers le bas. Elle battait des jambes en vain et respirait lourdement. Verdict : trop de plombs sur la ceinture. À ce rythme, elle risquait d'hyperventiler, de s'épuiser, et très probablement de paniquer. Bref, elle allait gâcher sa plongée. Mais ses équipiers, trop occupés à prendre des photos, continuaient de l'ignorer. À un moment donné, Daniel se tourna vers moi et vit que j'observais aussi la femme. Il me tendit le caisson vidéo, confirma son intention par un signe de la main, et se dirigea vers elle pour s'assurer que tout allait bien. Je le suivis à distance.

Au moment où elle s'arrêta complètement de nager, comme paralysée, Daniel s'élança et attrapa l'inflateur de son gilet stabilisateur pour ajuster sa flottabilité. Il sécurisa le détendeur dans sa bouche d'une main et de l'autre attrapa la bretelle de sa stab. Mais elle se mit à se débattre de manière inattendue. Prise de panique, les yeux exorbités, elle agitait ses bras dans tous les sens, violemment. Si violemment qu'elle envoya valser l'embout buccal de Daniel et empêtra son bras droit dans le tuyau annelé de son recycleur. Au bord de l'essoufflement, elle battait furieusement des jambes vers le haut, assenant des coups de coude dans le masque et la joue de Daniel, tandis qu'il tentait de ralentir sa vitesse de remontée. La lutte dura une trentaine de secondes, insoutenables, jusqu'à ce que je réalise que Daniel ne pouvait pas récupérer son propre embout. Il forçait la plongeuse à expirer pendant sa remontée panique, mais il était lui-même incapable de respirer. S'il avait réussi à la stabiliser à quatre ou cinq mètres, l'eau avait en revanche inondé son recycleur par l'embout, et le détendeur de sa bouteille de secours était coincé, hors de portée.

Je sortis de ma torpeur, mis le caisson en sécurité sous une saillie rocheuse et m'élançai illico. *Expire profondément, Nash. Chope ton détendeur de secours. Colle-le-lui au visage.*

Daniel mordit l'embout du deuxième étage pendant que je tenais le tuyau et tirais la purge rapide de mon gilet pour ralentir la remontée. Des milliards de bulles s'échappèrent, crépitant et éclatant dans mes oreilles. Stabilisation à trois, en pleine eau. Daniel inspira, leva les yeux puis vérifia la profondeur sur son ordinateur. Son recycleur pissait des bulles. Pendant son calvaire, la femme avait probablement arraché quelque chose et noyé le circuit respiratoire. Son bras était toujours empêtré inutilement dans le tuyau annelé, mais Daniel maintenait son détendeur fermement d'une main et sa stab de l'autre. Elle respira et reprit ses esprits. Ses équipiers avaient poursuivi leur plongée et s'étaient volatilisés.

On improvisa un palier sécurité. Un des tuyaux du recycleur de Daniel pendouillait tel un tentacule déchiqueté. Il ne me restait plus qu'une trentaine de bars avec deux paires de poumons qui pompaient ma bouteille. Il était temps de refaire surface. Un « divemaster » avait assisté de loin à toute la scène. Il nous rejoignit avec le caisson vidéo de Daniel et demanda l'air de rien si tout le monde allait bien. Une journée de travail comme une autre.

Sur le chemin du retour, on trinqua à mon premier sauvetage en plongée. Daniel sortit deux bouteilles de bière bien fraîches d'une glacière défoncée et me fit signe de l'accompagner à l'avant du bateau. À cheval sur le bastingage, nous étions suspendus entre le bleu turquoise de l'océan Indien et le puissant brasier maldivien de la mi-journée : un complot de miroirs né d'un parfait concours de circonstances.

– Tu n'étais pas censé retenir ta respiration ? dit-il.

Je m'étais trompé à son sujet. Il y avait quelque chose dans son allure, son port de tête, une expression marquée ; ce n'était pas un regard noir, mais plutôt une tension assumée que l'on lit rarement sur un visage ordinaire. De ses yeux émanait cette fureur contenue, familière, que l'on distingue chez ceux qui ont vécu des choses hors du commun. On vida nos bières en évoquant nos odyssées respectives.

Il me confia avoir été, dans une vie précédente, pilote d'avions-cargos en Amérique du Sud.

Je lui racontai Saint-Cyr, les exercices d'ordre serré, l'entraînement commando dans la citadelle de Mont-Louis et les combats de jungle en Guyane française aux côtés de la Légion étrangère.

Il me décrivit les modèles d'avions qu'il avait pilotés et les cargaisons douteuses transportées dans différents pays sans poser de questions.

Je lui parlai des casernes de gendarmerie, des uniformes qui grattent, du QG parisien et d'Europol.

Il dit qu'il s'était mis à la plongée parce qu'il n'avait pas envie de croupir derrière les barreaux pour transport aérien de marchandises suspectes. Rien à ajouter.

Je dis que je rêvais de faire de la plongée parce que je ne voulais pas moisir derrière un bureau à signer des ordres de service et des arrêts-maladie foireux. Moi j'en rajoutai.

– Ahh, donc tu n'es pas qu'un flic fouineur, tu es aussi un militaire déçu, fit-il remarquer.

Ses yeux s'égarèrent.

– J'ai rencontré un tas de militaires quand je plongeais en Thaïlande et au Mexique. L'un d'entre eux m'a donné ça.

Il retira sa montre et scruta le fond de boîtier.

– Un ancien *Kampfschwimmer* allemand que j'ai secouru alors qu'il était coincé tout au fond d'un cénote à Playa del Carmen. Il l'appelait « la Bund ». Je n'ai aucune idée de ce qu'elle a pu vivre avant lui, ponctua-t-il d'un sourire maladroit, mais quelque part tu me sembles tout désigné pour en être le prochain gardien.

Il me la tendit sans emphase.

J'attachai religieusement l'antiquité autour de mon poignet. Daniel se gratta la tête tout en promenant le regard sur le roulement des vagues. Il tentait de minimiser la portée de son geste.

– Ce vieux con, dit-il en riant, prétendait que c'était un talisman au passé obscur qui attire les couchers de soleil sans lendemain et les femmes intrigantes. Mais ne me remercie pas tout de suite, ajouta-t-il, semant les graines d'une révolution. C'est aussi un véritable aimant à emmerdes.

*

Dunkerque. J'allais à l'essentiel. Johanne avait raison : les choses suivraient leur cours. Je remontai la Bund et réglai l'heure. L'aiguille des secondes reprit vie et le tic-tac berça mes pensées du crépuscule à l'aube.

Deux jours plus tard, j'étais debout en vareuse et chemise blanche face à la porte vert olive, cloutée et capitonnée du QG de Lille : le sas conduisant au bureau du commandant de groupement forçait le respect. Mon cœur martelait ma cage thoracique, prêt à exploser. J'avais rejoué ce moment des dizaines de fois, répété le discours, les gestes, articulé les mots en silence devant le miroir de la salle de bains. *Regardez-moi bien. Voici mon plan. Ma décision est prise. Maintenant tout va s'enchaîner.*

Voilà comment j'imaginais l'échange :

– Mon colonel. Je m'apprête à démissionner de la gendarmerie.

(Se demande si je parle bien français, est tenté de renifler mon haleine pour voir si j'ai bu.)

– Je vous demande pardon ?

– Je vais démissionner, mon colonel.

(Confus, réalise que je suis peut-être sobre après tout.)

– Quoi !? Gopler ! Mais enfin p… pourquoi ?

– Je veux devenir moniteur de plongée, mon colonel.

(Moment d'incompréhension contenue, se prépare à affronter ce qu'il pense être une bouffée délirante passagère.)

– Nom de… Vous êtes sérieux ?

– Oui, mon colonel, très.

(Incrédule maintenant, veut changer de sujet jusqu'à ce que je retrouve la raison.)

– Non, vous n'allez pas faire ça, Gopler. Vous ne pouvez pas. C'est ridicule. Impossible et ridicule.

– C'*est* possible, mon colonel. Il existe une vieille directive (et là je lui balance avec diligence la référence en question) qui stipule que l'institution peut financer les deux tiers de la reconversion d'un officier à condition que le projet soit légitime et bien réfléchi. Ça s'appelle la *réorientation*, me semble-t-il.

(Griffonne l'article fébrilement.)

– Jamais entendu parler.

– Personne n'en a entendu parler, mon colonel. C'est pourquoi la directive n'a pas évolué depuis 1973. En revanche, elle est toujours applicable.

– Rendez-vous service et retournez au travail, Gopler. Pour votre bien, je vais faire comme si vous n'aviez jamais sollicité cet entretien. Il n'y a pas mort d'homme, nous avons tous des doutes un jour ou l'autre. Vous avez été sous pression ces dernières semaines et…

(Je l'interromps.)

– Pas de pression, mon colonel.

(Irrité, comprend qu'il n'a pas beaucoup de marge de manœuvre et n'est pas en mesure de me faire changer d'avis.)

– Bordel, Gopler ! Vous êtes en train de me dire que vous allez abandonner tout *ça* (fait un grand cercle avec son bras droit, paume vers le haut) pour devenir un clodo de plongeur au Club Med ?

– C'est exact, mon colonel. Vous connaissez l'expression ?

(Ignore mon insolence.)

– Et tous frais payés par la maison ? On va vous *rémunérer* pour le faire ?

– C'est également exact, mon colonel.

– Putain ! Après tout le temps et l'argent que ce pays a investis en vous, vous allez vous barrer… comme ça ?

– Oui, mon colonel. Je suis navré, mon colonel.

(Décide de changer de tactique et flatte mon ego.)

– Mais… vous n'êtes affecté ici que depuis quelques mois. Une belle carrière vous attend, le CID[1], et tout le toutim. Et si vous menez bien votre barque, vous pourriez décrocher vos étoiles de général, Gopler. Prenez le temps d'y réfléchir, non ?

– C'est tout réfléchi, mon colonel. J'aimerais quitter l'unité en février, mon colonel.

– Gopler, c'est dans moins de quatre mois ! L'inspection du commandant de région est prévue en février. Paris ne peut pas m'envoyer un nouveau commandant de compagnie aussi vite !

– Le lieutenant Évrard, mon adjoint, pourrait me remplacer à titre provisoire, mon colonel. Il a dix ans d'ancienneté ici. Il connaît le boulot mieux que quiconque.

– Merde, Gopler ! Vous me laissez tomber. Je ne l'oublierai pas ! Officier de gendarmerie, c'est pas un boulot lambda. C'est un devoir, une vocation. Un sacerdoce ! On ne quitte pas le navire sur un coup de tête. Du moins, ça ne se fait pas ! Votre projet de reconversion a intérêt à être en béton armé, Gopler, parce qu'une fois parti je vais vous passer l'envie de revenir. Vous me recevez, Gopler ? Pas la peine d'essayer de revenir. N'y pensez même pas.

Bon, vous voyez ce que je veux dire. Je ne m'attendais pas à ce que l'échange soit particulièrement constructif. Pourquoi en aurait-il été autrement ?

Le téléphone de la secrétaire sonna. Elle décrocha, cala le combiné contre son épaule, écouta attentivement, puis répondit d'un ton courtois :

1. Collège interarmées de défense, rebaptisé École de guerre en 2011.

– Oui, mon colonel.

Elle leva les yeux et m'indiqua la porte d'un signe de tête.

– Allez-y, mon capitaine. Il vous attend.

*

De manière générale, le lieutenant-colonel Pierre Leconte, mon ancien patron à Dunkerque, n'était pas un type avenant. Dix ans de cavalerie blindée dans différentes unités d'éclairage et de reconnaissance ; transféré en gendarmerie en tant que capitaine, puis affecté au sein de sections de recherche ou de groupes d'intervention régionaux à Strasbourg, Paris et au Pays basque français. Les piliers de bar de la caserne prétendaient qu'il avait aussi été patron de la sécurité interne à « la piscine », le fameux siège de la DGSE, avant d'être nommé commandant de groupement pour tout le département du Nord. Beaucoup le considéraient comme l'archétype du saint-cyrien : vif d'esprit, habile sur le plan politique, mais aussi arrogant, condescendant et égocentrique. Ce n'était pas entièrement faux, mais selon moi son trait le plus caractéristique était sa relation ambiguë au temps. Il fallait tout faire dans l'instant, immédiatement, faute de quoi ça le rongeait ; il devenait irritable, capricieux et rapidement désagréable. C'était avant tout un éternel vagabond, instable et frustré, qui ne vivait que pour les départs et n'avait que faire des arrivées. Son esprit recherchait à tout prix la satisfaction du seuil, ce moment où l'on passe à autre chose en laissant le reste derrière soi. On aurait sans doute pu l'accuser de lâcheté, car il n'avait pas les tripes d'affronter les choses dans la durée. Il observait, évaluait, agissait un peu, puis passait à autre chose. Il souffrait d'une extrême sensibilité à l'ennui qui l'entraînait dans la quête perpétuelle d'une nouvelle destination, un nouvel objectif.

Incapable de se concentrer sur le présent, il lui fallait se projeter dans l'avenir, corps et âme. Plus d'un psy aurait diagnostiqué une affection grave.

En ce sens, on se ressemblait pas mal tous les deux. Sauf que le boulot de Leconte lui avait permis jusqu'à présent de rester sain d'esprit et concentré, malgré ce trait de caractère que l'on semblait partager. Il avait trouvé un moyen d'échapper à ses tourments et de se fondre dans le décor, de fusionner avec ses objectifs et, en définitive, de se consacrer pleinement à la tâche. En cet instant précis, je voulais simplement qu'il comprenne que j'avais trouvé mon propre remède, et que ce remède impliquait une combinaison en néoprène plutôt qu'un képi, un SIG 9 mm, ou même une paire de menottes.

J'entrai dans son bureau de trois pas raides et saluai. Une armure de chevalier me toisait, lance et bouclier prêts au combat. À ma gauche, une collection de sabres de cavalerie étincelait sous un projecteur. L'épais tapis rouge et la porte capitonnée étouffaient toute nuisance acoustique.

Assis derrière son bureau, Leconte examinait de près trois photos sombres sur papier glacé. Les doigts boudinés de sa main droite retenaient son front. Sa main gauche triturait nerveusement un paquet de Gauloises brunes. Profondément absorbé, il dévida le fil de ses pensées jusqu'à leur terme avant de daigner m'adresser un regard et remarquer ma présence.

– Ah oui, entrez, Gopler.

Il se leva et contourna son bureau pour m'accueillir. L'homme était petit, corpulent et à moitié chauve. Le pantalon et la chemise bleus peinaient à contenir son ventre. La moustache, elle, était sans équivoque : abondante, recourbée vers le haut, mais aussi austère et militaire. C'était un accro des statistiques, un maniaque du détail, un analyste scrupuleux – pas un homme de terrain. Il fit une sorte de révérence et tendit un bras droit raide, m'invitant à m'asseoir. La poignée de main traduisait un protocole courtois mais aussi fermeté et conviction ; son regard resta planté dans le mien.

La conversation démarra de manière formelle. Je me forçais à croire que j'avais une longueur d'avance, que je maîtrisais la situation. Cependant, très vite, les rôles bien définis dans ma tête s'inversèrent. J'avais la peur au ventre. Au dernier moment, j'inventai une excuse bidon pour justifier mon départ et entamai un monologue complètement insipide.

« J'ai la ferme intention de démissionner d'une carrière d'officier prometteuse pour saisir une opportunité professionnelle dans l'industrie de la plongée sous-marine de loisir et ainsi relever de nouveaux défis en compagnie de ma fiancée. Il s'agit à la fois d'un projet professionnel et familial, un projet clairement incompatible avec mes responsabilités actuelles… blabla… et je dois négocier ce virage important dès à présent ou je ne serai jamais en mesure de… blabla… et je suis certain que vous me comprendrez, mon colonel. » Ou un truc dans ce genre. J'évoquai un prétendu mariage imminent en supposant que les valeurs familiales conservatrices et profondément ancrées de l'institution me procureraient un argument béton pour légitimer mon objectif. En réalité, c'était terminé entre Babette et moi. Je comptais bien me barrer en solo. Je prenais le large sur un demi-mensonge.

Nash, t'es vraiment une fiotte.

Au début, j'eus du mal à savoir s'il gobait mon histoire. Il gardait la tête baissée sans broncher. Ses mains feuilletaient tranquillement un dossier… était-ce mon dossier personnel ? Ses yeux méticuleux s'arrêtaient et se plissaient sur une page çà et là. De l'index, il parcourait les dates, les affectations et les qualifications. Je m'accrochais à mon demi-mensonge éhonté. Il prenait des notes de temps en temps, me laissant radoter et mariner dans mon jus et ma culpabilité. Écoutait-il seulement ce que je lui racontais ? Je m'imaginais un interrogatoire dans une salle obscure, menotté, pouces retournés, néons aveuglants et seaux d'eau glacée jetés au visage. Je ne m'avouais pas vaincu pour autant. Sans savoir quelle tronche convenait à la situation, j'exposais en détail mon plan sur la comète et avançais d'hypothétiques dates butoirs.

Enfin il réagit, ponctuant mon délire d'un rictus et hochement de tête poli. C'était le moment de me taire, il en avait assez entendu.

– C'est une démarche courageuse de votre part, mon capitaine.

Pas une once de surprise dans sa voix formelle et ô combien affable.

– Visiblement, vous avez longuement réfléchi et votre décision est prise… une procédure pour le moins inhabituelle.

Il n'essaya même pas de noyer le poisson.

Non mais je rêve, pensai-je. Tout compte fait, j'ai peut-être une chance.

Puis, pour la première fois depuis le début de mon monologue, Leconte leva les yeux et me fit cracher le morceau.

– Bon, plus sérieusement.

Il me transperça du regard, tel un sphinx, ses doigts entrecroisés sur le bureau martial.

– Vous pensez vraiment que je vais gober votre histoire de mariage à dormir debout ? s'enquit-il sourcils froncés, demi-sourire pincé et diabolique.

– *Sincèrement*, Gopler, depuis combien de temps cette idée vous trotte-t-elle dans la tête ?

*

Dunkerque. Mi-février 2010. 1 heure du mat'.

Ma demande de démission mijotait dans les méandres de la paperasserie, tapie quelque part entre Leconte et la nébuleuse administrative du QG parisien. Merde, allez savoir, Leconte avait probablement planqué le dossier sous une pile. Il laissait traîner l'affaire jusqu'à ce que je m'enfile de la mort-aux-rats un soir de pleine lune.

– Laissez-moi réfléchir, avait-il conclu dans son bureau trois mois plus tôt. Gardez ça pour vous jusqu'à ce que je reprenne contact. En attendant, ressaisissez-vous, restez carré et évitez de vous ridiculiser. C'est vous le commandant de compagnie. Vous ne pouvez pas laisser tomber vos hommes sur un coup de tête. Entendu ?

Naturellement, il avait vu clair dans mon jeu. Les longues répétitions devant le miroir de ma salle de bains n'avaient servi à rien. « *Sincèrement*, Gopler, depuis combien de temps cette idée vous trotte-t-elle dans la tête ? » Je ne pouvais que hausser honteusement les épaules en signe d'aveu, espérant que ce geste traduirait la vérité mieux que mes mensonges.

Sa question ironique, posée à brûle-pourpoint, résonnait dans mes pensées en cette nuit froide de février. Je faisais défiler les pages de mon carnet de plongée, quand mon doigt s'arrêta au milieu des années 80. Séquence nostalgie, deuxième prise : le Spondyle Club, Juan-les-Pins, Côte d'Azur. Quelques notes et gribouillis juvéniles retranscrits par mes soins firent renaître une autre plongée.

*

J'étais raide dingue de Jacquie. Ses longues palmes rouges Hugues Dessault conçues pour la chasse sous-marine, sa bouée collerette orange Fenzy, équipée d'une minuscule bouteille et d'un inflateur, et enfin l'élégant masque Scubapro avec sa jupe fluorescente (une édition limitée s'il vous plaît). J'essayais de jouer au dur mais, vu mon accoutrement, ce n'était pas gagné. Voyez plutôt le matos : le masque Compensator Beuchat, caoutchouc noir et cerclage inox, doté d'une poche nasale qui récupère la morve pour ensuite l'exhiber comme la vitrine d'un boui-boui asiatique vantant la fraîcheur de ses huîtres, la combi Spirotechnique dix fois trop grande – pantalon taille haute, veste avec sous-cutale –, le bloc « biberon » jaune vif de sept litres, le dosseret backpack mastoc, le harnais avec les sangles en nylon, la grosse ceinture de lest et, cerise sur le gâteau, le deuxième étage du détendeur Scubapro 108HP qui déformait joues et gencives. On aurait dit un shar-peï mis en plis et flanqué d'un extincteur.

Et ce matin-là, la jolie monitrice me demandait d'enlever mon masque sous l'eau, de respirer sans retenir mon souffle, de nager autour d'elle une fois, de le remettre, puis de le vider afin de reprendre normalement le cours de la plongée. J'acceptai le défi et me pliai à sa volonté. Avec réticence. L'eau inonda le masque et je sursautai à la morsure du froid sur mon front. J'ouvris les yeux, distinguai sa silhouette floue et commençai à palmer autour d'elle tout en m'accrochant au masque comme si ma vie en dépendait. Un tour de manège et je m'agenouillai devant elle. Je respirais avec difficulté. Je m'efforçai de rajuster la sangle du masque derrière la tête. Alors que des trombes d'eau s'engouffraient dans mes narines, je réalisai brutalement que seule ma technique de respiration empêchait la Méditerranée d'inonder mes entrailles. Je posai le masque sur mon visage, regardai vers le haut comme elle me l'avait appris, appuyai le doigt sur le haut du cerclage, et commençai à expirer par le nez. Mais il suffit d'une broutille pour tout faire foirer. J'avais laissé un trou béant entre l'épaisse jupe en caoutchouc du masque et le rebord de la cagoule en néoprène. J'avais beau souffler dans la poche nasale, l'eau continuait à s'infiltrer. Ma respiration s'emballa en l'espace de quelques secondes. *C'est bon, j'ai eu ma dose, sortez-moi de là.* Je me précipitai à la surface à grands coups de palmes, vers la lumière et la promesse d'air frais. C'est là que je sentis l'étau autour de ma cheville droite. Si dans mon élan de panique j'avais bloqué ma respiration entre six mètres de profondeur et la surface, l'air comprimé dans mes poumons se serait immédiatement dilaté. Mon corps hurlait et rejetait la logique. Jacquie m'empêchait d'aller trop vite, me forçant à expirer, malgré les coups de palmes vigoureux et désespérés que j'assénai à son masque et à son détendeur. La remontée me sembla durer une éternité. Je buvais la tasse et m'agitais dans tous les sens pour m'accrocher à quelque chose et respirer la vie.

C'était en août 1985. J'étais un plongeur Jedi d'à peine neuf ans. Le pont arrière du bateau de plongée était ma Silicon Valley, mon cap Canaveral – le nec plus ultra de l'aventure humaine. Je savourais le briefing pré-plongée : la mélodie des bouteilles qui s'entrechoquent, le froissement des combinaisons que l'on enfile, le chuintement du réglage des détendeurs. Je m'extasiais devant les prouesses des plongeurs expérimentés, vénérant leur silence et leur concentration avant la mise à l'eau. Ce rituel, quasi cérémonial dès l'instant où ils posaient le pied sur le pont, figeait le temps. La rusticité désuète de leur matériel se moquait des tendances et des gadgets et me rapprochait des ancêtres – les vieux scaphandriers sans peur et autres maîtres plongeurs.

Je découvris le vidage de masque, la récupération du détendeur, la respiration en binôme, les remontées d'urgence, la flottabilité neutre... des exercices qui vous inculquent les lois de la plongée avant même que votre cerveau n'en saisisse la physique, comme on apprend à faire du vélo avant de comprendre le fonctionnement des vitesses. Je ne dépassais jamais les dix mètres et pourtant je me sentais *profond*, fasciné par l'envers des vagues qui ridaient la surface, comme d'autres s'émerveillent des nuages dans le ciel. Il y avait l'intimité et le silence de l'immersion, la conviction que tout mon être, corps et âme, ne faisait plus qu'un avec un milieu inconnu. Cette immensité liquide, inquiétante, mais si étrangement familière. La pression redoutable – l'étau grisant des colonnes d'eau – forçait chaque cellule de mon corps à s'adapter à cet environnement changeant.

Je respectais les forces en présence, sans toutefois leur accorder trop d'importance. Tout ce qui comptait, c'était de devenir homme-grenouille. Je m'imaginais dans la peau de Jacques-Yves Cousteau sur la Côte d'Azur au début des années 40, batifolant en slip de bain dans une crique bleu saphir avec pour seul compagnon le scaphandre autonome d'Émile Gagnan ; tour à tour, je devenais nageur de combat italien de la Decima Flottiglia sous les ordres du prince Valerio Borghese, chevauchant une torpille humaine « maiale » pointée sur un cuirassé de la Royal Navy amarré dans un port méditerranéen pendant la Seconde Guerre mondiale ; puis Hans Hass dans les années 50 et 60, équipé d'un recycleur primitif à l'oxygène pour approcher sans bruit un énorme mérou goliath ; j'étais Sean Connery se faufilant dans les entrailles d'une épave d'avion échouée aux Bahamas pour se retrouver au cœur de la bataille sous-marine d'anthologie d'*Opération Tonnerre* ; ou Robert Shaw ou Nick Nolte dans

Les Grands Fonds, reluquant les fesses de Jacqueline Bisset à travers mon masque ; j'étais…

*

Encore cette sonnerie infernale. Putain de portable. Un autre rêve parti en fumée, un autre réveil mal luné. Même configuration, même humeur.

– Gopler ? s'enquit la voix.

– … oui.

– C'est le colonel à l'appareil.

Leconte vivait et fonctionnait sur plusieurs fuseaux horaires. Bien entendu, c'était à vous de vous adapter.

– Huit heures précises demain matin. Mon bureau. Service courant manches longues, cela fera l'affaire.

*

Je me tenais debout devant Leconte, au repos. Un seul mot d'ordre : ne pas me gratter la cuisse qui me démangeait terriblement. L'armure de chevalier me toisait, encore et toujours. J'aurais juré que le bras droit avait bougé depuis ma dernière visite.

– L'état-major a traité votre dossier.

Leconte leva à peine les yeux. Son crâne à moitié dégarni luisait sous la lumière pâle du matin qui traversait la fenêtre. Je supposais que le dossier en question était la mince chemise en papier kraft qu'il était en train d'observer avec la plus grande attention. Il tourna une page, puis une autre, traquant l'erreur. Ce type passait son temps à comploter et planifier. À l'affût. Ses yeux oscillaient entre le dossier et un tas de photos sur papier glacé, placées à sa droite. J'en comptais quatre cette fois-ci. S'agissait-il des mêmes photos qu'il examinait de près, trois mois plus tôt, lors du premier entretien ? Peut-être. Difficile à dire de là où je me tenais.

– J'ai pensé que vous aimeriez connaître les détails, commenta-t-il.

– Je suis tout ouïe, mon colonel.

Enfin il leva les yeux.

– Pensez-vous sincèrement que la grande Gendarmerie, du haut de ses quatre cents ans d'existence, va financer le changement de carrière d'un jeune officier dans les tropiques sans aucune contrepartie ? Sans parler d'une formation intensive de moniteur de plongée... (il consulta d'un œil distrait ce qui devait être ma demande initiale)... aux *Maldives* ?

– Eh bien, la directive indique que...

– Je sais ce qu'elle dit, Gopler, je l'ai lue en diagonale ce matin en buvant mon café. La directive stipule que la chaîne de commandement contrôle entièrement le processus de reconversion d'un officier à partir du moment où l'institution décide de le financer. Ce pays a beaucoup investi – les deniers du *contribuable* – dans votre formation professionnelle. Mon boulot est de m'assurer que la gendarmerie en ait pour son argent avant, ou après que je décide de vous laisser partir. Vous comprenez ?

– Oui, mon colonel.

– Je ne peux pas vous laisser partir selon *vos* souhaits.

– Ce qui veut dire ?

– Ce qui veut dire que, si vous voulez aller jusqu'au bout, vous allez devoir renoncer à contrôler le processus et...

Il balaya du regard le plafond en quête d'une bonne formule :

– ... supprimer votre orgueil de l'équation, si j'ose dire, ajouta-t-il fièrement.

– Je ne suis pas sûr de comprendre, mon colonel.

– Pourtant c'est simple : j'approuverai votre demande à condition que nous choisissions nous-mêmes votre centre de formation.

Merde. Pas fou, le briscard. Bien entendu, il utilisait la première personne du pluriel par pur protocole. *Nous* voulait dire *je*.

– J'ai soumis votre demande à l'état-major pour évaluation, dit-il. Ils ont consulté les gars du Centre national d'instruction nautique à Antibes, qui ont suggéré l'endroit idéal. Je pense qu'il correspondra à vos besoins. Et à mes attentes.

Il farfouilla dans ses papiers, sélectionna un petit dépliant rouge et blanc et le fit glisser vers moi.

– Un centre de formation professionnelle à la plongée loisir dans notre bonne vieille France, ajouta-t-il. Et pas n'importe où, à Cannes s'il vous plaît. Ça vous en bouche un coin, hein ?

Il n'essaya même pas de dissimuler son sarcasme. Je feuilletai le dépliant d'un bout à l'autre, dubitatif.

– Une visite de reconnaissance s'impose, non, mon colonel ? demandai-je. Je pourrais prendre un train, y passer une journée ou deux, inspecter les lieux, rencontrer le personnel.

– Inutile, Gopler.

Il baissa à nouveau les yeux, remua la pile de documents et en ressortit un autre fichier. Probablement l'évaluation interne du centre par l'état-major. Il s'arrêta sur un paragraphe et récita à voix haute :

– *Solide réputation. Antécédents de formation d'anciens militaires.* La directrice du centre est allemande. Elle pense avoir l'influence nécessaire pour vous trouver un boulot quelque part une fois votre brevet de moniteur en poche.

Il me regarda.

– Elle vous veut dans son programme. Selon ses dires, vous avez « le profil idéal ». Et c'est de l'argent facile pour elle, j'imagine.

– Est-ce que j'ai mon mot à dire, mon colonel ?

– Absolument pas. C'est à prendre ou à laisser, Gopler. Ou dans votre cas, à prendre ou à rester.

– C'est bien ce qui me semblait.

– Elle a suggéré une formation tout compris de six mois, la totale, avec toutes les qualifs de spécialités – aucune idée de ce que ça signifie – et toute la documentation de cours mise à disposition.

– Six *mois* ? Je ne suis pas un débutant, mon colonel. Je préférerais...

– C'est un bon plan : une fois certifié, elle vous garde à Cannes en tant que moniteur débutant pendant quelques mois. Comme ça, vous aurez les brevets qui vont bien, un peu d'expérience et vous serez fin prêt pour affronter un gros centre de plongée en eaux chaudes à l'étranger.

– Oui, vous semblez tous avoir bien réfléchi à la question.

Visiblement, Leconte ne me donnait pas vraiment le choix. Ma seule option était de nager avec le courant. Côte d'Azur : le retour du shar-peï palmé. Ça aurait pu être pire après tout, pensai-je. Je haussai les épaules avec résignation.

– Bon, il faut bien commencer quelque part.

– À la bonne heure, Gopler. J'oubliais un détail qui risque de vous plaire : le formateur en poste actuellement est un ancien sous-off de l'armée de terre. Vous serez comme un poisson dans l'eau !

Forcément. Je parie que le type était déjà tout sourire, à se faire craquer les doigts, fou de joie à l'idée de bizuter le nouveau. Tu parles d'un mauvais karma pour un officier qui quittait l'uniforme et voulait repartir sur de nouvelles bases.

– J'ai hâte, mon colonel. Combien de temps avant que le général valide ?

Encore ce sourire diabolique, omniscient et calculateur.

– C'est justement pour ça que je vous ai fait venir, Gopler. La boucle est bouclée. Votre dossier est redescendu par la voie hiérarchique.

Pause. Il mit en évidence un autre document et me le tendit.

– Signé et approuvé. Votre formation débute en mars. Dans deux semaines, pour être précis.

J'étais sidéré. Je m'attendais à trois mois d'attente et de pourparlers supplémentaires.

– Ça y est, Gopler, vous partez. Bonne chance. La Méditerranée sera fraîche à cette époque de l'année. Mais le froid, c'est un état d'esprit, n'est-ce pas ?

– Merci, mon colonel. Puis-je vous poser une dernière question ?

– Feu.

– Vous avez dit que le centre de formation correspondrait à mes besoins et à vos… attentes. Que vous deviez vous assurer que la gendarmerie en ait pour son argent, y compris *après* ma démission. Qu'attendez-vous de moi au juste ?

À cet instant, le regard de Leconte s'assombrit et plongea dans la pile épaisse de paperasse administrative.

– Une chose, Gopler.

Il garda la tête baissée mais jeta un coup d'œil oblique.

– Juste une chose.

Ses yeux étaient rivés sur ces maudites photos sur papier glacé que je n'arrivais pas à distinguer.

– Quoi que vous fassiez, ne laissez pas tomber le gendarme qui est en vous. Pas tout de suite. Gardez les yeux ouverts !

– Bien compris, mon colonel.

En fait, je n'avais rien compris du tout, mais, au point où j'en étais, j'étais tellement soulagé de voir le bout du tunnel que je m'étais à peine aperçu du changement d'humeur de Leconte.

– Dans ce cas, vous pouvez disposer. Bonne chance.

– Merci, mon colonel.

Je saluai, fis demi-tour et m'avançai vers la porte de trois pas raides.

– Ah, une dernière chose, Gopler.

Je m'arrêtai et regardai en arrière, les doigts sur le bouton de porte.

– Mon colonel ?

– Pas la peine d'essayer de revenir. N'y pensez même pas.

Deuxième partie

Fred cracha en sortant la tête de l'eau.

– Les gars, va falloir me bosser la flottabilité. Faut que ça soit nickel pour l'examen. Je veux voir des ludions impeccables, dignes d'une danseuse étoile dans ce putain de *Lac des cygnes*, pigé ?

Nous étions regroupés au-dessus du grand bain de la piscine à débordement de la villa : gilets de stabilisation gonflés ; masques relevés ; les jupes en silicone mordant nos fronts déjà brûlés par le soleil. Visages bouffis après trois heures à macérer dans le chlore salé. Énième débrief.

Dans le jargon du plongeur, « faire le ludion » signifie maîtriser la capacité pulmonaire et la technique de respiration pour parvenir à une flottabilité neutre. La plupart des plongeurs sportifs connaissent le principe et estiment maîtriser leur flottabilité. Nous le pensions aussi… jusqu'à ce que Fred nous demande de nous tenir debout sous l'eau, d'aligner nos yeux sur une bande de scotch noir horizontale collée environ un mètre sous la surface, et de rester immobiles pendant une bonne minute, sans utiliser les palmes, les bras ou la stab pour compenser. Juste les poumons.

Les premières fois, ce fut un vrai cirque. De la natation synchronisée sous acide. On inspirait et expirait comme des dératés pour réduire la vitesse de descente ou de remontée ;

à maintes reprises, on se retrouvait inéluctablement tête en bas, palmes et arrière-train à l'air, éclaboussures en pagaille, et on moulinait désespérément les bras pour retrouver l'équilibre. Puis l'exercice devint franchement frustrant, car nous étions bien incapables de trouver le seuil où le haut et le bas ne feraient plus qu'un et cette foutue bande noire arrêterait de nous narguer. Au fil des séances, on s'était mis à tricher en procédant à d'infimes ajustements matériels. Déplacer ce poids sur la gauche. Régler la sangle du gilet stabilisateur autour de la bouteille, en la déplaçant de quelques centimètres vers le haut ou vers le bas pour que le premier étage du détendeur ne heurte pas la nuque. Enfiler une combinaison humide plus fine, moins flottante. On avait trafiqué le matos jusqu'à épuisement des options de configuration, sans se rendre compte que la flottabilité est plus biologique et psychologique que mécanique. C'est LA marque d'un bon plongeur, et comme toute compétence elle s'acquiert à force de répétition. Répétition. Répétition.

Et tout d'un coup, alors que nous étions sur le point d'envisager une carrière dans le golf : eurêka. Nos poumons avaient compris. Ils anticipaient l'inertie, et on goûtait enfin cette *sweet emotion* que chante Aerosmith. Il suffisait d'arrêter d'intellectualiser le souffle pour qu'Archimède prenne le relais en pilotage automatique. Nous avions trouvé ce point d'équilibre qui rend tout mouvement de bras et de jambes superflu. Et le scotch noir restait là, à hauteur des yeux. D'ailleurs on osait à peine les lever de peur de rompre la magie de l'instant. Au-dessus, la surface ondulait paisiblement, une pellicule de lumière qui fusionnait délicatement avec nos bulles. Quelques secondes de pur bonheur qu'il avait fallu transformer en longues minutes au prix d'un dur labeur.

Bien entendu, faire le ludion seul – pendant dix secondes, en piscine – était une chose. À présent, il fallait être capable de réaliser cet exercice à la perfection, en mer, devant les yeux écarquillés d'un troupeau de plongeurs débutants, si bien qu'ils penseraient que leur moniteur était Mikhaïl Barychnikov en personne. En slip de bain fatigué et masque caoutchouc embué.

– Nash, arrête ces petits mouvements brusques avec le bout de tes palmes. Ça fait bâclé et amateur.

– Ah… ok.

– Anatoly, tu décolles bien une fois que tu as retenu l'attention des élèves, mais tu ne freines pas ta remontée assez proprement. Il faut qu'ils comprennent l'inertie qui accompagne la respiration sous l'eau. Ta gestuelle devrait accentuer le message, mais toi tu ne te sers pas des mains. On dirait que tu ne sais pas quoi en faire.

Anatoly le mafieux fit une vilaine grimace crispée, anéantissant toute tentative de bienséance verbale.

– *Da*. Mais si j'vais pas aux toilettes *nemedlenno*[1], mes mains vont surtout me servir à nettoyer ma combinaison et à désinfecter la piscine. J'ai vraiment le cigare au bord des lèvres, là !

Éclat de rire général, libérateur. Je soupçonnais les gars d'avoir déjà soulagé leurs vessies en pleine eau – plusieurs fois même. Sans état d'âme. Samar, la seule femme du cours, riait en parfaite espiègle. Sans doute coupable, elle aussi. Nos palmes se touchèrent, sur la même longueur d'onde. Elle évita mon regard mais sa jambe resta discrètement entremêlée à la mienne. Était-ce délibéré ? Pour le moins inattendu, étant donné la distance martiale qu'elle avait maintenue jusqu'ici.

1. Tout de suite.

Inquisitrice ? Oh, je l'espérais.

Impitoyable ? Mmm. Probablement, oui.

*

Aah, la Côte d'Azur.

Je n'avais pas encore pleinement pris la mesure de ma reconversion. Je crois que je digérais tout juste le changement de décor, en fait. Après trois mois de statu quo, mon dossier avait soudainement éludé la machine administrative de la gendarmerie, en contournant soigneusement la bureaucratie gargantuesque et en suivant son propre cheminement jusqu'au QG régional. Comme propulsé par une main invisible. Leconte ? Probablement. J'avais quitté la caserne de Dunkerque un jour de février morose et pluvieux, le sourire aux lèvres comme un adolescent amoureux qui se rend à son premier rencard ; la sono de la voiture tonnait « Down Under » de Men at Work. Une semaine plus tard, j'emménageais dans une résidence une étoile à Cannes-la-Bocca : un studio spartiate, régimentaire presque, mais les pieds dans le sable, et à quelques encablures seulement du fameux centre de plongée.

Et quel centre ! Une plaque en laiton perdue dans le coin supérieur du portail électrique d'entrée suggérait simplement une propriété très privée. Une de plus parmi tant d'autres ici. Quand vous passiez le portail, il se refermait aussitôt derrière, en étouffant le bruit de la circulation. Lors de la première visite, le futur stagiaire éprouvait forcément la sensation de s'être trompé d'adresse. Ce ne pouvait pas être un centre de plongée. Un institut, à la rigueur. Quelque chose d'officiel, du genre autorité administrative ou bancaire. La demeure d'un célèbre metteur en scène ou romancier.

La villa La Mauresque de Somerset Maugham au cap Ferrat. Non, encore mieux : le manoir Playboy de Hugh Hefner.

Le centre de plongée était niché dans une villa splendide du XIXe siècle de style oriental qui avait échappé au temps, aux ravages de l'urbanisation galopante, et à la frénésie du bitume recouvrant une grande partie du littoral azuréen ; le cadre lui conférait un statut d'exception. La villa *était* le centre de plongée, idéalement coupée du monde extérieur par une végétation dense, taillée à la perfection. Une ceinture d'arbres, de buissons et de graviers étouffait le bruit, absorbait la chaleur et tamisait la lumière. On discernait à peine le grondement d'un moteur quelque part derrière les murs d'une maison de gardien plus récente adossée à l'entrée principale. Déduction : un compresseur injectant de l'air frais dans les bouteilles en alu ou en acier.

Comment cette splendide propriété avait-elle bien pu atterrir entre les mains d'un opérateur de plongée ? J'imaginais déjà une histoire – du genre montage notarial un peu louche – d'héritage de famille. Au mieux. Au pire, j'avais clairement mis les pieds dans une façade de blanchiment d'argent de la mafia corse. Après tout, Leconte m'avait bien demandé de garder l'œil ouvert, pas vrai ?

*

Pastis et palmiers à volonté. Antibes. Nice. Marseille. Des plages de galets de carte postale. Le glamour de la Croisette. Le Casino de Monte-Carlo. Le Musée océanographique de Cousteau. Le panorama des calanques. Les starlettes de cinéma. Les seins nus des baigneuses. Le Martinez. Roger Moore et Tony Curtis dans *Amicalement vôtre*. La bouillabaisse. La *French Connection*. La chirurgie plastique. Le bling-bling des nouveaux riches.

Je vous parle de clichés d'usage, là – un peu datés. Et pourtant, à sa façon, le centre de plongée en regorgeait, lui aussi. Le cadre, le casting, le personnel : tous transpiraient le stéréotype.

Tenez, mes trois collègues aspirants moniteurs par exemple : un gangster russe, un play-boy libertin et une naïade gracile. Je n'invente rien. Anatoly était, vous l'aurez deviné, un Russe pur jus. Les oreilles en chou-fleur qui dépassent comme des antennes paraboliques, les yeux bleu layette et, à en juger par les quelques mots échangés à la pause cigarette, il zozotait. Il ressemblait plus à un enfant qui refuse de grandir qu'à un adulte. Avec près de cinq cents immersions au compteur, la plongée était sans aucun doute son passe-temps préféré pendant qu'il négociait ses contrats en Asie et au Moyen-Orient. Je l'imaginais faisant carrière dans l'import-export de marchandises douteuses d'est en ouest. J'ignorais quoi exactement, mais je comptais bien me renseigner. La trentaine avancée, il avait décidé de prendre sa retraite et d'investir son pécule bien mérité dans une villa de la Côte d'Azur. Le stage de moniteur n'était qu'un hobby pour l'instant. Il n'avait que faire des cartes de certification. Les seules cartes qui comptaient pour lui étaient Platinum, et toutes logées bien alignées dans son portefeuille Gucci. Son matos de plongée était le plus cher du marché ; il n'y manquait plus que les diamants sertis. Et j'étais à peu près sûr qu'il avait envisagé l'option. Je l'aimais bien, ce gars : des priorités sans ambiguïté et aucune arrière-pensée.

José était un gigolo brésilien basané et court sur pattes de trente-huit ans qui se prenait pour le roi du pétrole. Je suppose qu'il cochait les critères de base appréciés d'une partie de la gente féminine : athlétique, du poil au torse, et une sorte de roulis décontracté dans la démarche qui faisait tanguer la grosse chaîne en or qui pendait à son cou.

Un petit bouc lui ponctuait le visage, et gigotait à chacune de ses paroles. José nous gratifiait chaque jour de son impressionnante collection de tenues jaune et vert, composée d'un assortiment de chemises (largement déboutonnées), de maillots de bain, sans oublier les tongs. Ah, et le petit détail pour faire chavirer les couguars locales pendant le festival – un Christ rédempteur tatoué sur l'avant-bras. Je ne comprenais pas pourquoi un Brésilien avait bien pu choisir la Côte d'Azur pour une formation de plongée, vu que le Brésil a la réputation d'offrir parmi les plus beaux spots sous-marins d'Amérique du Sud. Mais c'était avant que je ne voie José sauter sur le siège passager d'une Peugeot cabriolet que conduisait une blonde sur-bronzée la cinquantaine bien tassée, aux doigts recouverts de bijoux. José lui fit un smack sur la bouche et elle démarra en trombe, ignorant royalement les klaxons des automobilistes exaspérés par cette amatrice de chair fraîche qui squattait la moitié de la chaussée pour récupérer son grand doudou poilu. Je ne pouvais m'empêcher de penser qu'elle finançait aussi sa formation de moniteur, car le bonhomme semblait être plutôt du genre pique-assiette en perpétuel manque de cash – le rémora par excellence.

Et puis, il y avait Samar.

Mmm Samar. La brune du Liban. Là, il faut que je me concentre, que je choisisse bien les mots. « Ravissante » : non, trop banal. Pas faux, en l'occurrence, mais faible et sous-calibré. Pensez plutôt beauté naturelle, « vive », presque « brute » ; « sauvage », tiens, ça lui va comme un gant – mais clouté, le gant. Les pommettes aussi hautes que la Muraille de Chine. Les yeux d'un noir délicieusement despotique. Des épaules de nageuse, sculptées en pyramide inversée. Une taille en sablier, sublime. Une poitrine ferme et arrogante, haut perchée sous le polo Lacoste. Une véritable chambre avec vue, ce corps. Et curieusement la silhouette ne m'était pas inconnue. J'éprouvais la sensation de l'avoir déjà rencontrée quelque part, dans un recoin de mes rêves. La fille à l'arbalète, sur l'épave ? Peut-être, mais je crois qu'elle était blonde.

En tout cas, Samar gardait ses distances, c'est le moins qu'on puisse dire. Elle s'attardait après les cours et ne quittait jamais la villa. J'en concluais qu'elle avait une chambre dans les étages supérieurs du bâtiment principal. Et alors ? me direz-vous. D'accord, pas de quoi fouetter un chat, mais ça piquait ma curiosité. D'autant qu'avant mon départ de Dunkerque la secrétaire de Leconte s'était renseignée pour savoir s'il était possible de me loger à demeure. La directrice du centre avait tout bonnement refusé, d'où ma chambre d'hôtel miteuse à Cannes-la-Bocca. Anatoly avait sa propre villa de luxe. José logeait dans l'appartement de sa couguar au Cannet. J'étais donc curieux de savoir pourquoi Samar avait obtenu ce traitement de faveur.

J'avais essayé de briser la glace et d'engager la discussion avec elle à plusieurs reprises. Elle se dérobait en me gratifiant d'un sourire ironique, voire condescendant, sans jamais donner la pareille. Je vérifiais mon haleine et me demandais si, sans le vouloir, je ne l'abordais pas de manière trop directe. Quand vous avez passé plusieurs années dans l'armée, votre façon d'approcher les femmes devient, comment dire… biaisée. Heureusement pour moi, la technique de drague des deux autres n'avait pas rencontré plus de succès. José avait même risqué un clin d'œil espiègle. Elle avait soupiré bruyamment, levé les yeux au ciel, et ce faisant anéanti l'assurance du pauvre gars.

Sociable ? Pas vraiment, non.

Impitoyable ? Mmm. Certainement.

*

Cannes. Fin avril.

Le soleil se couchait sur la plage et teintait le ressac blanc de sa palette orange. Nous sortions de l'eau froide de la Méditerranée et gravissions la pente sablonneuse. L'unique site de plongée du centre était un récif artificiel composé de briques, parpaings en béton et gravats immergés qui s'étaient progressivement agglomérés, créant ainsi trois ou quatre « patates » situées à des profondeurs allant de douze à vingt mètres. Au fil des ans, la vie marine s'était approprié cette parcelle immobilière idéalement située, et avait transformé ces monticules artificiels en un site de plongée potable, voire moderniste. La population locale s'était habituée au manège des hommes-grenouilles palmés et maladroits. Notre public : une brigade de girelles, un couple de balistes sédentaires, des poulpes inquisiteurs et d'énormes congres qui observaient passivement nos séances de formation.

– Ok, c'est bon pour aujourd'hui, aboya Fred. Je vous retrouve dans le local compresseur dans vingt minutes.

Fred était le responsable formation, le « staff instructeur » du centre. L'homme de main, le second couteau pervers. C'était un ancien para belge qui s'était d'abord reconverti en garde du corps privé, s'était marié, avait divorcé, et traversait maintenant sa phase moniteur de plongée « malgré lui », cynique et aigri. Imaginez un rouquin crado, costaud, la jeune quarantaine, nettement plus attrayant avec un masque de plongée que sans. Une tenue vestimentaire répugnante : chemise tachée, short froissé format sac à patates, pieds nus. Robinson Crusoé aurait grincé des dents. Il devait se laver copieusement les pieds une fois tous les deux ans, et ses orteils ressemblaient à des saucisses périmées. Imaginez les mêmes orteils dépassant de sa bouche pour vous donner une image fidèle de son hygiène dentaire. Il charcutait l'anglais et le français avec une certaine aisance, mais s'ingéniait à étriller chaque mot avec une inflexion typiquement flamande.

Pourtant, à en juger par nos progrès, quelque chose dans sa méthode pédagogique portait indéniablement ses fruits. On avait enchaîné les stages Rescue et Divemaster d'une traite : c'était divertissant mais épuisant physiquement. Constamment blasé pendant la plongée, Fred passait, sans préavis, en mode cobaye et simulait tout un répertoire de scénarios, à la fois déconcertants, dangereux et potentiellement mortels, que nous étions susceptibles de rencontrer dans la réalité : un gros type qui manque d'air et se bat pour remonter comme une fusée, un étourdi qui se perd en eaux troubles, un évanouissement, une panique en surface, parfois tout en même temps. Ça le faisait clairement bander de nous voir trimer. Deux, voire trois plongées par jour dans une eau à 17 °C. La méthode marquait corps et esprits.

Prochaine étape symbolique à franchir : le brevet de moniteur, le fameux « *OWSI*[1] *exam* ». Autant dire le Saint-Graal. Au menu : lecture à gogo, prise de notes, rédaction de fiches aide-mémoire, QCM à remplir, le tout agrémenté d'une bonne rasade de plongée en piscine ou en milieu naturel pour parfaire notre technique. À ce stade, nous étions censés maîtriser la plongée. La formation de moniteur allait nous donner les moyens d'en enseigner la théorie et la pratique. Or, en cours de route, on se rendait rapidement compte qu'on ne les avait jamais réellement assimilées nous-mêmes. Au moment où l'on pensait comprendre la plongée, on nous demandait d'en inculquer les principes et d'en enseigner la technique à un tire-au-flanc cramé aux UV, et le terme « comprendre » prenait soudainement une tout autre signification. On avait alors réalisé que l'on n'a jamais vraiment

1. Open Water Scuba Instructor.

saisi la logique de cette discipline tant que l'on n'est pas capable de l'enseigner correctement à un stagiaire lambda qui consacre une partie de son salaire durement gagné et de ses précieux congés annuels à une formation de trois jours. Alors on se replongeait dans les fondamentaux avec un nouvel œil, pour cette fois-ci *comprendre* – et pas seulement apprendre – la plongée.

À ce stade, je n'avais aucune idée de ce que j'allais faire après la formation, mais bizarrement ça ne m'inquiétait pas le moins du monde. J'avais hâte de me laisser porter, en solo, de laisser venir. En attendant, je passais mes soirées à étudier dans mon studio, à compiler des fiches, comparer les modèles de décompression, ressasser la pédagogie, et envoyer des e-mails à des clubs de plongée aux quatre coins du globe pour trouver du taf. Je m'endormais après minuit devant des sitcoms français pseudo-érotiques, prêt à affronter le jour suivant.

Comprendre. Et pas seulement apprendre.

D'ac.

Si seulement j'avais pu aussi décrypter Samar.

*

– Dis donc, c'est pas le petit centre de plongée à la papa, hein ?

Un dimanche matin, à l'aube. Johanne achevait une permanence de nuit à Europol. Tiraillée par l'ennui, elle avait décidé de tuer l'heure qui lui restait en appelant son ancien patron transfuge : en l'occurrence, moi. Ainsi depuis quinze minutes, je lui faisais un topo sur Cannes, et sur mes deux premiers mois loin de l'uniforme bleu qui gratte.

– Pas vraiment, non, répondis-je en bâillant. Tout est décalé ici. Le décor. Un molosse ancien milouf en guise d'instructeur. Imagine une seconde : un type qui a lâché l'armée mais ne s'est pas encore adapté à la vie civile.

– Je vois. Il n'y a rien de pire qu'une tête brûlée qui s'imagine encore en treillis et traite les gens comme ses larbins. Prends-en bonne note.

– À mon avis, mentalement, il ne s'en est pas entièrement remis. Il m'a toisé dès le premier échange. Dans sa tête de sous-off, je ne serai jamais qu'un officier méprisable. Il me traite comme un bizuth prépubère, avec dédain, condescendance et un énorme complexe de supériorité, pour bien m'inculquer ma place dans la chaîne alimentaire du centre de plongée.

– Vas-y, râle un coup. Défoule-toi. Ça sent le combat de coqs de base, Nash. Tu t'en remettras. Alors dis-moi, où sont les femmes ?

– Je peux te parler de la directrice du centre. Ça t'intéresse ?

– Vas-y toujours. C'est ça ou traduire un mémo de cinq pages de la PJ française sur un vol de moteurs hors-bord dernier cri passés en contrebande en Lituanie. Ça attendra le prochain officier de permanence. Je préfère largement écouter tes saynètes cannoises.

– Facile. Tape « Patricia Neumann » sur Google.

J'épelai le nom de famille. À l'autre bout de la ligne cryptée, j'entendis Johanne cliquer et déplacer la souris sur son plan de travail.

– Des photos. Une tonne de photos sous-marines. Impressionnant comme sélection.

Encore quelques clics, la souris qui frotte à même le bureau, puis vint le verdict analytique de l'enquêteur professionnel.

– La composition des photos est standard et répétitive : une plongeuse contemple une formation de corail artificiellement rétroéclairée. Elle porte un minimum d'équipement, une combinaison moulante pour mettre ses formes en valeur, ainsi qu'un masque mono-verre pour faire ressortir ses yeux bleus. Visiblement, elle jouit d'une belle notoriété. C'est une sorte de mannequin ultra-marin ?

– C'était. Regarde de plus près. Les images en disent plus long que les mots.

– Le grain est plutôt épais, défraîchi. Le matos semble désuet. Il n'y a que des photos d'époque. C'est un mausolée. Elle doit avoir… voyons… la soixantaine bien tapée maintenant, non ?

– C'est une des pionnières de la plongée loisir, une légende de la scène sous-marine allemande. Elle fait partie d'une brochette d'anciens beatniks très soudés qui avaient caressé l'idée, dans les années 70 et 80, de se faire du blé en enseignant aux masses l'art de la plongée. Ils ont compris qu'en assouplissant les tables militaires de décompression ils pouvaient faire plonger monsieur et madame Tout-le-Monde ; ce sont aussi les premiers inconscients à avoir osé dilapider leurs maigres économies en montant des clubs de plongée exotiques sur des îles hostiles, infestées de moustiques et dont personne n'avait jamais entendu parler. Elle a certifié des générations de moniteurs qui sont devenus – pour la plupart – des directeurs de formation renommés ou des gérants de club de plongée. Les autres arpentent encore les plages en quête d'illumination et de bonheur éternel.

– Ouah. À voir les photos du centre de plongée à Cannes, on est loin des économies de bouts de chandelle et des îles infestées de moustiques.

– Elle vit ici mais il paraît que la villa et le terrain appartiennent en fait à la fédération de plongée. Elle, elle gère le centre et tient le portefeuille.

– Une villa de star, pas de loyer et un business de plongée qui cartonne. Cela semble parfait.

– Sauf que ça ne l'est pas. Si tu ajoutes à ça une trentaine d'années passées à soulever des bouteilles en continu, l'accumulation d'azote et la quantité phénoménale de cigarettes qu'elle enchaîne, ça assombrit sensiblement le portrait. Sans parler des dommages collatéraux. Son fils erre sans but dans la villa à longueur de journée, à rendre des petits services ici et là sans que l'on comprenne bien ce qu'il fait. Voilà pour le tableau. Un cadre exceptionnel servi par un casting de personnages excentriques. Y a de la matière dramatique en pagaille, ici. *Tendre est la nuit* de Francis Scott Fitzgerald, revisité : je te donne Dick et Nicole Diver. J'adore. Tiens, d'ailleurs, j'ai même commencé mon propre carnet pour documenter tout ça. Une sorte de main courante, tu vois. Histoire de me rappeler quand je ne serai plus qu'un vieux plongeur détrempé tout fripé.

– Nash, tu fais du surplace.

– Tu crois ?

– Où sont les *femmes*, Nash ? Il y en a forcément une dans l'histoire.

– Johanne, il est 7 heures du mat'. Le soleil vient de se lever.

– Et alors ?

– Ta permanence est terminée. Rentre chez toi.

Je marquai une pause et ajoutai en frimant :

– Tu entends la Méditerranée qui m'appelle, là, juste derrière la fenêtre ? Je vais aller nager, tiens.

– Je te déteste, soupira-t-elle.

*

Séance eau libre, natation en pleine mer. Un rituel dominical auquel je me livrais, comme on va à confesse, avec pas mal de choses à se faire pardonner. Sauf qu'en Speedo bleu, lunettes suédoises et bonnet de natation en silicone jaune, je ne risquais pas de passer le perron de l'église, et encore moins d'atteindre le bénitier. Chaque dimanche matin, je glissais un short, un polo, une paire de baskets et un billet de dix euros dans un sac étanche fluo équipé d'un leash et je rejoignais la plage pour nager deux ou trois kilomètres le long de la côte. Le sac flottait derrière moi en faisant office de bouée de signalisation. Quand j'avais mon compte, je regagnais la terre ferme, me séchais, et commandais un pastis dans un de ces nombreux bistros qui émaillent le littoral de Cannes. C'était la belle vie.

Pendant ces séances, je m'efforçais de nager à allure régulière, en gérant l'effort malgré les obstacles. Ici, contourner l'hélice fébrile du pêcheur local de langouste ; plus loin, surveiller les frasques matinales du jet-setteur italien qui promène sa call-girl du jour en jet-ski. Qu'importe. Au bout d'un moment, la nage berçait mes pensées et soulevait un torrent de réflexions chaotiques et aléatoires que je refusais de verbaliser pendant la semaine, de peur que l'on m'enferme irrévocablement dans une camisole de force. L'avantage c'est que, sous l'eau, les poissons n'en ont absolument rien à foutre.

Ce matin-là, la Bund m'indiquait que je nageais depuis près d'une heure et quart. Mes bras demandaient pardon. Mon estomac criait au massacre et réclamait de quoi rincer toute cette eau salée. Je m'obstinai encore quelques minutes afin de sortir de l'eau, pile en face de la villa du centre de plongée. Jamel, un vieil Algérien devenu mascotte de plage, avait pris l'habitude d'y installer une terrasse d'appoint clandestine pour soustraire quelques euros aux badauds du dimanche. Mes pieds s'enfoncèrent dans la pente sablonneuse ; je ramassai le sac étanche et remontai péniblement la plage. Le soleil de mi-matinée saturait l'air et la matière, incendiait la moindre surface. Je scrutai les alentours à la recherche d'un coin d'ombre et d'une oasis pour étancher ma soif. Le bar éphémère de Jamel était bien là, avec ses roues escamotables, sa glacière encastrée et ses tabourets pliables en plastique, le tout disposé sous un énorme palmier bordant le portail sud de la villa. Sa buvette de plage du dimanche n'étant pas vraiment légale aux yeux de la commune, il se tenait prêt à remballer à la moindre apparition d'un policier municipal. Malgré son sourire et sa tchatche naturelle, il était toujours aux aguets, ses yeux dardant de gauche à droite, au-dessus d'une superbe moustache en guidon qu'il peignait, taillait et badigeonnait minutieusement de cire, au rythme des allées et venues des clients.

– Bonjour Monsieur Nash ! Elle est bonne ?

– Excellente, Jamel. Vous en avez beaucoup, des clients qui nagent trois kilomètres dans le seul but de savourer votre pastis ?

– Non, effectivement. Je suis flatté. Mais vous n'êtes pas aussi fidèle que vous le prétendez. Je ne vous ai pas vu la semaine dernière, et mes sources m'indiquent que vous êtes sorti de l'eau un peu plus bas, tout ça pour acheter une pauvre limonade à ce gangster marseillais qui possède ce bouge abominable. Nemo, comme il l'appelle. Je me trompe ?

– Non, c'est vrai. J'avoue… comment êtes-vous au courant, d'ailleurs ?

Jamel sourit avec la sagesse d'un douanier de l'aéroport d'Amsterdam. En guise de réponse, il attrapa un verre taché, y versa une bonne rasade de pastis. Puis, ouvrant la glacière d'un coup sec, il saisit deux glaçons qu'il plongea dans la potion mordorée. Enfin, il coiffa le tout de deux misérables centimètres d'eau minérale, servis solennellement et au compte-gouttes.

– Jamel, vous êtes sérieux là ? Je vous préviens, si vous ne noyez pas le pastis avec plus d'eau, je vais faire un arrêt cardiaque sur vos espadrilles.

Jamel leva les yeux, incrédule, haussa les deux sourcils – l'ultime désaveu –, et remplit le verre jusqu'à la moitié. Je sirotai le divin liquide, réchauffai mes membres endoloris au soleil et attendis qu'il veuille bien me livrer ses pensées. Lorsqu'il le fit, cinq minutes s'étaient écoulées, et il m'arracha de ma rêverie alcoolisée.

– Bon, je suis content que vous soyez là. Je voulais vous poser une question. La jeune femme en débardeur noir et casquette de baseball. C'est une collègue plongeuse, n'est-ce pas ?

Je balayai la plage d'un bout à l'autre en m'efforçant de suivre le regard de Jamel, mais je n'arrivais pas à voir de qui il voulait parler.

Il me donna un coup de pouce.

– Celle qui se tient debout dans le renfoncement côté sud-est, juste derrière le portail des visiteurs, sous l'auvent. Elle est stagiaire dans votre centre de plongée, non ?

Je compris que Jamel évitait délibérément de regarder dans la direction indiquée pour rester discret. Ayant fait preuve d'un amateurisme total, je tentais à présent d'imiter son attitude. Je faisais mine d'observer l'extrémité ouest de la propriété, mais mon regard peinait à englober ce qui se déroulait à l'angle opposé, à plus de cinquante mètres de distance. À cet endroit, le portail sud disparaissait derrière une rangée épaisse de pins parasols. Il était flanqué d'une tourelle, qui – si la villa avait réellement l'âge de ses attributs – avait dû jadis servir de poste de contrôle pour filtrer les visiteurs. La tourelle projetait un petit auvent au-dessus de l'entrée, au travers des pins. Jamel avait vu juste : j'aperçus deux personnes se tenant dessous, à l'écart, mais l'ombre m'empêchait de distinguer leurs visages. La femme qui tournait le dos à la plage était en pleine discussion avec quelqu'un d'autre. La casquette de baseball ne pouvait dissimuler ses cheveux de jais qui tombaient raides sur ses épaules. Débardeur sombre, short bleu moulant, jambes hâlées et allure athlétique, le tout sans équivoque : Samar.

C'était la toute première fois que je la voyais à l'extérieur de la villa. Hors contexte. Elle demeurait une énigme. J'avais essayé de la décrire littéralement, de la coucher sur le papier de mon carnet, mais le vocabulaire peinait à suivre. Incapable de lui rendre justice par les mots, je me contentais de la prendre visuellement. Je la reluquais. Discrètement, j'entends. En conservant mes bonnes manières. Et Samar était tout ce dont un voyeur pouvait rêver. Avec elle, la filature devenait un plaisir de tous les instants. Le film de sa vie se déroulait sous vos yeux, rythmé par la bande-son de John Barry : « The Girl with the Sun in Her Hair ». Elle brûlait la rétine de la foule masculine, mais restait farouchement distante. Ce qui, d'une certaine façon, semblait contre-productif puisqu'en étant seule et visiblement célibataire elle annihilait toute velléité de discrétion. Sous l'eau, elle était précise, mais là aussi elle gardait ses distances. Une excellente maîtrise de la flottabilité, une respiration posée et calme, un sillage de cheveux noirs flottants. Il y avait bien quelque chose de sauvage chez elle, d'indomptable même, mais je n'arrivais pas à mettre le doigt dessus. Elle était disciplinée, efficace, et avait probablement accumulé bien plus de plongées que ne l'indiquait son « logbook » avant de commencer cette formation. Pas de matériel personnel, ni de tenues sophistiquées. Elle utilisait l'équipement de plongée standard du centre. Pas de palmes roses, de shampoing pour bébé ou de combi moule-poitrine. Bref, pas de trucs de fille. Elle crachait dans son masque, basculait du Zodiac en arrière et manipulait sans état d'âme les pièces graisseuses du compresseur. Après les séances de plongée, elle n'était pas du genre à s'éterniser pour flirter. Elle faisait signer et tamponner son carnet de plongée, et regagnait directement la salle de cours. Elle restait attentive, surtout l'après-midi alors que nous les hommes luttions pour ne pas piquer du nez après le plat de pâtes à l'ail. Nous échangions quelques mots courtois mais froids – les jours où il n'y avait pas de pâtes à l'ail bien évidemment. Elle lâchait un sourire prudent de temps en temps, notamment quand José essayait de briller en cours. Sans succès. Elle avait répondu « libanaise » quand Anatoly l'avait subtilement questionnée sur l'origine de son prénom. C'était tout ce que je savais d'elle. Je n'avais pas la moindre idée de la durée de son séjour à Cannes, ni de sa future destination au terme de la formation.

– Jamel, je vous laisse la moustache mais je prends vos yeux, fis-je remarquer d'un ton admiratif. Vous pourriez vous rincer l'œil avec des dizaines de bombes atomiques qui viennent fouler votre parcelle de sable chaque dimanche, et pourtant vous en dénichez une à deux cents mètres à peine visible dans la pénombre. Et elle vous tourne le dos. Vous êtes un homme épatant.

– C'est que, voyez-vous, ce manège est plutôt inhabituel à cet endroit. Cela fait plusieurs fois que je la vois discuter là avec ce jeune. Vous savez, c'est le maigrichon tout pâlot qui travaille au centre. D'ordinaire il traîne toujours seul.

Maigrichon. Pâlot. Donc, ça ne pouvait pas être Fred. Alors qui ? Je jetai un nouveau coup d'œil furtif dans leur direction. Au même moment, la main de Samar alla chercher quelque chose dans la poche plaquée sur sa fesse droite et sa tête s'inclina légèrement sur le côté. Tel un paparazzi prêt à mitrailler sa proie, j'en profitai pour scruter les traits fatigués de son interlocuteur.

Oui, je connaissais ce visage.

*

Ok. On rembobine encore un peu. Mars 2010. Semaine d'intégration au centre de plongée.

Alors que je sortais précipitamment du secrétariat les bras chargés de supports de cours, je heurtai une grande allumette qui déambulait en rêvassant. Mes classeurs, CD-Rom, fiches d'exercices et cahiers à spirale volèrent au sol et le gamin laissa échapper un *Scheiße !* guttural. Moment de gêne. Je me baissai pour ramasser mes affaires. Il m'apparaissait confus, désorienté et curieusement décalé. Un grand dadais dégingandé, presque maigre, épaules qui pendent mollement, calvitie précoce dans une touffe de cheveux noirs en pagaille, gros fumeur à la voix haut perchée et grinçante. Je lui tendis la main.

– Je m'appelle Nash.

– Stefan.

Salade de doigts et craquement d'os. Aucun contact visuel. Clairement, échanger une poignée de main le mettait mal à l'aise. C'était beaucoup trop intime.

– Salut, toi aussi tu suis la formation ? demandai-je candidement.

Bien entendu, je savais que ce n'était pas le cas, mais il fallait bien aider le pauvre type à se sortir de ce mauvais pas.

– Non, pas vraiment, dit-il. Je suis Stefan Neumann.

Patricia sortit du bureau à la rescousse et vint se blottir rapidement derrière lui, une main sur son épaule.

– Mon fils ! dit-elle pour finir de me le présenter, calant sa joue contre la sienne.

– Je vis ici en fait, expliqua-t-il à regret.

Ils partageaient le même regard bleu rêveur et un peu perdu, mais pas l'accent allemand à couper au couteau.

– Avec sa maman, dit-elle en le taquinant du coude. Alors je le mets à contribution pour faire des courses de temps en temps.

Stefan baissa les yeux, rouge de honte. Je tentai d'enchaîner par compassion pour un cousin fils unique.

– Ouah, cool. Tu dois plonger un max toute l'année alors !

Je commençai à égrener tout le chapelet des sites de plongée locaux.

– Il paraît que La Grosse Minouche est top, et pas très loin d'ici d'ailleurs. Ça doit être de la bombe…

– Ben, en fait, interrompit-il, je ne *peux pas* plonger. Je suis asthmatique.

Oups. Nash, t'es le roi des cons, pensai-je. Je fis mine de mettre de l'ordre dans mes papiers pour retrouver mon aplomb et tenter une sortie.

– Je dois filer m'occuper de tout ça avant le début du cours. À bientôt !

– Ça… ça marche, à bientôt, Nnnn… ?

– Nash. Nash Gopler, dis-je, en lui imposant une nouvelle poignée de main vigoureuse pour voir sa réaction.

Une fois de plus, Stefan grimaça tout en détournant le regard vers sa mère. Il se comportait comme un remplaçant invisible sur le banc de touche, une présence absente, le rouage de trop qui ne fait pas réellement partie de l'équipe officielle. Pas besoin d'être un as de la brigade des stups pour s'en rendre compte, les symptômes étaient là : les petits yeux injectés de sang, le regard vague, les coupures, les bleus et les croûtes sur la peau squameuse des mains et des avant-bras, le nez qui coule. Stefan se shootait depuis un certain temps déjà. Peut-être un dommage collatéral du mode de vie hédoniste de sa plongeuse de mère ?

En tout cas, quelque chose ne palmait pas rond dans le monde merveilleux de la villa.

*

Donc Stefan retrouvait Samar. Un fantôme en croisait un autre. Intéressant. Je vis Samar lui tendre quelque chose, puis pointer un doigt accusateur vers lui – comme si elle le sermonnait. L'échange était discret mais paraissait tendu, même à cette distance.

– Alors, elle est du centre de plongée ou pas ? insista Jamel, remplissant mon verre en douce tandis que je zyeutais la scène, fasciné.

– Oui mon ami, elle l'est, en effet. Elle a commencé la formation de moniteur de plongée en même temps que moi. Elle loue une chambre dans la villa pendant la durée du stage. Le jeune vit ici, sa mère dirige le centre de plongée. J'imagine qu'ils s'aventurent hors les murs de temps en temps pour échapper à la patronne, aux clients ou au bruit du compresseur. Ou bien peut-être pour régler leurs problèmes de co-voisinage. Qu'est-ce qui vous paraît louche ? Après tout, ils n'ont pas l'air de se cacher...

Jamel plissa les yeux et caressa sa moustache pensivement.

– Non, ils ne se cachent pas, dit-il, mais j'ai quand même remarqué que la femme se garde bien d'apparaître à découvert. À chaque fois que je les aperçois, elle a le dos tourné vers la plage, vers la mer. Son visage n'est jamais tourné vers l'extérieur. Elle ne s'expose pas inutilement. Vous voyez ce que je veux dire ?

J'avais l'impression de discuter d'une enquête avec mon ancien adjudant-chef de la brigade de recherches. Je passai sous silence l'épisode de ma première rencontre avec Stefan et mes observations sur son addiction, mais Jamel n'était pas dupe.

– J'ai un bon business ici, vous savez, reprit-il. Je ne tiens pas à ce qu'ils attirent l'attention de la maréchaussée sur ce coin de plage. Je ne veux pas savoir ce qu'ils mijotent mais... je préférerais qu'ils fassent leurs affaires ailleurs.

Je savourai les dernières gouttes de pastis, pensif, et rendis le verre avec regret.

– Eh bien, moi j'aimerais bien le savoir, ce qu'ils mijotent, figurez-vous.

Je ramassai le sac étanche, posai un billet dans la pochette en cuir de Jamel, et pris la direction de la villa.

– Je vais jouer aux quilles. Vous m'accompagnez ?

Jamel éclata de rire et me gratifia d'un clin d'œil complice.

– Certainement pas, Monsieur Nash, c'est vous le gendarme après tout !

Je lui adressai un salut rapide du revers de la main et remontai le chemin de la plage direction plein est. Je contournai le sud de la propriété sur une centaine de mètres, puis me rabattis en diagonale vers le portail sud-est. L'auvent de la tourelle jetait encore son ombre au travers des pins parasols, mais elle avait tourné et l'ombre recouvrait désormais le sentier de galets que j'empruntais. Je traversai le portail incognito, puis revins sur mes pas, feignant la surprise tout en tonnant d'une voix candide :

– Salut la compagnie !

Stefan glissa sa main gauche derrière son dos et rougit, les yeux grands ouverts, pris de panique. Flagrant délit. Mais de quoi ? Samar fit volte-face. Un éclair de surprise traversa un instant son visage, mais elle garda son sang-froid de façon admirable. Elle minauda, braqua ses yeux sur les miens et me désarma d'un seul sourire, métamorphosée.

– Salut Nash ! Alors, tu t'entraînes avant l'examen ?

Je ne l'avais jamais entendue prononcer autant de mots d'un seul tenant. Du moins pour m'adresser la parole. Je jouai le jeu et marchai vers eux.

– J'avoue. J'ai googlé les profils de tous les directeurs de cours en Europe susceptibles de nous évaluer pendant l'épreuve, la semaine prochaine.

– Et ?

– Ben, ils ont tous des bides énormes. Il y a le facteur bière, mais je soupçonne également l'azote. Alors j'essaye de rompre le cycle, dès maintenant, pour me rassurer. Mais au fond de moi je sais bien que je n'y échapperai pas non plus.

Elle éclata de rire. Ça sonnait faux et forcé, mais là encore je ne l'avais jamais entendue rire à haute voix, alors comment en être sûr ? Elle rejeta ses cheveux en arrière et ses tétons imprimèrent le tissu de son débardeur. Pouvait-on me manipuler aussi facilement ? Oh que oui.

– Ne t'inquiète pas, dit-elle, je suis sûre que tu as encore quelques années sveltes devant toi.

Elle largua le pauvre Stefan, se glissa à mes côtés, passa son bras sous le mien et me guida vers la porte d'entrée. Faussement timide. Une incitation câline mais ferme.

– Tu me raccompagnes dans la villa ? implora-t-elle.

– Volontiers, je dois passer prendre mon ordinateur portable dans la salle de classe.

– Cool !

Elle lança un dernier regard, noir et furtif, en direction de Stefan.

– À plus !

Stefan resta en arrière, figé et transparent. Comme s'il n'avait jamais réellement été là. Le doigt de Samar pointé sur lui il y a quelques minutes n'était pas une invitation. Un avertissement, plutôt. Voire une menace. Jamel avait vu juste. Je venais d'interrompre une transaction jugée sensible. Maintenant Samar m'attirait gentiment ailleurs, ensorcelé.

Manipulatrice ? Sûrement.

Impitoyable ? Sans l'ombre d'un doute.

*

Cannes. Début juillet. Fred maintenait la pression avec la méthode Bootcamp. Résultat : nous avions tous réussi l'examen de moniteur haut la main. Désormais brevetés OWSI, nous abordions les qualifs de spécialités, enchaînant des cours dont j'ignorais que l'on pouvait les enseigner sans diplôme d'ingénieur : la plongée aux mélanges gazeux, comme le nitrox – un mélange d'air suroxygéné – ou le trimix, utilisé en plongée technique ; le maniement du compresseur ; la photo sous-marine ; la plongée en combinaison étanche ; les techniques de recherche et de récupération ; la plongée profonde. Sémantique de geek : j'adorais ça. Tous les modules appliquaient la même formule : lire la théorie, appliquer les compétences une première fois, répéter les gestes jusqu'à l'abrutissement complet, adopter une perspective d'adulte, prétendre avoir le recul nécessaire, s'entraîner sur des cobayes (lire : collègues stagiaires) et prier pour un miracle le jour où l'on allait enseigner ces compétences à de vrais élèves. Les journées étaient si chargées que les frasques de Samar et Stefan m'étaient sorties de l'esprit. D'ailleurs Jamel ne les avait pas revus ensemble non plus. Ils s'ignoraient dans l'enceinte du centre. Mon petit sketch les avait-il assagis ?

En tout cas je me rappelle bien cette plongée, référencée dans mon carnet par la mention « Baigneurs et recycleurs. Foufounes épilées et circuits fermés ». Ce matin-là, j'affrontais donc la spécialité « recycleurs » et l'humidité de la salle de cours. « Numb » de U2 tournait en boucle dans mon crâne et n'y laissait que très peu d'espace de réflexion. Fred nous inculquait le concept du recyclage de l'oxygène en le comparant au scaphandre autonome traditionnel.

– Le principe est relativement simple, disait-il. Au-dessus de la surface, à chaque inspiration, votre corps n'utilise qu'environ 4 % de l'oxygène inhalé disponible. Le reste s'échappe et se perd à l'expiration. Lorsque vous utilisez le scaphandre standard à circuit ouvert, vous expirez le reste de l'oxygène dans l'eau. Pour éviter ce gaspillage, un recycleur semi-fermé neutralise le dioxyde de carbone rejeté grâce à une cartouche de chaux sodée. Un flux continu de mélange gazeux fournit tout l'oxygène dont vous avez besoin. L'excès de gaz est évacué à intervalles réguliers sous la forme d'un tout petit chapelet de bulles pour purger les faux poumons, d'où la mention « semi-fermé ». Un recycleur gaspille peu de gaz, et selon le mélange utilisé vous pouvez plonger pendant au moins trois heures. La réaction chimique du filtre réchauffe le mélange gazeux, et la boucle respiratoire absorbe l'humidité de votre souffle. Résultat, ajouta-t-il fièrement, vous inspirez de l'air chaud et humide au lieu du gaz froid et sec fourni par le circuit ouvert classique.

Il poursuivit en nous détaillant par le menu les Azimuths de Mares, les vieux recycleurs semi-fermés du centre, en faisant claquer tel ou tel composant ou en glissant ses gros doigts le long de tel ou tel tuyau pour enfoncer le clou. Il nous assénait un jargon toujours plus pointu qui venait enrichir notre répertoire croissant de vocabulaire : les deux cylindres remplis de nitrox enrichi en oxygène à 32 %, « le système de réserve intégré », le « débit massique constant ».

Pour mettre en pratique toute cette théorie, rien de tel qu'une bonne plongée post-méridionale. La préparation dura des plombes : on n'enfile pas un recycleur à la va-vite, prêt à plonger. Il fallait d'abord tester le mélange gazeux, s'assurer du bon fonctionnement et de l'étanchéité des faux poumons. Fred nous montra comment apprêter le recycleur pas à pas. Il fallait aussi mémoriser toute la séquence à l'envers, car après l'immersion on devait le démonter et le nettoyer soigneusement. Maintenant que l'on savait de quoi il retournait, et comment ça fonctionnait, on pensait que la plongée en pleine mer serait un jeu d'enfant.

Tu parles.

D'abord, il y avait le poids de la bête : plus de quarante kilos pour ce modèle. Une fois équipés, on ressemblait à des Tortues Ninja en sueur, prêtes à piquer une tête dans la piscine de désactivation d'un réacteur nucléaire. Nous arrivâmes à la plage et entrâmes dans l'eau à bout de souffle, ravis d'être débarrassés de la gravité.

Ensuite, il fallait respirer. Quand vous plongez la tête sous la surface avec un recycleur pour la première fois, vous éprouvez la même sensation qu'avec un tuba, mais immergé. Les bulles ne viennent pas obstruer votre champ de vision ou secouer votre masque. Il n'y a que votre souffle qui chante dans les tuyaux annelés autour de vos oreilles : inspire, expire, inspire, expire... J'avais découvert cette sensation aux Maldives. Daniel, le moniteur patagonien rencontré là-bas, avait lourdement insisté pour que je teste un modèle analogue – un Dolphin de Draeger – à l'occasion d'une plongée dérivante de dingue baptisée Kuredu Express. Lors de ma première visite à Cannes, j'avais repéré trois Draegers alignés dans la salle de séchage de la villa, ce qui me laissait supposer qu'on les utiliserait aussi tôt ou tard.

Pour l'instant, on se débattait avec les Azimuths. Il fallait apprivoiser le matériel, adapter nos gestes et nos comportements. Certains d'entre nous avaient chargé la ceinture de plomb par crainte d'être trop légers. Sanction immédiate : on se retrouvait plaqués au fond, le masque dans le sable, incapables de compenser avec nos poumons. Les recycleurs ferment votre boucle respiratoire et altèrent radicalement la gestion de votre flottabilité : plus question de faire le poumon ballast en inspirant et en expirant. De temps à autre il fallait s'arrêter de palmer, marquer une pause pour lutter contre un début d'étouffement, retrouver son souffle et économiser son énergie. Des sensations jusqu'alors inconnues, ou oubliées.

À mi-plongée, Anatoly me fit signe de lever les yeux. Une station à bronzette flottait au-dessus de nos têtes, sa chaîne d'amarrage ancrée au fond marin, et ondulant au rythme du courant. Le front de mer cannois regorgeait de ces radeaux, alignés en rang d'oignons à une centaine de mètres de la plage. Anatoly guignait malicieusement derrière son masque de plongée. Il tendit les deux mains, paumes vers le haut, et haussa les épaules, l'air de dire : « On tente notre chance ? » Tandis que Fred, Samar et José s'affairaient à explorer une coque de bateau pourrie, truffée de langoustes, on fit surface aux abords du radeau, sans le moindre bruit.

Arrêt sur image…

Deux nymphettes en tenue d'Ève – une poupée Barbie d'une vingtaine d'années, et probablement sa mère – avaient choisi cet endroit précis pour dévoiler leur intimité à Poséidon et se prélassaient jambes écartées sur le ponton, face à l'immensité de la Méditerranée.

Anatoly releva son masque sur son front, pointa un doigt ruisselant vers la ligne d'horizon de Cannes, et cria de son plus bel accent russe : « Ibiza ? »

Choc et stupeur sur le radeau. La femme plus âgée se redressa sur les coudes et projeta rapidement une main pour couvrir sa fille. Elle laissa sa propre toison à l'air libre, visiblement moins inquiétée par l'attention qu'elle suscitait. Puis elle donna une tape sur la cuisse gauche de la fille en lâchant un « Ingrid, Ingrid ! » paniqué. Anatoly insista, irrité, secouant son doigt en direction de la ville.

– Ibizaaaa ?

Les deux femmes – la plus jeune avait maintenant résolu de fermer les cuisses – restèrent bouche bée et échangèrent des regards incrédules.

– N-non, risqua la plus âgée, Cannes !

Anatoly frappa l'eau avec sa main en jurant.

– *Chyort voz'mi !*

Je me repassais la scène en boucle pendant le reste de la plongée, luttant pour ne pas recracher l'embout en riant. Nous refîmes surface une heure plus tard, épuisés par la résistance respiratoire du système, de ses tuyaux annelés, de ses coudes, et de ses moult étroitures qui freinent la circulation des gaz dans l'appareil. C'était comme réapprendre à plonger.

Nous nageâmes le long de notre récif artificiel jusqu'à la plage. Fred nous administra un sérieux savon pour avoir déserté le groupe : réprimande sévère et méritée, mais la plaisanterie en valait la peine. Il râlait sans relâche, crachant ses jurons, tandis que la palanquée sortait de l'eau et attaquait la pente de sable. J'en profitai pour jeter un coup d'œil latéral. Samar se courbait et chancelait, elle aussi, sous le poids de l'appareil. Mais un demi-sourire plissait ses joues dorées et humides. Ses yeux noirs étaient sereins, insondables. Je compris que cette plongée ne lui avait coûté aucun effort.

*

On passa une demi-heure à rincer les recycleurs de fond en comble, puis on les mit à sécher sur le patio de la piscine. Des cigarettes apparurent de nulle part et des briquets circulèrent. Fred ne voulait pas retourner dans la salle de cours, il nous rassembla sous un bosquet d'oliviers à la manière d'Aristote et termina la leçon en tirant sur sa Marlboro. Il déroula les faits, les statistiques des accidents et les facteurs aggravants. Je n'ai jamais retenu les chiffres. Ensuite, il se fendit d'une longue tirade sur les « recycleux » : des obsédés de high-tech, des photographes sous-marins, des réalisateurs, et les allumés qui les premiers avaient utilisé ces machines infernales : les nageurs de combat.

– Ça me paraît logique, fit remarquer Anatoly avec un clin d'œil sournois, évoquant l'épisode du radeau à bronzage intégral. Pas de bulles !

Pendant que Fred achevait son exposé, on rassemblait les éléments des recycleurs qui avaient séché au soleil azuréen.

– Ok, fin du cours, dit-il.

Puis il hocha la tête en direction d'Anatoly et moi-même avec un rictus punitif.

– Bon, les deux comiques, vous me ramenez tout ça jusqu'au local technique. Ça vous apprendra à ne pas laisser tomber vos coéquipiers pendant la plongée.

On le gratifia à notre tour d'un rictus synchronisé, chargeant autant de matériel que possible pour accomplir notre corvée.

– Et pas dans la salle avec les Draegers, lança Fred.

Il désigna du doigt les Azimuths qui pendouillaient dans nos bras.

– Ceux-là, on les range dans une autre pièce : au fond du hall, troisième couloir, à droite. Vous ne pouvez pas la rater.

On finit par trouver le fichu local en question. Il nous fallut trois voyages pour rapatrier tout le matériel et le stocker convenablement, revenant sur nos pas pour ramasser un minuscule joint torique ou autre bidule vital perdu en chemin. Au cours du dernier trajet, je flashai sur un autocollant Scubapro délavé collé à hauteur des yeux – encore une porte que je n'avais pas franchie. La villa était un véritable labyrinthe crétois. Mais cette porte-ci était particulièrement intrigante. Elle fit sur moi l'effet d'un sésame.

La poignée trembla. Les gonds crissèrent. Je passai la tête par l'embrasure en bois, tandis que mes doigts cherchaient à tâtons l'interrupteur. Clic. Une bouée Beuchat orange fluo dégonflée, une épaisse ligne de mouillage, une ancre rouillée, deux ensembles bi-bouteille jaunes, chacun doté d'une tige de réserve longeant les blocs et reliée au robinet, deux détendeurs Mistral à double trachée – l'un avec les tuyaux annelés noirs, l'autre en jaune, des rangées de cintres sur lesquels pendaient des combinaisons noires en caoutchouc aussi épaisses que des troncs d'arbre et, relégué dans un coin, ce qui était incontestablement un Oxygers 57 d'époque. Les Oxygers étaient des recycleurs à circuit fermé, utilisés par les nageurs de combat français dans les années 80 et 90. Ils délivraient cent pour cent d'oxygène pur, ce qui limitait leur profondeur maximale d'utilisation à sept petits mètres, pas plus. Sous peine de succomber à une overdose d'O_2. Pour les aficionados de l'histoire des nageurs de combat, ce modèle avait valeur d'antiquité. De relique sublime.

Fred déboula dans mon dos.

– C'est beau, hein ? dit-il en tendant le cou par-dessus mon épaule, interrompant ma rêverie.

– Magnifique. Qu'est-ce que ça fait là ? Je ne savais pas que les civils pouvaient s'en procurer.

– Oui, c'est quasiment impossible. Celui-ci est un cadeau légué par l'ancien directeur de l'école de plongée de la Marine française lorsqu'il a fait remplacer ses recycleurs par des modèles plus récents. Il est en parfait état et entièrement opérationnel. J'ai demandé à Patricia si je pouvais l'essayer mais j'ai essuyé un non catégorique.

Il marqua une courte pause.

– D'ailleurs, cette porte devrait être fermée à clé. Tu sais lire ?

Fred tendit un doigt et tapota avec emphase chaque lettre défraîchie : P-R-I-V-É.

– Oups, ça m'a échappé. J'étais concentré sur l'autocollant vintage…

– Ouais c'est ça. À demain Nash.

En rebroussant chemin, on tomba nez à nez avec Samar, qui avait manifestement suivi toute notre conversation dans notre dos, l'air de rien. De toute évidence, elle se repérait dans la villa bien plus aisément que moi. Elle nous gratifia d'un autre rare sourire, cligna ses yeux en amande avec malice, et nous planta là comme des cons, la libido en ébullition. Débardeur et micro-short, mollets et cuisses aussi bronzés que toniques, queue-de-cheval en balancier. Je me dis que c'était l'écho de ses tongs qui me rendait fou.

Forcément.

*

Cannes. Troisième semaine de juillet.

J'avais troqué ma vieille Citroën diesel pour la Honda CB 750 Four 1976 que vénérait mon père. Une transaction déraisonnable à bien des égards. Mais ce fut une catharsis. Je lui avais remis les clés de la voiture en pensant : *vas-y, débarrasse-moi de ce dernier reliquat d'une époque révolue.* Sans parler du fait que j'étais rassuré de savoir que mon daron de soixante-cinq ans ne ferait plus son numéro d'équilibriste sur le deux-roues vintage. Depuis, après les plongées de l'après-midi, c'est-à-dire après le « boulot », j'avais pris l'habitude de me balader à moto le long des routes panoramiques cintrant la Méditerranée. Le moteur souple à « quatre pattes » ronronnait au gré des contreforts, tandis que j'inclinais ma moto à gauche à droite dans le plus grand des bonheurs. L'engin était devenu mon nouveau sanctuaire. Un de plus.

C'était un samedi après-midi, vers 18 heures.

La Honda Four vrombissait en quittant le parking souterrain de la rue de Cannes. J'espérais m'engager rapidement sur la pittoresque RN98, laisser la ville derrière moi et passer la soirée à filer le long de la mer. Au moment où je passais devant le centre de plongée, le portail électrique s'ouvrit. J'entrevis le pare-chocs avant du 4 × 4 Lada vert kaki de Patricia qui remontait la rampe. Sauf que ce n'était pas Patricia au volant, mais Samar.

Elle ne m'avait jamais vu à moto, et ne pouvait donc pas savoir que c'était moi. Je continuai mon chemin, l'air de rien. Au feu rouge, je repérai la Lada à la traîne trois voitures derrière moi. J'étais là depuis bientôt cinq mois et, à part les plongées en mer, c'était seulement la deuxième fois que je croisais Samar hors les murs du centre-ville. Elle était probablement partie faire une course. C'était tentant. Au-delà d'une opportunité inattendue de filature, je sentis que j'allais m'amuser. Je ralentis ma course et tournai à droite dans une station-service. Je gardai la visière baissée et attendis que Miss Lada me dépasse. Puis je redémarrai le moteur et quittai la station, quatre véhicules derrière elle.

C'était étrange de la suivre comme ça. Étrange, mais grisant. Cette scène sortait tout droit de mes films de détective privé préférés, bande-son et tout le toutim. Je l'aperçus brièvement sur le boulevard Carnot, puis sur la D6185. Quelques minutes après, elle tourna dans l'avenue Saint-Martin, et traversa Mouans-Sartoux. Nous atteignîmes Grasse une demi-heure plus tard. Elle n'était sûrement pas partie faire une course. À la sortie de Grasse, elle s'engagea sur la D6085. Je connaissais bien cette route. Comme des milliers d'autres motards. Nous étions sur la légendaire route

Napoléon. C'était la Provence à l'état pur, déroulant pour nous ses vastes collines vertes et vallonnées des Alpes du Sud.

Fais gaffe maintenant, pensai-je, ne te fais pas remarquer. Lâche un peu de mou. Prends ton temps.

Même si mon plan foirait et que je perdais de vue la Lada, j'allais me régaler à moto. Penché en avant, calé à l'arrière de la selle, les genoux enserrant le réservoir orange doré, les poignées du guidon bien en main. La Four, rapide et fluide, épousait parfaitement les courbes. Don Henley chantait « The Boys of Summer », rien que pour moi.

Je distinguais le 4 × 4 cinq cents mètres plus loin à hauteur de la colline suivante, avalé par un tunnel de feuillage accroché à la falaise. Mais où allait-elle, bon sang ? Peut-être s'agissait-il d'une simple balade bucolique… en Lada. Je me mis à rêvasser en mode pilote automatique avant de réaliser que j'avais perdu de vue le véhicule. J'arrêtai la moto sur le bas-côté, et laissai tourner le moteur au point mort. À ma gauche, la vallée entière, une mer de vert luxuriant tapissant les collines jusqu'au littoral. Un panneau : « Bienvenue à Escragnolles ». Je coupai le moteur et retirai mon casque. Silence complet. Le bruissement du vent et des feuilles amplifia un craquement sourd : des pneus écrasant du gravier. Où était-elle passée ? À ma droite, la forêt était dense, en pente raide. Je décidai de laisser la moto là. Je la garai à l'abri des regards, derrière un petit renfoncement entre deux chênes massifs, et attachai le casque au cadre. Je traversai la route et attaquai le talus bille en tête. Mes pieds s'enfonçaient dans les feuilles mortes, je m'accrochai frénétiquement aux troncs d'arbres et aux branches, luttant contre la pente. Je trimai de la sorte pendant près d'un quart d'heure quand j'atteignis un grand replat, où je pus enfin lâcher quelques jurons, transpirer un bon coup et respirer. J'avais entendu parler de types qui avaient eu des accidents de décompression en se livrant à ce genre d'exercice. Partis plonger – profond – le matin, ils rentraient chez eux en empruntant une route alpine, où la pression ambiante chute et les minuscules bulles d'azote se dilatent dans le sang. Quelques heures plus tard, ils se retrouvaient allongés dans un caisson pressurisé exigu, sous perf intraveineuse, flanqués de blouses blanches binoclardes les observant par des hublots.

Ce petit promontoire boisé récompensa mes efforts. La Lada était bien là, garée devant une maison de village majestueuse et imposante. Je ne sais pas comment, j'avais loupé le portail d'entrée sur la route. À première vue, le seul moyen d'accéder à la baraque était d'emprunter un chemin de terre étriqué que j'aperçus, dissimulé derrière un épais rideau de platanes. L'ensemble de la propriété était invisible au public à moins d'arpenter la zone par les airs. Un domaine magnifique et reclus certes, mais je ne me serais pas précipité pour y tondre le gazon. Accroupi à mon poste d'observation, je pouvais distinguer une terrasse agrémentée de canapés et de transats. Palmiers en pots de terracotta, bougainvillées, lavande et romarin vous guidaient jusqu'à une piscine en écrin. Sur le flanc est de la villa, il y avait une deuxième terrasse, dotée d'une immense table balinaise qui semblait jouxter une cuisine. Je me voyais déjà glisser une remarque innocente à Samar pour l'avertir sur les risques d'associer plongée, altitude et propriété de luxe. Il n'y avait pas le moindre signe de mouvement. J'avais deux options : me retirer tout de suite ou attendre de voir qui allait se manifester. Quelque chose me dit d'attendre. Je m'assis derrière un bosquet et me mis à parcourir la playlist jazz de mon smartphone, bien décidé à perdre le restant de la soirée. Si rien ne se passait avant la tombée de la nuit, je pouvais toujours enfiler mes collants de Batman pour y regarder de plus près.

Vingt minutes plus tard, j'étais toujours vissé à mes écouteurs, battant la mesure en silence au rythme de « Money Man » de Candido. D'ailleurs, j'étais tellement vissé que je faillis louper le film. Samar sortit de la maison par une des trois baies vitrées qui longeaient entièrement la piscine. Elle discutait avec un homme vêtu d'un costard sur mesure en flanelle bleue et de chaussures de cuir beige. Les cheveux noirs et lisses, la peau mate. Un profil méditerranéen. Des traits plutôt arabes, d'ailleurs. La cinquantaine, la mise du grand patron, sophistiqué, le genre diplomate. Ils s'entretinrent encore quelques minutes sur la terrasse, mais j'étais trop loin pour les entendre. Puis Samar mit fin à la conversation, dévala l'escalier en pierre jusqu'au rez-de-chaussée, sauta dans la Lada et ficha le camp. Le type ne la raccompagna pas jusqu'à la voiture. Il sortit un portable de la poche droite de son pantalon et composa un numéro abrégé. Il revint à grands pas décidés vers la maison, calant le portable contre sa joue droite. Soudain, il s'arrêta net, pivota le torse et scruta intensément les bois. Dans ma direction. Je me baissai instinctivement. À ce moment précis, j'aurais aimé ranger mon cou entre mes épaules et me fondre dans le feuillage. Ensuite, il claqua les talons sur les carreaux en travertin, rentra par la même baie vitrée et disparut à l'intérieur pour de bon.

Quelle angoisse ! Ce dernier petit coup d'œil m'avait glacé le sang. Pourquoi avais-je l'impression qu'il savait que j'étais là ? Je décollai mes fesses de la mousse, rampai à reculons sur quelques mètres, puis retournai vers le talus. Je fis un grand détour pour contourner le chemin d'accès de la villa. Comme je n'avais à présent aucune chance de rattraper Samar, je pris mon temps. J'en profitai pour trébucher à deux reprises sur d'épaisses racines et me vautrer la tête la première dans la descente. Je rejoignis la clairière et la route goudronnée avec la moitié de la forêt sur mes fringues.

La Four avait eu le bon sens de m'attendre.

*

Roulant à travers Grasse, je passai devant la gendarmerie locale, avec les fourgonnettes Renault bleues et les véhicules de service Citroën qui vont bien. Idée. Sur le papier, j'étais encore un officier de réserve. Ça valait la peine d'essayer.

Je fis demi-tour, m'engageai dans l'allée de gravier et me garai à côté d'un Boxer BMW 1200 flambant neuf. Il était plus de 20 heures, l'officier de garde était probablement chez lui en train de mater « Les Guignols de l'info ». Deux sous-offs discutaient sous le porche. Je m'approchai, armé de mon plus beau sourire d'officier, et demandai si quelqu'un était à l'accueil. Bien sûr, me dit-on, la brigade rentrait tout juste d'une opération de contrôle routier à Grasse et on finissait d'enregistrer les procédures. J'entrai et me dirigeai droit sur le comptoir, où une maréchale des logis-cheffe à queue-de-cheval était en train de raccrocher le téléphone. Je fouillai dans mon portefeuille, époussetai quelques feuilles sèches de ma veste et flashai ma carte tricolore. Sur la photo, cinq ans de moins, cheveux en brosse, rasé de près, uniforme. Elle me dévisagea plusieurs secondes et décida que, malgré la coiffe de motard en pétard, la barbe de trois jours et le front brûlé par le soleil, le gugusse qui se tenait en face d'elle partageait une certaine ressemblance avec le capitaine à fière allure de la photo.

Pour briser la glace, je déblatérai des banalités sur la journée de travail écoulée. Qui était le commandant de compagnie, combien de personnes travaillaient ici, et ouah, vous couvrez toute la commune avec si peu d'effectifs ? Parler des effectifs : le meilleur moyen de se mettre les sous-offs dans la poche. Elle leva les deux sourcils quand je lui dis que j'avais commandé la compagnie de Dunkerque. Non pas qu'elle fût impressionnée. Elle compatissait, plutôt. Puis je détournai en douce la conversation sur Escragnolles. J'étais de passage, en vacances avec ma copine, et elle venait de craquer pour une maison de village que nous avions aperçue hier en voiture.

– Vous savez à qui elle appartient ? C'est une maison d'hôte ?

La maréchale des logis-cheffe sourcilla consciencieusement, alla fourrager dans un tiroir de bureau et me tendit une brochure touristique toute racornie sur Escragnolles. Elle indiqua une photo sur la troisième page.

– Vous voulez dire celle-ci ?

C'était bien elle. La propriété était suffisamment connue pour figurer dans une brochure publicitaire locale.

– Voilà, c'est celle-là !

– Bon, dit-elle en ricanant, vous pouvez toujours essayer de sonner au portail, mais je doute que l'on vous fasse entrer. C'était la maison du maire avant mais le consulat d'Égypte à Marseille a racheté tout le domaine il y a deux ans. Le consul vient ici de temps en temps pour passer le week-end. Ça nous arrive d'envoyer une équipe pour monter la garde.

– Vous êtes en train de me dire que la gendarmerie envoie des patrouilles pour surveiller la maison de campagne du consul égyptien ?

Elle fit oui de la tête et pinça les lèvres, synonyme de résignation absolue. À mon tour de compatir. On échangea encore quelques banalités. Je la remerciai pour son temps et lui souhaitai bonne chance avec les formalités post-barrage routier.

Le crépuscule m'accueillit dehors. Le retour à moto fut un pur bonheur. La Honda Four bourdonnait délicieusement et zigzaguait sur l'asphalte irrégulier. Je m'appliquai à doser le couple pour bien sortir des virages, me redresser et anticiper le suivant. Le mouvement de balancier berçait mes pensées, où se mélangeaient pêle-mêle des images de naïades libanaises plantureuses, des 4 × 4 Lada, une maison de village isolée et un diplomate égyptien véreux.

Je me rappelle vaguement une voiture de couleur foncée (peut-être vert kaki ?) qui apparaissait par intermittence dans les coins vibrants de mes rétroviseurs. Le véhicule sortait calmement de chaque courbe que je laissais dans mon sillage, gardant ses distances sur tout le chemin du retour jusqu'à Cannes-la-Bocca. Probablement un touriste qui profitait de la vue, avais-je pensé. Moi, je roulais au ralenti, vitesse *Miss Daisy et son chauffeur*. Un conducteur local m'aurait collé au train pour me dépasser illico presto.

*

Séance de natation dominicale, le lendemain matin.

Glouglou vert. Ciel bleu. Glouglou vert. Ciel bleu. Tiens, une seiche !

Méditation crawlée sur la pertinence de l'excursion de Samar à la villa d'Escragnolles. Je repris mon souffle quelques instants à hauteur du centre de plongée, en mode surplace, balayant la plage à la recherche de Jamel, sa carriole brinquebalante et son pastis bien frais. Je voulais partager avec lui le récit de mon périple bucolique motocycliste de la veille. Sa connaissance intime des derniers potins de plage aurait certainement pu m'éclairer. Mais visiblement, ce matin, il jouait les Arlésiennes. Je poussai en crawl encore un bon kilomètre et – porté par le courant puis titillé par une piqûre de méduse douloureuse – atteignis les plages de la ville en un temps record. Je sortis de l'eau en foulant une grande bande de tapis synthétique rouge vif et me retrouvai entouré d'une marée de costumes sur mesure, d'oreillettes en tire-bouchon et de badges reluisants. Coup de périscope pour prendre mes repères. Bordel ! La plage du Martinez était défigurée. J'aperçus des caméras vidéo, trépieds, éclairages trois points, perches, casques, micros, réflecteurs de lumière et des kilomètres de câbles audio déroulés sur le sol. Sur la croisette, des nuées de touristes en marcel, shorts et Crocs, et des paparazzi en gilet de reporter, tous excités à l'idée d'entrapercevoir je ne sais quelle vedette s'apprêtant à débarquer d'un des yachts amarrés dans la baie de Cannes. J'avais choisi un plateau de cinéma glamour improvisé sur la plage pour sortir de l'eau en Speedo. L'endroit était truffé de gorilles de sécurité : étalage de muscles, bling-bling et testostérone. L'un d'eux me jaugea, puis agita son pouce vers la gauche d'un air supérieur :

– Dégage mec.

Je rêvais d'une bière bien fraîche, mais doutais fort qu'un commerçant sensé accepte un client en slip de bain, bonnet jaune, bronzage vanille-fraise et sac étanche dégoulinant sur sa terrasse branchée. Dépité, je me rabattis sur une buvette ringarde flanquée de tabourets et palmiers nains en plastique, et me contentai d'un express amer. Puis j'entrepris de rincer le sel sous une douche publique, tandis que la caféine me brûlait les entrailles, semant au passage un méchant doute dans mon esprit. Je le rangeai dans la catégorie « mal luné » et « estime de soi en berne ».

Je rejetai en bloc l'épisode d'Escragnolles, le qualifiant de pure extrapolation. Même chose pour la pseudo-dispute entre Samar et Stefan que j'avais interrompue deux semaines plus tôt. Après tout, qui étais-je pour décréter ce qui était normal et ce qui était louche ici ? Une monitrice de plongée libanaise avait parfaitement le droit d'emprunter le 4 × 4 pourri du centre de plongée pour se rendre dans une villa perdue dans la campagne, à plus de cinquante kilomètres, et de surcroît louée par le consulat d'Égypte. Pas vrai ? Je n'avais qu'à m'occuper de mes oignons. Arrêter de crier au loup dans le seul but de satisfaire mon penchant atavique, démesuré et pathétique pour le complot et les préjugés. D'ailleurs, je n'en avais plus rien à cirer.

La dernière semaine de juillet marquait la fin du cursus de moniteur de spécialités. Avec nos carnets de plongée débordant de cartes de certif, on aurait aisément pu passer pour des collectionneurs de vignettes de baseball ou des VRP japonais. La Méditerranée était chaude et les touristes azuréens se présentaient à la villa au compte-gouttes pour s'inscrire à des recyclages et à des certifications Open Water Diver. De la chair à canon de première fraîcheur pour moniteurs néophytes impatients de mettre enfin en pratique des mois de formation. Cette étape préfigurait la vie de simple rouage dans un véritable établissement de plongée, même si dans un sens les formateurs de la villa étaient plus indulgents à notre égard que ceux des gros centres que nous serions amenés à fréquenter dans les Caraïbes ou en Asie. Ici, le nombre restreint de clients permettait un temps d'enseignement plus long, une marge d'erreur plus importante, et l'étroite surveillance de Fred et Patricia nous offrait un filet de sécurité plutôt rassurant. On commettait des erreurs, on en tirait les leçons, sans que personne se noie pour autant.

*

Mes premiers cobayes Open Water étaient un couple de jeunes mariés : une brunette rondelette et un grand balèze. Ils souhaitaient obtenir la certification avant leur lune de miel à l'île Maurice le mois suivant. La jeune femme aux cheveux bouclés était tout sourire. « Oh, Jean-Louis, j'y crois pas, on va plonger en mode Cousteau comme dans les films ! » Le type se fendit d'une poignée de main féroce, l'air de dire : « Qu'est-ce que ce nain va bien pouvoir m'apprendre ? » Il jouait les gros durs pendant le briefing, gonflant le bulldog et les armes à feu tatoués sur ses biceps. Mais les tatouages, ça ne flotte pas. Deux heures plus tard, il regardait tout penaud sa femme enchaîner les exercices en piscine alors que lui savait tout juste nager correctement. Pareil pour les plongées en mer : je devais surveiller le bougre sans relâche et lui tenir la main pendant les exercices de vidage de masque, sans quoi il sombrait dans la panique. Trois jours plus tard, son ego meurtri, il abandonnait le cours et se découvrait une passion soudaine pour le kitesurf. De mon côté, je faisais une fixette sur les 50 % de certification et rejetai la faute sur mon manque d'expérience. Peut-être aurais-je dû le convaincre ou l'accompagner davantage. Peut-être que je ne m'étais pas donné à fond. Dans un rare élan de compassion, Fred me rappela que payer une formation ne garantit pas forcément une certification à la clé. Si les clients ne sont pas faits pour la plongée, inutile de leur délivrer un permis de mourir.

Ce vendredi soir-là, Patricia nous rassembla solennellement tous les quatre dans la grande salle de cours de la villa. Fred arborait un short propre, une nouvelle paire d'Havaianas et un sourire contrit. Les deux fumaient clope sur clope. Patricia prit la parole : allocution aux nouveaux diplômés de l'Académie des bulles, en grande pompe.

– Je vais vous épargner une belle envolée lyrique, dit-elle, ce n'est pas mon genre, mais je tenais à vous féliciter pour vos premières certifs de vrais élèves. Le cursus de formation est officiellement terminé !

Elle se mit à nous applaudir et, d'un regard insistant, engagea Fred à l'émuler. Nous embrayâmes entre nous, à grand renfort de cris de joie et de tapes dans le dos.

– Vous êtes désormais des moniteurs accomplis, enchaîna-t-elle, et serez payés en cette capacité dans les jours et mois à venir. Jusqu'à ce que vos palmes vous portent vers une autre destination.

Avec le recul j'ai l'impression qu'elle avait prononcé cette dernière phrase en regardant Samar dans les yeux. Était-ce mon imagination ?

En tout cas, José décréta qu'il fallait fêter ça officiellement. Patricia et Fred déclinèrent l'invitation dans la foulée. Anatoly suggéra de se retrouver au Palais Disco, considéré comme le repaire local du gotha de la Croisette pendant le festival. Je me douchai, me rasai, et sortis ma plus belle chemise. Encore roulée en boule dans ma valise : opération repassage en quatrième vitesse.

Deux heures plus tard, je garai la Four dans le quartier de la boîte et décidai d'attendre les autres devant l'entrée. Trois videurs habillés en pingouin regardèrent mes cheveux aplatis par le casque avec circonspection, savourant déjà le moment où ils m'enverraient paître ailleurs. Soudain, la porte s'ouvrit de l'intérieur. Un Noir aux lunettes de soleil fluo, jogging Adidas, baskets Stan Smith et bandana rose susurra quelques mots aux balèzes, puis glissa de nouveau à l'intérieur. Musique et lumières s'échappèrent l'espace d'un instant : la basse de « Rumors » de Timex Social Club. Une soirée années 80.

Les videurs me dévisageaient toujours quand une Batmobile surgit de nulle part et pila à quelques centimètres de leur trottoir. La porte conducteur s'ouvrit, Anatoly sourit de toutes ses dents et me héla en braillant : « *Tovarich !* » Il descendit de sa forteresse étincelante, fit le tour jusqu'à la porte passager et aida une ravissante blonde à poser le pied sur la chaussée. Ses jambes étaient si longues qu'elle n'aurait pas eu besoin du marchepied de la voiture. Sa jupe était si courte que je compris pourquoi elle l'utilisait quand même. Le hayon arrière de la Defender Black Edition s'ouvrit et deux types en descendirent. Costumes sombres sur mesure, yeux bleus et oreilles en chou-fleur. Igor et Oleg, les frères d'Anatoly. Puis deux autres paires de talons aiguilles se détachèrent à l'arrière de l'énorme carrosserie, suivies d'un étalage de peaux dorées, bijoux, parfum et très peu de tissu. Débardeurs blancs moulants et jupes en cuir très ajustées. Là encore, des jambes à n'en plus finir. Ces mecs avaient un gros faible pour les blondes platine ultra-bronzées aux seins siliconés. Les portières de la Defender se refermèrent lourdement mais avec un son feutré : blindage. Les yeux des videurs se braquèrent sur les trois bombasses et m'accordèrent un peu de répit par la même occasion. Anatoly me rejoignit, on se serra dans les bras comme deux anciens combattants.

– Nous sommes venus en bonne compagnie mon ami. Mon oncle a une agence d'escortes à Nice et... bon, il faut que je l'utilise de temps en temps, sinon il pense que je suis gay ou que je boude l'entreprise familiale. Ou les deux !

– Et le char d'assaut ? demandai-je, désignant la Defender d'un mouvement de tête.

– Livré avec. Comme dit mon oncle...

Il fronça les sourcils quelques instants en cherchant ses mots.

– C'est... tout compris.

Tandis qu'Anatoly décrivait avec force détails ses obligations familiales, ses deux frères guidèrent les filles vers l'entrée. Igor donna un petit coup de coude diplomatique au videur en chef et lui glissa quelques mots au creux de l'oreille. Le regard du gars pivota habilement vers nous et visa le groupe quelques secondes. Il hocha la tête en guise d'approbation et les frères d'Anatoly firent entrer les miss. Tout compte fait, je n'allais pas me faire refouler ce soir.

Une voiture klaxonna derrière nous. José et sa couguar agitaient la main dans la Peugeot cabriolet.

– On ne trouve pas de place, lança-t-il. Allez-y, on vous rejoint à l'intérieur !

L'intérieur... Des voilages et drapés habillaient les murs de bleu électrique et de vert flamboyant. Des fantômes en mousseline de soie hantaient les plafonniers. Des sièges psychédéliques en forme de rein émaillaient des îlots « lounge » placés à ras du sol. Une épaisse moquette rouge absorbait le claquement des talons et des chaussures compensées. Les rampes d'escalier en cuir capitonné rétablissaient votre équilibre lorsque l'alcool l'avait entamé. Anatoly avait visiblement préparé cette sortie à l'avance : une table d'angle nous attendait. On fit connaissance et on trinqua autour de coupes de champagne givrées. Anatoly présenta Igor et Oleg, qui à leur tour présentèrent Tanya, Natacha et Elena. Enfin, José présenta Brigitte la couguar – encore une blonde – livrée avec lèvres botoxées, jupe léopard moulante et talons aiguilles vernis et semelés de rouge. Du bavardage, du vent, des éclats de rire et une tournée générale de premières impressions superficielles.

On s'apprêtait à s'asseoir lorsque quelqu'un me taquina les côtes. Je me retournai pour confronter l'impertinent. Samar me désarma avec un sourire divinement séduisant. Je mis du temps à assimiler le reste de sa personne. Exit le garçon manqué. Pantalon noir taille haute rehaussé d'une ceinture corset noire. Chemise blanche à grand col révélant un décolleté ravageur. Sa chevelure de jais, relevée dans un carré ondulé, laissait échapper quelques boucles bien dessinées. Sublime. Elle portait un sac à main – avec sandales assorties – qui semblait façonné dans un cuir doux italien ; elle en tenait la poignée à deux mains derrière son dos. Elle changea brièvement de position le temps des présentations pour saluer le reste du groupe d'un geste expéditif. Une spécialiste en communication m'avait dit autrefois que placer ses mains derrière son dos traduisait une très grande assurance et confiance en soi. Cela voulait dire que l'on n'avait rien à cacher.

Comme quoi, le langage corporel peut être trompeur.

*

La soirée se consuma, puis la nuit. On alternait le français et l'anglais, les shots de vodka, les anecdotes de plongée désopilantes, les apartés plus intimes et les déhanchements cocasses. Aux premières notes de « Talking in Your Sleep » des Romantics, Brigitte et les filles ondulèrent vers la piste de danse. Une horde de mâles leur emboîta le pas, la bave aux lèvres. Samar fit preuve de retenue, comme à son habitude, affichant néanmoins un côté pilier de bar pour le moins inattendu. Entre nous, on ne l'avait jamais vue se lâcher comme ça.

Je me rendis au bar pour commander une nouvelle tournée. Dans le même temps, la foule s'était précipitée sur des sosies de stars comme un troupeau de poulets décapités. Lorsque je retournai à la table, Samar s'était glissée à côté de ma place. On échangea des banalités sur le cours, les instructeurs, nos projets d'avenir. Le volume de la musique était monté d'un cran. Elle se rapprocha de moi. Sa voix de velours, profonde, faisait oublier le vacarme environnant. Ses yeux sombres aguichaient. Elle orienta la conversation vers un terrain plus personnel, plus intime.

– Nash, c'est un diminutif n'est-ce pas ? demanda-t-elle en français, innocente.

Elle forçait l'ouverture de mon casier personnel. Moi, comme un con, je lui donnais la clé.

– Un souvenir de l'école spéciale militaire, avouais-je. J'ai grandi aux États-Unis et je déteste les maths. Deux gros bémols pour que tout se passe bien à Saint-Cyr. Mes copains de promo ont eu vent de cette funeste association et, à la suite d'une recherche aléatoire – probablement alcoolisée –, Google a pondu John Nash, le célèbre mathématicien américain. Paradoxalement, le nom est resté.

– Et Nash remplace… ?

Je pivotai de gauche à droite exagérément, m'assurant que personne ne pouvait entendre nos propos. Mes lèvres effleurèrent ses oreilles juste au-dessus du décolleté de porcelaine. La courbe de ses seins m'invitait. Elle ne bougea pas d'un centimètre.

– C'est hautement confidentiel, m'dame. Je pourrais vous le dire mais il faudrait que je vous tue dans la foulée. Croyez-moi sur parole, le jeu n'en vaut pas la chandelle.

Encore ce sourire. Ses yeux disaient : *t'inquiète pas, chéri, tu vas me le servir sur un plateau, ce prénom. En temps voulu. Et en couinant.* Une main de fer dans un gant de velours. Elle sirotait son gin-tonic en battant des cils, qu'elle avait extra-longs. J'étais son jouet.

– Donc tu es un ancien militaire. Comme Fred ?

– J'ai bien peur que oui. Nous partageons un moule culturel, je suppose : le salut militaire, dis-je en commençant à énumérer les exercices un à un sur les doigts de la main, la marche commando, creuser des trous, se badigeonner le visage de peinture de camouflage, frissonner sous la pluie, dormir dans les bois, voyager en soute, et vider des chargeurs entiers de munitions à blanc dans des camps de manœuvre nichés en rase campagne. Fred imitait les troncs d'arbre et le feuillage mort au sein du 1er Bataillon belge de parachutistes. Pour ma part, je me suis vite lassé du camouflage, alors une fois mon diplôme de cyrard en poche, j'ai préféré le pantalon bleu qui gratte de la gendarmerie.

– Pour imiter les radars de vitesse.

– Hé, fais gaffe !

Elle renversa la tête en arrière et son rire étincela comme du cristal. Puis elle poursuivit l'interrogatoire, en cajolant mon ego.

– Donc, tu étais officier. Tu en parles comme si c'était banal. Quel était ton grade ?

– J'étais capitaine quand j'ai tout laissé tomber, quelques jours avant de débuter cette formation à Cannes. L'administration m'a accordé le statut de réserviste.

– Ça explique cette hostilité entre Fred et toi. Y a pas photo, c'est le grand amour, lança-t-elle d'un ton ironique. Ah, les hommes et leurs épaulettes...

Je mis trois bières à lui raconter ma vie. Et pour me rendre compte que Samar parlait et buvait en fait très peu. Je bataillai dur pour inverser la vapeur mais ne fus récompensé que par quelques miettes chronologiques en lieu et place d'anecdotes croustillantes. Samar avait grandi les pieds dans le sable de la Méditerranée. Née à Tripoli au Liban. Famille druze issue de la bourgeoisie. Elle avait fui à Marseille avec ses parents au milieu des années 80 pour échapper à la guerre civile. Son père, un ancien pêcheur de coraux, avait d'abord gagné sa vie modestement en grattant les coques de bateaux amarrés dans le port. Puis sa mère avait ouvert une petite épicerie, et tous les trois s'étaient définitivement installés dans le quartier de Saint-Barnabé. Pour son treizième anniversaire, son père l'avait emmenée plonger pour la première fois dans une magnifique calanque. Depuis ce jour, elle n'avait jamais posé les palmes. Désormais, elle ne pensait qu'à ouvrir un centre de plongée quelque part sur la côte libanaise. Byblos. Ou peut-être Beyrouth.

– Le retour de la fille prodigue ? risquais-je.

– Je sais, c'est cliché. Où est l'ambition dans tout ça, hein ?

– Tu sais, je crois que le concept d'ambition est biaisé, entaché de préjugés culturels et extrêmement trompeurs.

– Ouah, vas-y explique-moi, s'exclama-t-elle, tenant son adorable visage dans le creux de sa main droite.

– Ton serviteur par exemple, dis-je en m'autodésignant des deux pouces. J'ai grandi avec MTV, « Marty McFly », « Clair de lune », « MacGyver » et « Magnum ». Un authentique geek des années 80. Mon rêve d'ado était de m'installer à San Diego, de conduire une Donkervoort et de vivre sur un grand voilier amarré dans un port, dans la veine de Sonny Crockett. J'allais travailler pour la CIA une dizaine d'années, prendre ma retraite et devenir détective privé, écrire des romans d'aventure et commencer tous les matins à 5 heures par une séance de yoga.

Oui, je sais, j'aurais dû m'arrêter après trois bières. M'enfin, j'étais lancé, je continuai.

– Au lieu de ça je me suis engagé dans l'armée en quête de statut et de grandeur. Et j'ai tout zappé. Du jour au lendemain.

– Tu as surtout oublié d'inclure une femme dans tes projets, expliqua-t-elle. *Chercher la femme*. Il faut commencer par là, et construire autour.

– C'est aussi ce que me dit mon ancienne collègue. Elle pense que je tentais à la fois de satisfaire mon amour-propre défectueux et d'assouvir une soif de reconnaissance d'un public imaginaire. Et au fond elle a raison.

– Elle y va fort ! Et puis, tu ne t'en es pas trop mal tiré, dit-elle en riant, malgré le pantalon qui gratte.

– Bref, je finis de t'exposer ma théorie de comptoir. Je pense que les aspirations d'un enfant devraient façonner et définir sa vie d'adulte. À mesure que nous grandissons, mûrissons, vivons et travaillons, nous avons tendance à oublier ce qui nous faisait rêver au départ. Mais l'ambition prend le dessus et remplace petit à petit nos rêves de jeunesse, et nous finissons par perdre de vue l'esprit qui les animait.

– Tu es un anachronisme trentenaire, Nash.

Elle me regarda droit dans les yeux et ajouta : « Ça me plaît. »

À ce stade, j'étais ferré comme un poisson, épris et fasciné, tant et si bien que je l'aurais suivie aveuglément pour une plongée dans les égouts de Paris. Brigitte interrompit notre flirt en me fourrant son pare-chocs extravagant sous le nez tout en feignant de s'approcher de la table pour se resservir un verre. Elle s'incrusta sans complexe, en essayant de coller un maximum de son anatomie contre la mienne. Finalement, elle enfourcha le tabouret le plus proche et passa près d'une heure à se trémousser en solo au rythme de la musique. Gêné, je fis de mon mieux pour la refourguer à José, mais ce crétin s'était volatilisé. Samar assistait avec réticence à la parade nuptiale pathétique de la quinqua en chaleur. Elle détournait le regard, mais je lui vis un petit sourire en coin, narquois et faussement pudique. Elle se marrait en douce.

Anatoly et ses frères vinrent à la rescousse en nous gratifiant d'une distraction phénoménale. Ragaillardis par une enfilade de shots de vodka et Grandmaster Flash, le trio fit monter les enchères en improvisant une polka endiablée. La foule acclamait et sifflait, certains se joignirent à la polka hip-hop, mais tous abandonnèrent après quelques tours de piste. Le trio retourna à la table, triomphant. Tanya, Natacha et Elena applaudirent et embrassèrent leurs Roméo tour à tour – manifestement, ils étaient interchangeables. Brigitte ne me lâchait pas la grappe. José réapparut et se mit à draguer Samar sans vergogne. C'est à ce moment-là qu'une migraine monstrueuse commença à me marteler le crâne, frappant jusque derrière mes orbites. La petite aiguille de la Bund m'indiquait qu'il était temps de laisser tomber. De battre en retraite. Pour mieux se redéployer. Plus tard, disait une petite voix intérieure, quand la chance sera de ton côté.

Anatoly me rattrapa alors que je gagnais la sortie. Il se paya ma tête d'éméché.

– Aah, mais tu ne peux pas partir maintenant, Nash, mon ami. Je crois que la maman-gâteau est sur le point de te proposer un plan à trois.

– C'est justement pour ça que je ne m'éternise pas. Amusez-vous bien les gars, moi je me taille.

Anatoly haussa les épaules, puis me donna une accolade de camionneur. Par-dessus son épaule, je croisai le regard humide et complice de Samar. *Pas maintenant*, me disait-elle. *Pas ici.*

*

La blonde du vestiaire m'adressa un sourire à son image : entre coquin et pervers. Comme l'établissement d'ailleurs. C'était soi-disant un lieu non fumeur et pourtant mes vêtements puaient le fond de cendrier. La fille me donna ma veste et mon casque et je sortis sans remords. Les lumières du port embrasaient la moitié basse du ciel de minuit. Trois faisceaux laser verts perçaient la moitié haute et scannaient les nuages en surplomb, comme des doigts lumineux désignant les boîtes de nuit aux extraterrestres de passage.

Je traversai la rue et marquai une pause pour reprendre mes esprits. L'alcool avait engourdi mon sens de l'orientation déjà limité, du moins sur la terre ferme. Je repérai le stand de kebab crasseux quelques rues plus loin. Je me rappelais vaguement avoir garé ma bécane à côté. Je marchai environ une minute dans cette direction et aperçus la Four sur sa béquille, qui attendait loyalement son maître au milieu d'une douzaine de deux-roues fadasses. Je glissai la clé dans le contact, enfilai mon casque et commençai à mettre mes gants.

– Tu me déposes chez moi ?

Le timbre était riche, et cette fois-ci légèrement rauque. Samar m'avait suivi à la trace, très habilement. Elle était apparue là, à quelques centimètres, dans la lumière d'un lampadaire. J'étais surpris et elle le savait. Elle se tenait debout, les jambes légèrement écartées, la hanche insolente, une main posée dessus, l'air de rien. Mais ses yeux carnassiers trahissaient cette désinvolture affichée, ils suggéraient qu'elle était encore plus belle quand elle était rebelle. À ce moment précis, je n'aurais su dire si elle voulait m'embrasser, me violer, me poignarder, ou les trois à la fois.

– Heu, oui, je t'en prie. Mais il faudra rouler sans casque par contre. Tout compte fait, tiens, dis-je en desserrant la sangle, prends le mien, la villa n'est qu'à une dizaine de minutes après t...

Elle était sur mes lèvres avant que je ne parvienne à l'ôter complètement. Son corps salua le mien. J'étais un lapin pris dans le faisceau des phares. Elle me fit grâce de quelques secondes pour que je me ressaisisse. Enfin débarrassé du casque. Je glissai une main dans son dos. J'enlaçai sa taille de l'autre et embrassai sa chaleur. Son corps s'enhardit, une invitation subtile.

– Et si on laissait tous les deux tomber le casque ? demanda-t-elle.

– Après un tel baiser, je pourrais rouler tout nu.

– Alors vas-y, emmène-moi.

*

Ma moto et une femme me serrant dans leurs bras. Il y a des nuits comme ça. Samar s'agrippait aux pans de ma veste et collait ses hanches contre mon bassin. Je gainai les abdos, juste au cas où. À chaque accélération, elle resserrait ses cuisses autour des miennes. À chaque feu rouge, elle rentrait le menton dans le creux de mon épaule droite. Je nageais dans le bonheur pendant tout le trajet.

Les rues étaient vides à part deux ou trois scooters et livreurs de pizza. Nous étions rentrés à la villa sans croiser une seule patrouille de police. Je m'arrêtai en face du portail, laissai tourner le moteur et attendis qu'elle descende de la moto. Elle fouilla dans sa poche et en sortit une clé.

– Ne joue pas au timide, dit-elle.

Elle m'attrapa par le cou et le col de ses deux mains et m'attira vers sa bouche. « Entre. »

Mon cerveau fondait. Je balayais la rue du regard comme un chien enragé, cherchant une place pour garer l'engin. Pas trop loin, mais pas trop près de l'entrée non plus : si c'était flagrant, les gars allaient me charrier toute la semaine. Je la déposai deux cents mètres plus loin dans un angle mort, derrière un kiosque à journaux aux volets clos, et revins le pas léger et confiant, pressé de retrouver ces lèvres. Samar avait laissé le portillon latéral entrouvert. Le jardin de la villa m'attendait.

Nuit noire, je dus prendre mes repères. Regard à gauche, puis à droite, une nouvelle fois à gauche. Et soudain, son souffle sur ma nuque. Mais d'où sortait-elle ? On s'embrassa comme deux adolescents transis, bénissant l'obscurité qui nous permettait de libérer nos envies. Elle attrapa mon bras et me guida vers la résidence. On gravit l'escalier, deux étages plus haut. Je la suivais à la trace, comme un petit chien, hypnotisé par le balancement de ses hanches et le roulement de ses cuisses. Elle ouvrit la porte de la troisième chambre au fond du couloir. Ma chemise et mon pantalon s'envolèrent comme des graines de dent-de-lion. Avant que j'aie une chance de la déshabiller, Samar posa deux doigts sur ma poitrine et fit un pas en arrière. Langage des signes qui voulait dire : attends, regarde. Ses mains se croisèrent derrière son cou, puis glissèrent lentement le long de son corps, parcourant les angles de ses épaules, de son décolleté, enveloppant ses seins hauts, contournant son nombril, puis plongeant vers le bas, très bas, à l'aube de son ventre. Elle déboutonnait, dégrafait, défaisait les choses, savourant chaque étape. D'un geste ample, solennel, elle jeta au sol le dernier voile de décence. Elle me plaqua contre la porte et je goûtai sa langue. La baie vitrée était grande ouverte. Le vent portait à nos oreilles les rythmes d'une fête de plage improvisée sous la lune, juste en face de la villa. Sur la playlist à cet instant : « Lullaby » des Cure.

Ainsi Samar me mangea tout cru. Une véritable scène de prédation. Elle avait immédiatement pris le dessus, mais comment aurais-je pu me plaindre ? Son parfum était lourd. Ses griffes précises, presque chirurgicales. J'étais une marionnette manipulée par des fils invisibles, une poupée vaudou caressée par du papier de verre. Elle me chevauchait. Ses petits seins étaient étonnamment fermes. Sa voix rauque montait à l'octave quand elle gémissait. J'essayai de me relever, de reprendre les commandes. J'avais peur qu'elle ne sorte un pic à glace à tout moment et qu'elle me trucide alors que j'étais encore en elle. Maintenant, je savais ce que ressentait le partenaire d'une mante religieuse. Bizarrement, j'aurais très bien pu mourir là, sur-le-champ, comblé.

Je ne sais pas combien de temps dura le festin. L'alcool avait retardé notre plaisir. Je lui avais donné le meilleur de moi-même. « Passion » de Rod Stewart résonnait sur la plage quand nous atteignîmes l'orgasme. Zoom arrière : vue aérienne balayant le port de Cannes et ses lumières nocturnes.

*

Nous reprenions notre souffle, allongés sur le flanc, face à face. Le moment semblait venu de faire les présentations.

– Salut, moi c'est Nash.

Samar rit. Pas un rire de jeune fille bien élevée, non, le sien était profond, flûté, à la Lauren Bacall. J'osais penser que c'était bien le désir qui avait enrichi sa voix dès lors qu'on s'était affolés au lit. Mais quelque chose me disait que ce que j'entendais maintenant était le timbre de l'expérience, plutôt que celui du plaisir. Elle s'appuya sur un coude, son visage à quelques centimètres du mien. Sa jambe me chevauchait encore. Elle tendit le bras vers la table de chevet et alluma une cigarette. Bon sang, je ne savais même pas qu'elle fumait.

– Tu me dois toujours un prénom, réclama-t-elle. Des petites perles de sueur brillaient au-dessus de sa lèvre supérieure. J'étais subjugué par le regard sombre, abyssal.

– Rien que pour vos yeux, l'avertis-je.

– Attends, je vais le deviner. Miroir, mon beau miroir. Laisse-moi Nash Gopler entrevoir. Je dirais *Nathaniel.* Ou alors *Jonathan* ?

– *Narsès*, répondis-je à voix basse. Veux-tu effacer ce petit rictus outrageant de ton beau visage ?

Elle se moquait gentiment, ses jolies lèvres se plissèrent avant de faire place à une moue compatissante.

– Tu n'as pas l'air d'un ancien gendarme, avança-t-elle à travers la fumée.

Une sirène de police retentit au loin, à point nommé.

– Je le prends comme un compliment.

Elle me transperça du regard.

– Pourquoi es-tu parti ? s'enquit-elle.

La question était banale, mais le ton glacial. Ça sonnait plus comme un interrogatoire de prisonnier de guerre que comme une conversation triviale post-coït.

Et ça marchait. Je bavassais comme un bagnard à la dérive sauvé par un navire marchand après avoir passé une vingtaine d'années sur une île déserte.

– Une envie soudaine de faire quelque chose de très con. Sans filet. Je me suis levé un matin et j'étais devenu adulte. Pour être sincère, avec le recul, c'est un vrai miracle d'avoir franchi le cap de l'école militaire.

– Saint-Cyr ?

– Ouais. La Spéciale. La grande révélatrice. Elle ne connaît pas les barrières sociales et fait tomber les masques. À travers les épreuves, elle te dit qui tu es ou ce que tu es. Elle parle et la plupart des élèves écoutent.

– Et pas toi ?

– Nan. J'ai pas écouté. Elle ne me disait pas ce que je voulais entendre. J'avais une vision romanesque du risque, du danger, une façon de ralentir le temps, un moyen d'étirer les précieuses secondes, de les faire durer. Je rêvais de destinations lointaines, de l'incertitude du lendemain, de couchers de soleil et...

Là, je lui souris.

– ... de femmes intrigantes. La Spéciale insinuait que j'étais un candidat bourgeois lambda, et que j'allais probablement devenir un soldat médiocre. C'était vrai : j'appréciais le côté sportif, mais je détestais les entraînements sans fin et le harcèlement gratuit. La Spéciale suggérait que ce que je voulais vraiment, c'était l'aventure – mais sans le sacrifice ou l'abnégation –, c'est-à-dire le confort matériel et les voyages faciles. En somme, j'étais un incurable romantique qui se projetait dans la fiction.

– Mais tu as obtenu ton diplôme et tu as continué.

– J'ai mis dix ans à réaliser que je m'étais trompé de wagon. Qu'est-ce que ce choix de carrière stupide m'a apporté dans tout ça ? Dix ans d'ennui. J'ai rarement été stimulé, mis au défi, ou même effrayé. On ne m'a jamais tiré dessus, ma vie n'était jamais en péril. Je n'ai jamais eu de montée d'adrénaline. Quelque part l'uniforme chassait l'idéal auquel j'aspirais. J'ai commencé à compter les jours, sans jamais vivre dans le présent. L'ennui total. Mais c'est ma faute. Je n'ai pas voulu écouter ce que me disait la Spéciale.

– Tôt ou tard dans la vie, on envisage tous la possibilité que l'on est monté dans le mauvais train et que l'on s'est constamment trompé d'arrêt. Il y a de quoi frémir, ajouta-t-elle. Faut-il continuer ou descendre et attraper un autre train ?

Elle tira sur sa cigarette, pensive, et rejeta la fumée vers le haut.

– Tu veux en parler ?

– Pas maintenant, rétorqua-t-elle. Son regard s'assombrit.

– D'accord. Raconte-moi cette première plongée dans la calanque alors.

Chassant de son esprit quelques vérités cachées, elle reprit son masque et s'efforça de retrouver un semblant de gaieté.

– Oh, j'étais une plongeuse *bien avant* cette première sortie dans la calanque, m'sieur.

Elle me donna un petit coup de coude dans les côtes.

– Ah. Comment ça ?

– Quand j'étais petite, mes parents avaient un merveilleux aquarium d'eau douce. J'imaginais que je rétrécissais pour atteindre la taille d'un poisson et m'inventais des missions exploratoires dans cet aquarium, plongeant parmi les galets et les algues, défiant les tétras noirs, les plécos, les poissons arc-en-ciel et les platys, rôdant dans les tunnels de roches poreuses et me prélassant dans les bulles d'air de la pompe de refoulement. Les possibilités étaient immenses pour une mini-plongeuse, chaque recoin de l'aquarium méritait d'être exploré. Je perdais la notion du temps et je ne sortais de ma rêverie qu'au son de la voix de ma mère me suppliant de venir à table. Un aquarium, c'est bien mieux qu'une télévision. De toute façon, on n'en avait pas.

– Et que faisait la petite Samar quand l'aquarium était hors de portée ?

– Les options ne manquaient pas. Par exemple, je défaisais les boîtes de camembert et je récupérais le cerclage en bois de l'emballage. Je le plaçais entre mes dents pour qu'il recouvre mes yeux et mon nez comme un masque de plongée. Ensuite, je partais explorer les abysses sous la table de cuisine, avec les mouvements au ralenti et les bruits de souffle qui vont bien. C'était comme ça que j'imaginais la plongée spéléo. J'accumulais les magazines de plongée comme *Skin Diver* ou *Le Monde de la mer* avant même de savoir lire. Je parcourais chaque numéro une fois, deux fois, dix fois. Je me voyais tester le nouveau matériel, enfiler les palmes en caoutchouc rigide, et respirer dans les détendeurs dernier cri. Je collectionnais les masques de mon père et arrachais discrètement les pages de l'édition collector de l'*Encyclopédie Cousteau* à la bibliothèque de quartier. Je pense qu'ils ne l'ont jamais remarqué !

– Vilaine. Raconte-moi ta première plongée dans la calanque.

Ses yeux noirs se mirent à briller. J'ajoutai : « Décris-la-moi comme si tu y étais. »

Elle alluma une autre cigarette, tira une bouffée et la retint quelques secondes, savourant le shoot de nicotine.

– Sormiou, soupira-t-elle en expirant la fumée de travers pour épargner mon visage.

Elle tendit les bras, puis cala son menton sur mon torse.

– Pour mon treizième anniversaire. J'étais terrorisée. J'avais peur de ne pas y arriver, peur que la réalité de la plongée ne soit pas à la hauteur de mes rêves d'enfant. Je me rappelle la sensation du matériel sur mon petit corps de grenouille, dans les moindres détails. La rigidité des palmes noires en caoutchouc – des Sporasub. Pas de combinaison, ni de ceinture de plomb. Mon père a posé une bouteille Spirotechnique jaune vif de sept litres sur mon dos, puis passé mes bras dans les sangles d'épaule rugueuses, qui ont tout de suite commencé à me cisailler la peau. J'ai adoré. J'ai craché triomphalement dans le masque Beuchat. Je voulais l'impressionner, qu'il sache que j'étais à ma place, que *moi* aussi je pouvais plonger.

Ses lèvres délicieuses me livraient son âme sans filtre. Elles tremblaient tandis que Samar invoquait les souvenirs.

– D'abord, la respiration, dit-elle. Je tenais ce détendeur comme s'il s'agissait du Saint-Graal. Mon souffle était saccadé au départ. Hésitant et superficiel. Ensuite j'ai compris que l'appareil était de mon côté, qu'il était le serviteur de mes poumons et ajustait le débit d'air à leur demande. Mon père a saisi ma sangle d'épaule gauche, puis on s'est agenouillés sur le fond sablonneux, la surface à quelques centimètres à peine au-dessus de nos têtes. Ma respiration s'est allongée, j'avalais de grandes bouffées d'air grisantes. Les bulles chatouillaient mes joues, taquinaient la jupe de mon masque et montaient vers le ciel, se dilataient peu à peu, se transformaient et se fragmentaient jusqu'à fusionner avec la surface.

Théâtrale, elle marqua une pause. Je regardais et écoutais, ensorcelé, m'efforçant d'absorber sa voix au plus profond de mon être.

– Et puis cette lumière. Tout n'était qu'absorption, distorsion et réflexion de la lumière. Les mouvements ralentissaient. Les frottements s'estompaient. J'évoluais dans un ciel liquide.

Elle tira une dernière, longue bouffée, la retint dans ses poumons, puis l'exhala lentement dans un sifflement.

– Tu sais, je n'ai aucun souvenir du moment où je suis sortie de l'eau.

*

À ce stade, nous aurions pu décider de prolonger ce badinage post-coït, mais cela aurait désacralisé le moment. J'aurais pu lui demander ce qu'elle faisait avant la formation de moniteur, mais je ne l'ai pas fait. J'aurais pu aborder ses rencontres furtives avec Stefan et l'excursion à Escragnolles, mais je ne l'ai pas fait. Elle aurait pu me demander de passer la nuit là, mais elle ne l'a pas fait. Par ailleurs, je n'avais aucune envie de m'extirper de la villa au petit matin et d'afficher publiquement cette intimité durement gagnée. Samar avait lu dans mes pensées et n'avait pas émis d'objection. Il était temps de prendre congé.

Je la remerciai pour ce moment, me levai – non sans réticence –, et entrepris de retrouver mes vêtements éparpillés dans la pièce. Je ne pouvais pas décemment quitter la villa en pantalon taille haute. Elle m'observait avec attention tandis que je tripotais les boutons de ma chemise. Ses yeux étaient insondables dans le clair de lune. Je vis la pointe rouge de sa cigarette, les volutes de fumée s'élevant vers le ciel et s'écrasant sur le plafond. Je m'approchai du lit, me penchai vers elle, pris ses joues dans mes mains et embrassai solennellement ses lèvres de corail. Elle resta muette et plissa les coins de sa bouche en un sourire furtif de voyante extralucide.

Elle me suivit du regard tandis que je quittai la pièce. Un chat qui contemple un canari pris au piège.

*

Je sortis dans la cour. La Bund indiquait 3 heures du matin. Les fêtards de la plage avaient changé de registre : place à Jimmie Vaughan et à son « Dengue Woman Blues ». C'était raccord. Je marchais fièrement sur les dalles herbeuses du sentier de jardin, comme un bouddhiste bravant un lit de braise : avec ferveur, comme envoûté. Le portillon latéral m'accorda une sortie silencieuse ; cette nuit, j'avais gagné le respect des murs de la villa. La rue était un désert d'asphalte. Je regardai à gauche puis à droite avant de traverser, mais je n'aurais pas vu un avion-cargo atterrir. Mes genoux tremblaient. Mes doigts se remémoraient la courbe des hanches de Samar, en dessinaient le contour. Je rejouais la scène en Technicolor, enfouissant ma tête dans sa poitrine. Un rêve éveillé. Je me dirigeai vers le kiosque à journaux aux volets clos à deux cents mètres de là : la Four m'apporterait du réconfort et apaiserait ce désir de peau. Mais, sincèrement, j'aurais pu me taper tout le chemin de Saint-Jacques-de-Compostelle en rampant.

J'étais tellement intoxiqué que je n'ai même pas calculé le moteur crépitant d'une moto qui démarrait au loin, puis accélérait et s'amplifiait.

Brusquement, un éclair de douleur me déchira la nuque, comme si quelqu'un voulait me décapiter avec une matraque. Je m'effondrai en avant sur un genou, luttant pour garder mon équilibre et comprendre ce qui venait de me frapper. L'engin, une sorte de motocross, m'avait dépassé et s'était arrêté vingt mètres plus loin. Il y avait deux motards, blousons de cuir noir, casques intégraux et visières opaques, en mode *Black Rain*. Ils laissaient le moteur tourner. Le passager désenfourcha calmement et fit quelques pas dans ma direction.

Un fusil à pompe.

Le type tenait un fusil à pompe – et maintenant le pointait sur moi. J'entendis le coup partir. Un projectile heurta ma poitrine de plein fouet et me projeta au sol. L'arrière de ma tête alla cogner le pavé. Violemment. Mais ce n'était rien comparé au choc électrique que je reçus quand les électrodes du calibre 12 se déployèrent, firent contact avec mes jambes, refermant le circuit en une fraction de seconde, et envoyèrent un coup de jus monumental. En voyant le type pointer son fusil sur moi peu avant, je m'étais vu mort. Là, à cet instant précis, j'aurais préféré l'être. La décharge me tétanisait, le corps serré dans un étau de douleur. Je vis le ciel, les lampadaires, le ciel, encore les lampadaires. Je voulais tourner la tête pour voir ce qui allait m'arriver, mais j'étais paralysé, pris d'une convulsion géante. Mes doigts se contractaient, mes muscles cédaient. J'étais un lamentable tas de chair adjurant le coup de grâce. J'implorai l'instant redouté où la douleur disparaîtrait et où je perdrais enfin connaissance.

Quelqu'un finit par couper le courant. La douleur cessa. Tout ce que je voulais, c'était me relever, retrouver mes appuis, l'usage de mes mains et attraper un objet pour riposter. Mais mon corps était complètement engourdi. J'étais K-O, sans défense. J'essayai brièvement d'invoquer ce que l'instructeur de combat corps à corps de la Spéciale aurait préconisé, mais ce genre de situation ne faisait pas partie de la formation. Surtout ne pas fermer les yeux : l'obscurité, c'était la défaite. Alors j'assistai à toute la scène comme un spectateur impuissant.

Le gravier crépitait sous les pas du tireur qui s'avançait vers moi. Je visualisais ses bottes foulant sereinement le trottoir. Il savait que j'étais neutralisé, inoffensif et incapable du moindre geste. Si mes yeux avaient été équipés de caméscopes intégrés, cette séquence aurait fait un flash info sensationnel sur BFMTV ou France 24 : un journaliste est abattu dans une zone de guerre, sa caméra tombe au sol et continue d'enregistrer la scène. J'avais le son en Dolby Surround, l'image en 16/9e, mais je ne pouvais pas bouger le petit doigt. Comme un rat de laboratoire destiné à quelque expérimentation louche. J'espérais au moins que ma braguette était fermée.

Le type était sur moi maintenant. Je ne voyais rien à travers sa visière. Une poignée métallique dépassait de sa main gantée. J'entendis distinctement le clac mécanique d'une lame qui se libère. Il la tint au-dessus de mon visage pour s'assurer que je la voie. Il inversa sa prise, saisissant le couteau à cran d'arrêt en mode poignard. Et se pencha pour m'enfoncer la lame dans le ventre. Ce bout de trottoir crasseux de Cannes, jonché de crottes de chien et de PV de parking impayés, à cinquante mètres de ma dernière partie de jambes en l'air et de ma Four adorée, allait me servir de tombeau.

Soudain, un autre genre de moteur déboula sur scène – détrônant tout le reste. Il étouffa le teuf-teuf du motocross et satura l'air nocturne d'une symphonie en douze cylindres. Ce son m'était vaguement familier. Le moteur accéléra sauvagement quelques secondes ; les pneus hurlèrent et firent voler le gravier autour de nous. Je ne pouvais pas tourner le cou pour voir, mais le véhicule avait dû piler à moins de dix mètres de là où je gisais. Le casque releva la tête.

Putain, c'est quoi ce bordel ?

Trois portières s'ouvrirent en même temps, des semelles frappèrent le bitume. Ambiance de face-à-face tendu. La lame resta figée en l'air. Le casque regardait droit devant lui. La confrontation dura une éternité. Peut-être dix bonnes secondes. Je ne pouvais toujours pas bouger le cou et devais me contenter d'une vue grand angle sur la tête d'œuf de mon agresseur. Mais en inclinant légèrement le bassin je pus élargir mon champ de vision pour y inclure son torse bardé de cuir. Il garda le couteau en main mais retira le projectile du fusil à pompe de ma poitrine. Deux fils pendouillaient de part et d'autre de la douille. Il décrocha les dards métalliques de ma chemise et les électrodes du tissu de mon pantalon, et commença à reculer à pas prudents vers le motocross. Son regard fixé sur ceux qui, quels qu'ils soient, venaient de me sauver la mise. J'avais pivoté suffisamment loin pour voir l'individu casqué passer la sangle du fusil à l'épaule et enfourcher le motocross derrière le pilote. Très sereinement. Puis le pilote mit les gaz : le moteur pétarada, le pneu arrière dérapa en fumée. Il relâcha l'embrayage et le duo disparut.

Ma tête pesait une tonne, comme si elle avait fusionné avec la chaussée. J'avais heurté le sol violemment pendant l'impulsion électrique. Mais le sang irriguait à nouveau l'extrémité de mes membres. Du moins suffisamment pour que je puisse mouvoir mon bras gauche, appuyer la paume de ma main sur le bitume et pivoter sur mon coude pour m'orienter de visu. Une paire de mains empoigna mon épaule gauche et vint soutenir ma nuque. Je me retournai. Les traits potelés d'Anatoly et ses oreilles de brocoli emplirent ma vision en 3D.

– Tu aurais dû rester après la polka, Nash.

Je lui lâchai un sourire crispé post-électrochoc.

– Putain de polka, quel cliché !

*

– 12/6.

La brune austère en blouse blanche retira le tensiomètre de mon bras gauche et griffonna sur mon dossier patient. Elle rajusta ses lunettes à la Andy Warhol et annonça le verdict d'un ton froid et mécanique.

– La tension artérielle est normale.

La Bund était hors de portée. En face du lit, l'écran plat qui diffusait les infos de France 24 affichait 10 heures du matin. Un reporter commentait le procès de deux jeunes flics égyptiens qui avaient battu à mort leur compatriote de vingt-huit ans à Alexandrie deux mois plus tôt. Des images d'archives sanglantes de son visage tuméfié étaient entrecoupées d'une séquence vidéo en direct montrant une foule en colère qui défiait la police anti-émeute.

Flash-back. Je me souvenais d'Anatoly et de ses frères me hissant dans la Defender et filant à toute allure vers le Centre hospitalier de Cannes. J'avais dû tomber dans les vapes parce que je ne me rappelais pas avoir franchi l'accueil des urgences.

– Attendez, je parie que votre truc affichait un tout autre résultat il y a quelques heures, dis-je en marmonnant et en hochant la tête en direction du tensiomètre qui pendouillait.

Ma gorge était sèche, ma mâchoire douloureuse et mes gencives avaient la consistance de rouleaux de sushi écrasés.

– Les radios ne montrent aucune fracture, Monsieur Gopler. Pas de troubles de l'élocution non plus, visiblement. Votre cou est un peu contusionné, je vous l'accorde. Une grosse bosse à l'arrière de la tête et…

Elle me lança un regard aussi chaste que sévère.

– … quelques belles griffures superficielles dans le dos et sur le torse. Rien qui prouve que vous ayez souffert le martyre.

– Vous n'avez pas remarqué quelque chose de… d'anormal dans les tests que vous avez réalisés depuis que j'ai été admis ? Je ne sais pas combien de jus ils ont balancé, mais c'est comme si j'avais planté les doigts directement dans une prise de courant.

J'imitai de façon grotesque. La matrone médecin considéra mon geste d'un air dubitatif et ne manifesta aucun signe de compassion.

– Pas besoin d'extrapoler, Monsieur Gopler, répliqua-t-elle main levée, la paume en avant. En ce qui me concerne, vous étiez ivre mort et vous avez épousé le pavé. Ça se limite à une légère commotion, mais la gueule de bois n'améliore pas votre affaire.

Je fis le dos rond et frottai l'arrière de mon crâne, grimaçant au contact de la chair meurtrie. Réfléchir m'était douloureux. Parler, pire encore. Mais je parvins à sourire sans vomir quand Anatoly débarqua dans ma chambre d'hôpital morose avec une tronche de poupée russe dessaoulée. L'ours tonna un « *Tovarich !* » chaleureux, me serra fort dans ses bras et m'embrassa les joues aller-retour. Ce gars-là, c'était un vrai.

– Vous voyez, Madame…

– Docteure, corrigea-t-elle dans la foulée.

– Vous voyez, Docteure, si ce n'était pour la cavalerie ici présente, dis-je en remuant mon doigt équipé d'un capteur de fréquence cardiaque dans la direction d'Anatoly, vous seriez en train de délibérer sur l'heure de mon décès avec la police scientifique.

Très fier, Anatoly nous gratifia d'un sourire radieux, gonfla le torse et planta ses deux poings sur ses hanches. La doc resta de marbre et leva un sourcil sceptique.

– Un ou deux jours de repos, me dit-elle, et vous serez de nouveau sur pied ou…

Elle jeta un coup d'œil à mon dossier médical pour lire ce qui était consigné dans la case profession.

– … dans l'eau, apparemment. Nous allons vous garder en observation ce matin, et ensuite vous serez libre de retourner barboter dans la pataugeoire.

Là-dessus, elle enroula son stéthoscope, exécuta un demi-tour droite millimétré, puis traversa la pièce en claquant des talons. Quand elle atteignit la porte, elle se retourna subitement et surprit nos regards de connivence.

– Si vous êtes sérieux au sujet de ce fameux projectile électrique, dit-elle, vous devriez peut-être envisager de déposer plainte auprès du poste de police le plus proche. Et surtout, revenez nous voir immédiatement si vous commencez à perdre l'équilibre. Bonne journée, Monsieur Gopler.

Lorsqu'elle ouvrit la porte, j'aperçus Igor et Oleg debout à l'entrée. Mes nouveaux gardes du corps ?

– Repos, soldats ! m'écriai-je.

Anatoly s'écroula dans le fauteuil le plus proche.

– Comment tu te sens, Nash ?

– T'as déjà joué au tennis avec une corde cassée ? Eh bien, c'est l'impression que j'ai quand j'essaye de me concentrer. À part ça, le docteur Morticia, ajoutai-je en désignant la porte d'un coup de menton, a l'air de dire que tout va pour le mieux dans le meilleur des mondes. J'ai failli y passer la nuit dernière. *Spasibo*, mon ami.

– Tu devrais remercier mes frères ! José s'est mis à draguer Tanya, Natacha et… comment s'appelait la troisième déjà ? Bref, je te parie ce que tu veux que lui et sa cougar sont des échangistes. À mon avis, tu étais le prochain sur sa liste…

– Anatoly, accouche s'te plaît. J'ai mal.

– Ah oui, désolé. Donc finalement, Igor et Oleg ont insisté pour reprendre la bagnole et finir la nuit en beauté à Saint-Tropez, juste tous les trois, comme quand on était ados à Ekaterinbourg. Alors, on a gentiment largué ces dames en ville et on est passés devant le centre de plongée. C'est là que j'ai vu un mec avec un casque penché sur quelqu'un. Au départ, on a pensé à un accident de moto, mais après Igor a repéré ta Honda garée un peu plus loin.

– Ouais, ben, sans vous, on m'aurait retrouvé très mal en point et beaucoup moins étanche. Je suis désolé d'avoir gâché votre after.

– T'inquiète. On t'a déposé à l'hôpital et on a taillé la route juste après.

Je détaillai la tenue d'Anatoly de la tête aux pieds. Effectivement, il portait encore les vêtements de la veille. L'odeur aussi, celle d'un parfum capiteux – évidemment pas le sien – et de la tise. *Et* de la fumée de cigare. Il était sorti tout droit de l'after de Saint-Trop' pour me rendre visite et vérifier que tout allait bien avant de prendre son petit-déjeuner.

Un ange passa. J'avais besoin de me confier à quelqu'un au sujet des événements de la veille. Relâcher un peu la pression. Raisonner. Ou plutôt me perdre en conjectures. Extrapoler peut-être.

– À ton avis, quelles sont les chances qu'un moniteur de plongée se fasse trousser à 3 heures du matin à Cannes ? demandai-je maladroitement.

Anatoly saisit la perche et se pencha en avant. Je vis ses grands yeux bleus se concentrer sous la lampe de chevet, ses pupilles contractées se river sur moi. Les traits de son visage dégageaient une intensité que je n'avais encore jamais vue chez lui auparavant. Mon pote russe avait changé de casquette ; maintenant, c'était le mafieux qui causait.

– Qui étaient ces types à ton avis ? demanda-t-il.

– Eh bien, une partie de moi voudrait qu'il s'agisse d'une agression bâclée, vite expédiée : des petites frappes en quête d'argent facile. J'étais simplement au mauvais endroit, au mauvais moment. Ils auraient visé n'importe qui fréquentant ce bout de trottoir à ce moment-là. Ça aurait pu tomber sur un maquereau par exemple, au lieu de ma pomme. Après tout, ce n'est pas vraiment le coin le plus glamour de Cannes et les vols à moto sont apparemment monnaie courante dans le quartier. Peut-être qu'ils convoitaient la Honda. Peut-être que j'avais besoin d'action.

Anatoly ne me forçait pas la main, mais n'en pensait pas moins. Il attendait patiemment que l'ancien gendarme veuille bien cracher le morceau.

– L'autre partie de moi, en revanche, a du mal à croire qu'une paire de voleurs flanqués d'une mobylette à deux temps utiliserait une arme à impulsion électrique ultra-sophistiquée pour agresser un inconnu avant de l'achever avec un couteau à cran d'arrêt, juste pour prendre leur pied.

Voilà, c'était dit.

– C'est sûr, conclut-il, un sourire se dessinant aux commissures des lèvres. Cette cartouche valait plusieurs fois le prix de leur bécane. Ça ne colle pas.

Ça, nous le savions tous les deux, c'était un euphémisme. J'avais eu vent de ces cartouches pour la première fois dans un mémo interne de la direction générale de la gendarmerie, environ un an plus tôt. À l'époque, le bureau du maintien de l'ordre avait évalué le niveau de maturité de cette technologie. En filigrane, on pouvait lire que les pontes avaient des objections liées à la non-conformité des munitions avec la doctrine de l'institution en matière d'ordre public. La cartouche qui m'avait mis à terre sur ce trottoir de Cannes incorporait la technologie neutralisante à impulsion électrique dans une cartouche calibre 12 pour fusil à pompe. Lors d'un tir, le projectile frappait d'abord la cible avec toute son énergie cinétique. Puis six dards électrifiés se déployaient jusqu'à vos jambes et lâchaient le courant pendant une vingtaine de secondes. Le dispositif laissait peu ou pas de traces sur le corps, à moins de tomber la tête la première après le coup initial. La société qui avait développé ce nouveau système vendait déjà ses produits à la plupart des forces de l'ordre dans le monde. Je savais, néanmoins, que ce modèle-là n'était encore qu'un prototype, le genre que l'on expose dans les foires aux armements. Je n'avais pas vu les conclusions de l'évaluation technique de la gendarmerie, mais j'étais quasiment sûr que la France ne s'en était pas procuré récemment. Ni d'autres pays européens d'ailleurs.

Le regard d'Anatoly montrait qu'il savait parfaitement que seules des forces de l'ordre s'approvisionnaient avec ce genre d'équipement. Certainement pas des petits loubards ou des agresseurs à l'arme blanche. Je me triturai les méninges pour échafauder des scénarios. Anatoly m'accompagna à voix haute.

– Le motard a ramassé la cartouche et les fils électriques avant qu'on l'oblige à battre en retraite, dit-il. Il ne voulait pas laisser de trace. Ils ont voulu te tringler, pas de doute là-dessus. Vu comme il tenait son couteau, il avait vraiment l'intention de l'utiliser. Si nous n'avions pas débarqué, il t'aurait poignardé puis aurait volé ton portefeuille, et la police aurait conclu à un vol avec agression qui a mal tourné, pas à un assassinat.

Silence.

– Qui pourrait t'en vouloir à ce point, Nash ? Une petite amie richissime que tu aurais trompée récemment ou que tu aurais piquée à un mafieux de la Côte d'Azur ?

– Anatoly, c'est simple, depuis que je suis à Cannes, je ne fais que plonger, mémoriser les cours, rouler en Honda et nager le long de la côte une fois par semaine. Je n'ai rencontré personne en dehors du centre de plongée. Et je ne vois pas quel reliquat d'affaire hérité de mon ancien boulot pourrait justifier la décharge que j'ai prise dans la carcasse. Enfin, c'est complètement insensé ! J'arrive de Dunkerque, merde !

– Alors il n'y a plus que l'hypothèse de l'erreur, conclut-il tout simplement en se triturant une oreille.

– Comment ça ?

– Les tueurs se sont trompés.

– Qu… ? Tu rigoles ? Ça arrive, ça ?

– Bien sûr ! J'ai vu du boulot d'amateur à Ekaterinbourg. Et j'ai vu du travail de pro. Pas de doute, ces gars-là avaient du matos de pro mais tu sais, ici sur la Côte d'Azur, avec tous ces nouveaux intermédiaires et sous-traitants, il y a de moins en moins de contrôle qualité… ils ont très bien pu se gourer de cible. Si j'étais le commanditaire, je serais fou de rage. Et si j'étais toi, je m'achèterais tout de suite un billet de Loto.

J'écoutais Anatoly sans réellement prendre toute la mesure de ses paroles. Il parlait d'une tentative d'assassinat comme d'un cageot de fruits et légumes livré à la mauvaise adresse. Dans quel film m'étais-je aventuré ?

– La question maintenant est de savoir ce que je vais bien pouvoir raconter à la police…

– Ah non, me reprit-il. La vraie question est…

Et là son visage poupin afficha un sourire complice.

– … ce que tu faisais si près du centre de plongée *trois heures* après avoir quitté la soirée.

– Oh je t'en prie, Anatoly, c'est vraiment pas le moment de…

Et puis, après tout, il venait de me sauver la vie. Je lui devais bien quelques ragots en exclusivité.

– Ok. J'ai passé un peu de temps avec Sam…

Anatoly bondit de son fauteuil les deux bras en l'air et se mit à hurler comme un gamin de cinq ans.

– Je le savais ! Je le savais ! J'avais bien surpris quelques regards lubriques entre vous au Palais Disco. Sacré filou, va ! Tiens, ça mérite un toast.

Là-dessus, il alla pêcher une mignonnette de vodka dans sa veste de costume Brioni, en but une gorgée et me la tendit. Le liquide incendia ma gorge et coula tout droit vers mon estomac. Mes yeux s'ouvrirent en autofocus. L'alcool dissipa mes pensées brumeuses. Anatoly leva de nouveau sa bouteille dans ma direction.

– Mon ami, tu es une des rares personnes que je connaisse qui ose admettre s'être fait baiser deux fois dans la même soirée : par une femme et par deux tocards en blouson de cuir et mobylette. À la tienne !

*

– Un fusil à pompe électrique ?

Le gros auxiliaire de police n'en revenait pas derrière son comptoir. Il plissait les yeux, incrédule, et se creusait visiblement la tête pour retrouver la superproduction hollywoodienne où j'aurais pu piocher une telle invention. Il avait consulté sa montre quatre fois depuis mon arrivée. Ça sentait l'écurie à plein nez. C'était mal barré.

– Non, c'est un fusil à pompe classique, tentai-je d'expliquer, mais qui tire une cartouche calibre 12 qui contient un dispositif électrochoc. En vous percutant, elle déploie des électrodes…

– Et vous dites qu'un des agresseurs est descendu de la moto, s'est approché de vous et a essayé de vous planter avec un couteau à cran d'arrêt ?

– Absolument. Je serais mort s'il n'y avait pas eu M. Tsyganov et ses frères qui étaient en route pour Saint-Tropez et…

– Bon, interrompit-il d'un ton sec, sans la plaque d'immatriculation du deux-roues, je ne vois pas comment je peux vous être utile. Il me faudrait au moins cet élément d'information.

L'écran de l'ordinateur se reflétait dans le visage replet de l'auxiliaire de police. Son teint diaphane me faisait penser à *Voyage dans la Lune* de Georges Méliès. Il appuya sur quelques touches à demi effacées, cliqua sur la souris graisseuse et attendit la sentence du moteur de recherche. Le disque dur ventilait avec moult ronrons.

– Je vois trente-quatre Husqvarna 250 cc immatriculées dans le département.

D'autres ronrons.

– Ha, et apparemment une voiture de patrouille en a retrouvé une ce matin au bord d'une route près d'Antibes.

Je me dis : *voilà, Nash, enfin un début de piste à remonter.*

Encore des ronrons.

– Complètement calcinée, pas de plaque d'immatriculation, pas de numéros sur le châssis ni sur le moteur. Donc ça, c'est mort.

– Ha. D'accord.

Puis un dernier râle solitaire du disque dur.

– Par contre, enchérit le flic content de lui et levant un sourcil broussailleux, j'ai un Anatoly Tsyganov ici qui semble fiché dans la base de données des services douaniers, signalé par trois astérisques. Serait-ce le même M. Tsyganov que celui de votre déclaration ? La base de données a des restrictions d'accès, mais je peux transférer votre plainte à la direction générale des douanes pour qu'ils creusent le sujet.

Bien entendu, ce trou de balle savait très bien que je n'allais pas demander à la douane de faire des recherches sur celui qui m'avait sauvé la peau. C'était une ruse pour gagner du temps, pour que je dépose ma plainte un autre jour, avec un autre collègue, qui essayerait lui aussi de gagner du temps, jusqu'à ce que je me lasse et que j'enterre l'affaire. Très franchement, j'aurais adoré voir pour quel genre de transactions louches Anatoly faisait l'objet d'un signalement. Mais cette journée m'avait déjà réservé suffisamment de surprises.

– Heu, vous savez quoi, je pense que je vais m'en tenir là pour l'instant. Si vous pouvez juste déposer la plainte concernant la tentative de vol à main armée, ça me suffira. Merci pour tout. Vous êtes des pros, les gars !

*

Je passai le dimanche dans mon studio, à faire des allers-retours paranoïaques entre le lit et la fenêtre, guettant le moindre signe d'une filature. Anatoly m'appela sur mon portable dans la soirée et m'annonça qu'il avait averti Patricia et les autres membres du personnel. Je pouvais prendre quelques jours de repos si je le souhaitais. Merci mais non merci. J'avais besoin de revenir au centre et d'enchaîner dans la foulée. Manipuler le matériel de plongée me ferait le plus grand bien.

Je ruminai dur, gambergeant sur les probabilités, sur les visages, sur les décors. Sur ce que j'avais vu et entendu, sur les personnes impliquées et les postures adoptées, sur mes impressions et leurs implications. La thèse de l'erreur était inconcevable, tirée d'un autre monde, d'une autre dimension que je n'avais entrevue que dans les polars ou les romans d'espionnage. Mais Anatoly la rendait possible. J'avais peur d'imaginer l'hypothèse que mon pote russe aurait formulée si je lui avais décrit mes observations sur Samar ces dernières semaines. Ses frasques avec Stefan ; sa rencontre avec un costard basané à Escragnolles ; son aisance redoutable dans l'eau. Je n'osai pas lui en parler, et encore moins affronter la réalité. Qu'en aurait-il conclu, le bougre ? Qu'il n'y avait pas de hasard ? Que j'avais bien cherché le coup de fusil ? Ou alors que je faisais une fixette d'ado sans conséquence ?

Le sommeil tardait à venir. La douleur au cou et les thèses de complot me taraudaient à l'unisson. Mais, à vrai dire, je supportais encore moins l'idée que Samar n'appelle pas pour prendre de mes nouvelles. Je ne lui avais même pas demandé son numéro hier soir.

Quel con.

*

Je me pointai au centre le lundi matin, impatient de plonger et de revoir Samar. Pas forcément dans cet ordre. Je croisai Fred dans la cour. Il feignit l'empathie, puis s'empressa d'ajouter que j'avais une sale gueule. T'as vu, l'officier s'est fait braquer, trop drôle ! Il me sortit tout un baratin sur son entraînement intensif dans l'infanterie et comment son expérience du terrain aurait fait toute la différence. J'évitai soigneusement de mentionner le couteau à cran d'arrêt et le fusil *Star Trek*. Puis il se lança dans un monologue sarcastique sur l'insécurité grandissante, selon lui, des villes françaises. Je tentai de relativiser.

– C'était juste une agression, tu sais, ça aurait pu arriver à n'importe qui.

– C'est exactement ce que je veux dire, rétorqua-t-il. Les flics du coin sont des grosses feignasses.

– Merci pour toutes ces précisions, Fred, répondis-je, levant les yeux au ciel. Je suis épaté, je ne savais pas que tu avais un diplôme en criminologie.

Il me regarda bizarrement, haussa les épaules, puis annonça qu'il comptait consacrer la journée entière aux compresseurs : manipulation, entretien… bref, tout ce qu'on était censé connaître de ces engins. Ça me convenait, n'importe quoi pour m'occuper l'esprit.

Je montai l'escalier conduisant au secrétariat, jetant des coups d'œil çà et là dans la villa dans l'espoir d'entrevoir Samar. Pas l'ombre d'un cheveu. Je tombai sur Anatoly et José qui charriaient le matériel pédagogique du jour et une pile de DVD vers la salle de cours. José me salua en premier. Avec son T-shirt jaune fluo ultramoulant, il ressemblait à une sucette géante surprotéinée. Anatoly me gratifia d'un hochement de tête discret, assorti du clin d'œil bienveillant de celui qui sait tout. Penchée sur un PC, Patricia mettait à jour la page d'accueil du site internet du centre.

– Nash !

Elle me prit dans ses bras, inspecta mon cou et les bleus au dos du crâne. Un déploiement de tendresse inhabituel de sa part.

– Fais-moi voir ça, mon pauvre.

Aïe, si on pouvait éviter de toucher, SVP. Elle sentait l'ail et la clope froide mais avait de beaux gestes maternels. Je résistai à l'envie de lui demander tout de suite où était Samar.

– C'est Chicago, cette ville ! Tu as bien fait de venir ce matin. Rejoins vite la salle de cours, me dit-elle en se rasseyant. Ça va te changer les idées, tu verras.

Au menu du jour : blocs de plongée, graisse, joints toriques, manomètres, une flopée de leviers et de boutons, et des casques antibruit censés bloquer le vrombissement abrutissant des moteurs.

Samar ne s'était toujours pas pointée. Je luttai contre le besoin impérieux de demander de ses nouvelles tout l'après-midi. Fred termina son cours vers 17 heures, et comme à son habitude Patricia entra dans la pièce pour faire le bilan de la journée, donner les instructions de la semaine et bien montrer qui était le patron. Comme tout le monde grillait une cigarette en sortant de la villa, je restai dans les parages pour discuter, tourner autour du pot, attendant discrètement le moment opportun pour me renseigner. José fit le récit de notre soirée au Palais Disco, détails croustillants et sordides à l'appui, et j'en profitai pour poser ma question d'un ton aussi neutre que possible.

– Hé, au fait, elle est où Samar ?

Fred tira sur sa cigarette sans rien laisser paraître.

– Je crois qu'elle est partie hier, concéda-t-il. Elle a obtenu un super poste d'OWSI à…

Il jeta un coup d'œil circulaire, prévoyant que la directrice du centre compléterait sa phrase. Mais Patricia s'était subrepticement éloignée du groupe. Elle examinait un tas de carreaux cassés au bord de la piscine qui se trouvait à proximité. Trop loin pour prendre part à la conversation, mais trop proche pour ne pas écouter.

– Patricia, c'est Gili Trawangan ? demanda Fred.

– Comment ?

– Samar. Elle a dit qu'elle allait où déjà ?

Patricia continuait de racler distraitement les carreaux décollés avec la pointe de sa basket.

– Oh, un centre-hôtel de plongée en Indonésie. Au large de Lombok, je crois. Je ne sais pas vraiment lequel. Ils lui ont fait une proposition de dernière minute la semaine dernière, alors elle a fait ses valises ce week-end. Un super plan, apparemment.

Alors ça, venant d'une femme qui prétendait que le placement rigoureux de ses élèves était le pilier du business de développement de carrière et de son éthique professionnelle ! Je n'en croyais pas mes oreilles, mais fis de mon mieux pour garder une contenance devant le personnel.

De retour à l'appartement, une tempête d'émotions et d'impressions m'assaillit. Évidemment, le départ précipité de Samar me troublait. Ce n'était pas tant la surprise ou la déception… qu'un coup sévère porté à mon ego. Elle m'avait clairement attiré dans son lit parce qu'elle savait qu'elle partait. Je me sentais utilisé et trahi, comme si elle s'était offert une petite gâterie avant son départ. Pas de numéro de portable. Ni même un e-mail. À chaud, je songeai à enfourcher la Honda pour retourner à la villa d'Escragnolles, mais ce n'était pas très malin de rouler à moto deux jours après s'être fait électrocuter et hospitaliser.

Non, ce qui me tracassait vraiment, c'était la réaction de Patricia par rapport au départ de Samar. C'était flagrant, elle en savait plus mais ne voulait pas partager. Je rejouais encore et encore la conversation de l'après-midi dans ma tête. Essayant d'interpréter un geste évocateur, un soupir déplacé, un haussement d'épaules exagéré. Et d'un coup, ça a fait clic. Je sus ce qu'avait exprimé le visage de Patricia quand elle nous avait annoncé que Samar était partie.

C'était le soulagement. *Beaucoup* de soulagement.

*

Le jour suivant, rebelote, les bouteilles, la graisse, les joints toriques, les manomètres, les boutons partout. Maintenant que la manipulation et l'entretien des compresseurs étaient plus ou moins assimilés, Fred nous branchait sur les mélanges de gaz.

– C'est bien beau de savoir comment on remplit une bouteille, sermonna-t-il, mais encore faut-il savoir ce que vous mettez dedans.

À partir d'une certaine profondeur, l'azote se transforme en un narcotique puissant et l'oxygène devient toxique. Le mélange de gaz est une science qui consiste à atténuer à la fois la narcose à l'azote et la toxicité de l'oxygène en ayant recours à d'autres gaz.

– Hé, là, débarque le petit nouveau, j'ai nommé l'hélium, continua-t-il d'un ton monocorde. Un gaz relativement inerte utilisé dans des mélanges respiratoires de plongée professionnelle et militaire, comme l'héliox ou le trimix.

Bien entendu, il n'était pas question de les utiliser de sitôt dans un centre de plongée sportive, mais il fallait bien comprendre la théorie derrière la pratique. De toute façon, la seule chose qui m'empêchait de piquer du nez le reste de l'après-midi était le côté science-fiction de la chose, tout droit sorti d'un roman d'anticipation d'Isaac Asimov.

Vers 16 h 30, le téléphone de la salle de cours sonna. Fred décrocha. Patricia était sortie pour la journée et avait fait transférer les appels extérieurs vers la villa. Il s'exprima en flamand pour commencer, puis passa à l'anglais. L'appel concernait une initiation à la plongée de nuit. Le soir même. Pas le choix. Fred, ça s'entendait, était agacé. Il expliquait en gesticulant qu'il ne pouvait pas s'organiser dans un délai aussi court. Bien sûr, on savait tous que c'était faux, mais il avait manifestement prévu autre chose ce soir-là et n'avait aucune envie de changer son programme. Je levai la main bien haut, pointant ma pomme de l'index, et me portai volontaire pour le remplacer. J'avais déjà certifié trois plongeurs de nuit au cours du dernier mois, mais cela faisait des crédits et de l'expérience en plus. Et puis j'avais surtout besoin de me changer les idées. Fred acquiesça d'un hochement de tête reconnaissant et demanda au client de se pointer à 18 heures pour le briefing.

*

Une berline Volvo flambant neuve fit craqueler le gravier dans l'entrée de la villa environ deux heures avant le coucher de soleil : trois cadres néerlandais décidés à apprendre la plongée de nuit pour pimenter le séminaire organisé à Cannes par leur agence de publicité. Deux hommes et une femme, la mi-trentaine, raisonnablement en forme, mais déraisonnablement bronzés. Le séminaire devait être intensif. Dans un anglais parfait, ils me remercièrent abondamment d'avoir fait notre maximum pour qu'ils puissent plonger cette nuit – les soirées cocktails saturaient leur planning le restant de la semaine. Je consacrai quelques minutes à parcourir leurs cartes de certification et carnets de plongée. Ils étaient tous les trois des plongeurs occasionnels, avec trente ou quarante plongées au compteur, effectuées les deux ou trois dernières années pour la plupart en Zélande, la province la plus occidentale des Pays-Bas. À l'instar des Suisses qui plongent dans le lac de Genève toute l'année, ils avaient appris la plongée sous-marine à la dure : eau froide, combinaisons étanches, gants épais et faible visibilité. Je n'avais pas à m'inquiéter de leurs fondamentaux, on pouvait donc se concentrer sur la plongée de nuit proprement dite.

On passa une heure et demie dans la salle de cours de la villa à étudier les techniques et matériels utilisés en plongée de nuit. Je leur décrivis les lampes de plongée, les sticks lumineux que l'on aurait pu utiliser si Stefan n'avait pas oublié de les acheter, et le profil de plongée en général. On révisa les méthodes d'orientation sous-marine ainsi que le placement de la boussole. J'entrepris de décrire le stress et l'euphorie que la plongée de nuit suscite, comment leurs yeux s'adapteraient, le spectacle de la vie aquatique nocturne avec son lot de dangers et de prédateurs tapis dans l'obscurité. Un petit tour de questions-réponses et direction le vestiaire.

Ils s'équipèrent en silence, vérifiant à deux ou trois reprises leurs lampes et détendeurs : signe qu'ils étaient nerveux mais concentrés. On procéda à un dernier BALLO avant la mise à l'eau. Entre-temps, la nuit avait enveloppé la villa. En arrière-plan, hormis le coup de klaxon occasionnel de l'abruti en mal d'apéro après le boulot, les bruits de la circulation s'estompaient. La palanquée, intimidée et émue par ce calme inattendu, me suivit diligemment de l'autre côté du portail.

Dans le crépuscule, la plage n'était qu'eau et vent. Je distinguai les lumières du port et les courbes affûtées d'un gros yacht privé d'une trentaine de mètres, amarré à environ deux cents mètres du front de mer. Ce n'était pas rare sur le littoral cannois. C'était peu commun, voire invraisemblable, ici, en face du centre de plongée.

On alluma les torches, on s'immergea rapidement puis on s'agenouilla dans environ trois mètres d'eau. Je leur donnai quelques secondes pour s'adapter : *vérifiez la disposition de votre matos, évitez d'orienter votre lampe sur la tronche des autres, laissez vos yeux s'acclimater à l'étroit pinceau de lumière.* On s'enfonça vers des eaux plus profondes, où les dernières lueurs du jour nous abandonnèrent rapidement. Les faisceaux des lampes balayaient le sable, sondant anxieusement des formes imaginaires, repoussant tant bien que mal les ténèbres qui nous engloutissaient. On atteignit un gros bloc de ciment monolithe, surmonté d'un anneau de mouillage rouillé : c'était le repère du site de plongée, et notre principal terrain de jeu. Surnommé le « cube ». Il portait des balafres infligées jadis par d'énormes chaînes d'amarrage, et personne au centre ne savait quand ni comment il avait atterri là, dans dix mètres d'eau. Au fil du temps, il avait été colonisé par ceux qui s'approprient tôt ou tard toute structure artificielle immergée en Méditerranée : des posidonies qui ondulent, du corail de feu, des gorgones blanches et des madréporaires. La pente sablonneuse s'était brièvement tassée ici, mais au-delà elle partait tout schuss dans les profondeurs. Je savais qu'un filet de pêche géant, abandonné par ses propriétaires deux ou trois ans plus tôt, hantait désormais les fonds marins quelques deux cents mètres plus loin, mais je n'avais aucune intention de confronter les stagiaires à ce fantôme pour leur toute première plongée de nuit.

Les plongeurs s'agenouillèrent autour de moi, dos au cube. Ils éclairèrent leurs instruments à tour de rôle, contrôlant la luminescence de leurs boussole, profondimètre et manomètre respectifs et mimant les signes pour ça va/ça ne va pas. Ils testèrent le rétroéclairage de leurs montre et ordinateur de plongée. Au programme ce soir-là, un simple exercice d'orientation de base pour mieux s'approprier leur environnement. J'inscrivis un cap pour chacun d'entre eux sur mon ardoise et ils devaient à tour de rôle guider le groupe pendant deux bonnes minutes en s'éloignant du bloc de ciment. Ensuite, je faisais faire demi-tour et chaque stagiaire devait suivre le cap inverse pour nous ramener. Le but du jeu était de retomber sur le cube au retour. Ils saisirent rapidement les enjeux de l'orientation de nuit : si vous vous fiez uniquement à ce que le faisceau de votre lampe éclaire – devant et autour –, il y a de fortes chances que vous ne teniez pas votre cap. Sur cette portion du site de plongée, le fond de mer était monotone : des stries de sable à perte de vue, sans repère apparent. Je voulais qu'ils fassent confiance à leurs boussole et profondimètre dans l'obscurité et qu'ils comprennent que partager le travail avec son équipier rendait la tâche plus facile ; l'un tient le cap en gardant le nez rivé sur la boussole, tandis que l'autre zieute devant.

On répéta l'exercice trois fois, puis on nagea vers le récif artificiel pour admirer la population autochtone : des congres en chasse. L'un d'eux sortit entièrement de sa cachette. Son corps lisse et caoutchouteux ondula au travers de nos faisceaux lumineux, puis disparut dans les recoins du monticule. Logée dans un tuyau en plastique, une pieuvre envoya un tentacule en éclaireur et colla ses ventouses sur mon détendeur de secours. Une langouste vint nous sermonner en remuant les pointes de ses antennes puis fit marche arrière dans l'obscurité.

Un quart d'heure avant la fin de la plongée, je les ramenai vers le cube pour réaliser une dernière expérience en eau moins profonde. On s'agenouilla. Je leur fis signe de se regrouper autour de moi et de se tenir la main. Sachant ce qui les attendait, leur respiration s'accéléra. Un festival de sifflements et de bulles. À mon signal, ils éteignirent leurs lampes une à une. Puis j'éteignis la mienne, solennellement, comme pour célébrer la victoire de la nuit noire sur la lumière artificielle de l'homme. Engloutis par l'obscurité, on distinguait peu à peu des nuances de vert et de bleu qui se découpaient à la faveur de la lune s'élevant au-dessus de nos têtes. Du plancton phosphorescent s'alluma, auréolant les bulles qui s'échappaient de nos détendeurs. Nos pupilles se dilataient et s'adaptaient. John Barry jouait « The Bomb » de la bande-son d'*Opération Tonnerre*. Au bout d'une minute, les mains se relâchèrent, la respiration ralentit, mais les mouvements étaient encore crispés, pas encore prêts à accueillir les ombres. Je voulais que mes plongeurs goûtent ce moment, acceptent l'obscurité et en redemandent ; qu'ils saisissent l'exaltation simple et exceptionnelle d'être là, seuls avec leur souffle, plutôt que chez eux, faisant ce que font les terriens et citadins ordinaires à cette heure de la nuit.

J'allais rallumer ma lampe, quand je surpris un mouvement furtif derrière le groupe qui se tenait face à moi.

Comme par enchantement, surgie d'une faille temporelle, une silhouette horizontale effleurait les stries de sable du fond de mer, palmant résolument vers la pente, en direction du filet de pêche et du grand large. Alors que je m'apprêtais à diriger ma lampe sur l'intrus, mon attention se porta sur les deux tuyaux annelés autour de sa tête. Pas de bulles. Le temps que je me ressaisisse et que je bataille avec la lampe pour la rallumer, je ne pus qu'entrapercevoir le bout de deux palmes noires à voilure divisée. Insensible à notre petit groupe, le plongeur s'éloigna d'un battement de jambes ferme mais élégant, puis disparut complètement.

Comme mes élèves profitaient visiblement du moment, je décidai de terminer la plongée tous feux éteints, en mode commando. On regagna la plage en nageant sous le clair de lune, puis on s'agenouilla sur le sable, cinq mètres sous la surface miroitante. Je désignai le cadran lumineux de la Bund pour signifier l'arrêt de sécurité de trois minutes. Mon esprit dériva vers la silhouette du plongeur solo. Je me remémorai cette apparition noir d'encre, tentai d'en fixer quelques détails.

Ses palmes ne m'étaient pas tout à fait étrangères.

*

On regagna le portail de la villa cahin-caha. Sourires béats aux lèvres, les plongeurs échangeaient leurs impressions dans un torrent d'excitation. Comme personne ne mentionna le spectre des fonds marins, je gardai tout pour moi. Je me retournai et vis que l'énorme yacht était toujours amarré. La lune, le vent, le courant et le yacht : tout avait bougé depuis notre mise à l'eau. À présent, la Méditerranée était toute soyeuse, presque lactescente. Elle fusionnait avec le clair de lune et le halo compact d'un reflet dévoilait à présent le nom figurant sur l'imposante coque en fibre de verre : *CORONADO*. Un des hommes perçut mon intérêt.

– Un Sunseeker, fit-il remarquer en connaisseur. Notre patron aussi en a un, amarré à Nice. Il y a une quinzaine de places à bord, et d'après ce qu'on m'a dit ça file jusqu'à trente nœuds.

Ça valait bien un hochement de tête poli et une moue blasée de ma part : « Pas mal. »

On se doucha en arrivant au centre, puis ce fut séance rinçage de matériel et tamponnage des carnets de plongée. Je débriefai le groupe en donnant des conseils d'ordre général sur l'importance du contrôle de la flottabilité de nuit. Toujours aucune mention du plongeur mystérieux pendant la séance de questions-réponses. Je les congédiai quelques minutes plus tard, sans rien laisser transparaître, prétextant un dîner tardif en ville avec un ami. Puis je fonçai vers le local technique. Tout semblait en place : les gilets stabilisateurs séchaient dans leurs racks, les bouteilles étaient alignées. J'allais partir pour de bon, quand j'eus un pressentiment et fis demi-tour. Deux tuyaux annelés. Pas de bulles d'air. Je tâtonnai les parois du couloir jusqu'à la porte à l'autocollant Scubapro délavé. Je luttais avec le trousseau de clés, imaginant qu'un sombre complot ne souhaitait décidément pas que cette porte s'ouvre. Une clé finit par s'enfoncer dans la serrure : les mêmes gonds, le même crissement que la première fois, mais multiplié par dix. J'appuyai sur l'interrupteur et retins mon souffle. La bouée orange me salua comme une citrouille-lanterne d'Halloween. L'ancre rouillée se dressait tel un instrument de torture de l'Inquisition. Les combinaisons humides étaient si immobiles qu'elles semblaient bouger.

L'Oxygers avait disparu. Le plongeur – non, *la plongeuse* – n'avait pas l'intention de se faire repérer.

Je fermai le centre et retournai vers la plage à grands pas. J'appelai la patronne en chemin, sans savoir si elle serait chez elle. Patricia décrocha immédiatement.

– Tu as plongé *ce soir* ? aboya-t-elle.

Bizarrement, elle semblait déroutée, prise au dépourvu. Je l'imaginais tirant sur sa clope comme une damnée à l'autre bout de la ligne.

– Oui, des Néerlandais ont appelé dans la journée en insistant pour plonger ce soir, point barre. Fred avait un rencard alors je me suis porté volontaire. La plongée s'est bien déroulée, on a passé trois quarts d'heure à quinze mètres. Je vais fermer la boutique.

Patricia demeura silencieuse pendant une dizaine de secondes. Je lui tendis une perche.

– Et au fait, tu sais si quelqu'un d'autre avait prévu une plongée de nuit sur le cube ce soir ?

Nouveau silence. Plus long. *Trop* long.

– Je ne crois pas, répondit-elle enfin. Fred ne m'a rien dit, mais il arrive que d'autres plongeurs utilisent notre site. Ce qui compte, c'est de t'assurer que tes élèves ne se mélangent pas à un autre groupe et que tu ne les perdes pas de vue. D'ailleurs, est-ce que les Néerlandais comptent revenir cette semaine ? Si c'est le cas, j'aimerais que tu t'occupes d'eux.

– Pas de souci. Bon, ben, à demain.

Je raccrochai en me disant que Patricia avait détourné la conversation. Elle ne m'avait pas demandé si j'avais réellement vu quelqu'un.

De retour à la plage, je cherchai des indices suggérant l'entrée ou la sortie d'un plongeur : des traces de palmes sur le sable, un faisceau de lumière effleurant la surface sous les vagues, le scintillement du verre d'un masque dans le clair de lune. Il n'y avait rien que le clapotis de la houle noire qui s'écrasait sur le sable, en sourdine. La Méditerranée murmurait.

Le *Coronado* avait levé l'ancre. Et Samar aussi.

Troisième partie

Début novembre. Lever du jour. Marina d'Abydos. El Gouna. Égypte.

Les rangées de coques défraîchies tanguaient et luisaient sous le ciel enflammé du petit matin : plus d'une trentaine de chalutiers convertis, docilement alignés et prêts à engloutir la fournée de plongeurs du jour. Un magnétophone ultra-vintage diffusait l'appel à la prière du matin sur toutes les sonos à bord. La voix du muezzin déclamait en stéréo un monologue liturgique interminable à travers des amplis infestés de vermine.

Ça faisait deux mois que je bossais en Égypte. Et je prenais mon pied ! Bon, certes, il y avait le réveil forcé tous les matins à 5 h 30. Les bouteilles et le matériel de plongée à trimballer à droite et à gauche. Les touristes insatiables à qui on ne peut rien refuser. Un salaire de misère si l'on considère que – mis à part le mode de vie peinard « Speedo, tongs et bronzage permanent » – vous êtes responsable de la vie de tous les plongeurs qui franchissent la surface de l'eau avec vous. Mais il y avait bien plus que ça. Le ciel sans nuage et la chaleur de chaque instant. La caresse apaisante de l'eau cristalline, le corps en apesanteur au gré des immersions. Le chuintement de l'air comprimé dans vos poumons, la dépendance à la profondeur et à la pression. La cacophonie de la vie aquatique foisonnante qui résonne dans toutes les parcelles du corps. La brise chaude, infinie, qui traverse les déserts et masse les âmes après la plongée. Le sel qui sèche sur la peau et s'immisce dans tous vos pores. L'épuisement qui vous terrasse après une longue journée de travail et la joie de savoir que ce sera pareil le lendemain.

L'épisode de Cannes était à portée de souvenir. Cette ville m'avait marqué corps et âme comme si mes sens captaient encore son empreinte. Il restait une sorte d'image thermique à travers laquelle je pouvais sentir, toucher et revivre cette tranche du passé ; une synesthésie qui me permettait d'entrevoir la villa cannoise sans y être physiquement. Je m'imaginais roulant sur les boulevards, marchant le long des célèbres jetées de la côte. Autant d'arrêts sur image sensoriels et de souvenirs épidermiques. Le goût réconfortant du pastis après un long crawl dominical. Le ronronnement du moteur de la Honda sur une petite route départementale. La villa d'Escragnolles. La moiteur délirante de la peau de Samar, en dessous du nombril. Juste après, la morsure tout aussi délirante de l'asphalte derrière mon crâne, et la sensation appuyée que ma salive conserverait à jamais le goût du sang. Un casque de moto et un couteau à cran d'arrêt que mon cerveau ne pouvait s'empêcher de visualiser en 3D. Les spectres furtifs d'une plongeuse et de son Sunseeker luxueux, tous deux volatilisés. Et enfin, le vide ressenti sur une plage désertée miroitant sous un clair de lune méditerranéen. Mystère quasi résolu – c'était Samar, à coup sûr – mais affaire non classée. Patricia avait même prétendu avoir fait don de l'Oxygers au musée de la plongée Frédéric-Dumas, à Sanary. J'avais quitté Cannes sans pouvoir vérifier.

J'avais tout raconté à Leconte au téléphone. Enfin, presque tout. J'avais omis les parties plus intimes et extracurriculaires du récit qui ne le regardaient absolument pas. Mon dernier rapport de gendarme à la dérive, mais encore sur la brèche. Il avait écouté sans soupirer, ni m'interrompre. J'entendais le bruit du stylo sur le bloc-notes. Quand il eut terminé de griffonner, il avait déclaré : « Vous ne perdez pas votre temps… enfin, quand vous ne portez pas l'uniforme. » Je lui avais dit que j'en avais marre de Cannes et que j'avais commencé à envoyer des CV un peu partout. « Restez en contact, avait-il dit. Et bonne chance pour votre recherche d'emploi. »

Cet entre-deux m'avait plu. Pour une fois, ce n'était pas une affectation militaire accordée ou imposée par la hiérarchie et les forces en présence. C'était *ma* décision. Pas de lettre de recommandation. Pas de favoritisme. Pas de traitements de faveur, ni d'avantages en nature. Rien que mon pedigree mis à nu, aseptisé et formaté sur un feuillet A4.

Sauf que mon CV ne suscitait pas l'engouement. Il était trop tard dans l'année : la haute saison avait déjà démarré sous les tropiques. Le taux de réponse avait été pitoyable. À peine quelques propositions d'emplois payés au lance-pierre. J'avais végété pendant trois semaines, dans l'attente obstinée de meilleures opportunités. Anatoly, lui, pendant ce temps-là, parcourait les Caraïbes en quête de l'Eldorado du plongeur en me narguant avec moult e-mails et photos. J'enrageais.

Puis, vers la mi-août, alors qu'il ne me restait que deux semaines à tirer dans le cadre de la formation instructeur à Cannes, une très jeune, très pétillante commerciale du Club Med m'avait appelé sur mon portable. Un de leurs prestataires de plongée avait besoin d'un moniteur francophone « mais *tout de suite*, quoi », et la jeune fille à la voix de Schtroumpfette faisait son maximum pour vanter les mérites de la nouvelle destination phare de sa boîte.

– El Gouna. En gros, c'est une station balnéaire autonome, artificielle et privée, avait-elle résumé en guise d'accroche avant de dérouler le catalogue. Imaginez des complexes hôteliers, des villas isolées et des appartements douillets, le tout formant un réseau d'îlots aménagés, reliés entre eux par des ponts fleuris et des lagons pittoresques. Des lagons à gogo.

– D'où le nom.

– Exactement ! C'est un jardin d'Éden ultramoderne, avec son parcours de golf de championnat 18 trous et des propriétés de villégiature à perte de vue. Un petit vol low-cost de dernière minute, et hop, en un clin d'œil, à vous les dix kilomètres de plage de la station.

– Ok, pas mal le pitch commercial, ma p'tite dame, mais j'me trompe où vous me citez la brochure mot pour mot ? Vous ne pouvez pas improviser un peu ?

Elle avait claqué la langue malicieusement, et j'avais entendu un bruissement de papier à l'autre bout de la ligne tandis qu'elle jetait la brochure de côté.

– Bon, d'accord, dit-elle en soupirant. J'y étais l'année dernière. Des jet-setteurs européens, des couples en lune de miel, séjour tout compris, des colonies de plongeurs geeks et des kitesurfeurs branchés. C'est la Mecque des sports nautiques au seuil du désert. Vous allez adorer !

– C'est parfait. Je commence quand ?

*

Une semaine de liberté pour faire/défaire/refaire mes valises, mettre la Honda en hivernage et m'occuper des formalités administratives. Un vol charter ambiance bétaillère direction « Le Lagon » début septembre, via Le Caire et Hurghada. Et deux mois plus tard, j'étais là, sur le pont arrière du *Basant*, un des trois chalutiers qui constituaient la flotte du centre de plongée pendant la haute saison estivale.

À bord, les bouteilles de plongée, les rangées de cintres en bois et les combinaisons avaient depuis longtemps remplacé les hameçons et les filets de pêche délicats. Des échelles perroquet rabattables encombraient la poupe. Les bateaux appartenaient tous à des particuliers qui les louaient aux centres de plongée du coin pour la saison. L'équipage était inclus dans la location... Ils étaient nombreux à ne pas savoir nager mais faisaient des merveilles avec un thon fraîchement pêché et une boîte de sel rouillée, à faire pâlir n'importe quelle ménagère occidentale. La plupart des hommes d'équipage vivaient sur le bateau pendant deux à trois mois d'affilée, puis prenaient leurs quartiers à terre une semaine ou deux. On leur versait une pitance en guise de salaire, ce qui leur permettait néanmoins de vivre décemment dans cette partie du monde. Certains avaient l'habitude de s'occuper des plongeurs occidentaux. La plupart ne l'avaient jamais fait.

Et ce matin-là – comme tous les autres matins, d'ailleurs – les haut-parleurs crachotaient l'appel à la prière. En levant les yeux, je pouvais voir les autres équipages de la marina : une enfilade de têtes qui se prosternaient en rythme, tandis que leurs propriétaires s'agenouillaient de concert, marmonnant à voix basse, psalmodiant et s'inclinant respectueusement en direction de La Mecque aux ordres du muezzin. Les joyeux matelots du *Basant* suivaient le rythme. Hany aussi.

Hany était notre homme-orchestre – la cheville ouvrière du centre de plongée. Il s'occupait de la logistique, de la maintenance du matériel et du personnel égyptien. Il anticipait les pépins, les défaillances techniques et les sautes d'humeur. De ses poches magiques surgissaient des joints toriques, des sangles de masque, des embouts et de la graisse silicone. Il prédisait la météo et anticipait les journées de merde. C'était l'avatar égyptien de Jamel – mon fournisseur de pastis cannois : moitié adjudant, moitié chaman. Cette marina était son territoire. Il était l'homme de la situation, le gourou médiateur. Il négociait les locations de nos bateaux de plongée et assurait la liaison avec les membres d'équipage, qui pour la plupart ne parlaient pas un mot d'anglais. Dans quelques minutes, dès la fin de la prière, Hany les regrouperait pour le briefing du matin. En mer, avant l'immersion, il tâcherait de freiner leur tendance à aider les femmes en premier. Il s'assurerait qu'ils attachent et détachent les sangles des gilets de plongée bien comme il faut, sans profiter de l'occasion pour peloter les seins ou les cuisses des jolies touristes. Il assoirait l'autorité du chef de bord.

Le chef de bord, parlons-en : c'était mon tour d'assumer ce rôle ce jour-là. Ce pont arrière était mon bureau, mon trône, dans un centre de plongée cinq étoiles en mer Rouge. Dans quelques minutes, deux bus affrétés par l'hôtel déchargeraient une quarantaine de clients ensommeillés sur la jetée. Tout ce qu'ils avaient à faire, c'était sauter du lit, attraper la navette pour la marina, monter sur leur bateau attitré, et c'était parti. Et ils s'attendaient à ce que leur équipement de plongée soit déjà sur place, qu'importe comment ou quand il était arrivé jusque-là. Chaque matin, le pick-up Toyota assurait le transfert des grosses caisses bleues du centre vers la jetée de la marina. Le staff répartissait le matos sur nos trois bateaux. Ensuite, le chef de bord examinait les caisses une à une, faisant courir un stylo sur la liste du matériel de plongée pour s'assurer que chacun ait son kit à disposition une fois en mer.

Je vérifiai la Bund ; nous étions à l'heure. Une voix épaisse et familière retentit à l'autre extrémité du pont.

– Cette toquante marche encore, mon capitaine ?

– Et comment. Mieux que jamais.

– Tant mieux, commenta Daniel d'un ton paternel.

Daniel : le monsieur Bund. L'épiphanie des Maldives. Encore un homme-orchestre. Après l'épisode du sauvetage de Kuredu, on avait gardé le contact par e-mail. À la suite de l'offre du Club Med, je l'avais appelé pour lui annoncer la nouvelle en fanfare.

– Sauve-moi, Nash, avait-il plaisanté en anglais. Je commence à devenir intime avec les bernard-l'hermite ici, j'ai besoin de changer de décor. Hier je suis même tombé sur un gars de mon bled. Tu te rends compte ? Un autre Patagonien de Cipolletti ! Ici ! Toute la ville va être au courant, ils m'ont retrouvé, je suis grillé. Tu crois que le Club Med pourrait recruter un deuxième moniteur à El Gouna ?

– Tu parles français ? lui avais-je demandé dans la langue.

– J'ai dragué une hôtesse d'Air France pendant plusieurs mois, m'avait-il répondu façon Sergi López.

J'avais rappelé illico la commerciale du Club Med à la voie de Schtroumpfette. Elle m'avait répondu : « D'accord, mais *tout de suite*, quoi. » Et Daniel et moi, on s'était retrouvés au Caire avant de prendre un charter pour Hurghada, direction la mer Rouge.

L'Argentin buriné aux longs cheveux bouclés n'avait pas changé d'un iota. Correction : il avait pris du bide depuis nos retrouvailles. Le Club Med El Gouna, c'était buffet à volonté et pas moins de cinq bars au choix. Daniel s'alignait sur l'opulence et n'en était que plus trapu. J'étais fier de l'avoir à mes côtés pour mon premier boulot.

– Je crois qu'il nous en manque une, dit-il, arpentant le pont du *Basant* d'un bout à l'autre. Il s'accroupit pour balayer du regard les rangées ordonnées de caisses de matériel.

– Laquelle ? demandai-je, essuyant la sueur de mon front.

Il examina la liste de contrôle par-dessus mon épaule et confirma : « La 37. »

– Ok, je vais demander à Hany de vérifier le local technique... Doux Jésus, pourquoi l'appel à la prière est-il aussi fort ? Ça me casse les oreilles !

– Jésus n'en sait rien, fit Daniel un petit sourire en coin. Demande à Mohammed.

– C'est parti, les gars ! hurlai-je à l'équipage. Les bus arrivent.

*

Murphy se rebella et s'esquiva. Il me balança une giclée d'encre noir opaque en plein masque, puis sa turbine intégrée le propulsa dans les méandres du récif. Ses tentacules sondaient les moindres recoins du paysage corallien, et en une microseconde la créature disparut en se faufilant entièrement à travers une brèche minuscule. Mes yeux et mon cerveau enregistrèrent le mouvement de manière passive, incapables de rivaliser de vitesse. Je glissai – sans grand espoir – dans la même direction, sidéré par la technique de fuite de la pieuvre. Mon groupe me suivait de près : un couple d'Anglais et leur fils de douze ans venus découvrir les merveilles d'El Saqwa, un spot réputé au sein de la tribu des plongeurs d'El Gouna. À moins d'une demi-heure de bateau de la marina, à l'abri des marées et de la houle, ce site était un plan B parfait lorsque la mer était trop agitée. Ce jour-là, sur ce petit jardin de corail, la mer Rouge nous offrait une visibilité exceptionnelle et faisait défiler ses plus beaux atouts : une murène verte géante, d'énormes gorgones ondulantes, des synancées, des syngnathes, des rascasses volantes, des seiches, des crevettes et quantité de nudibranches.

Je fis signe au garçon de me rejoindre, et maintins le contact visuel direct. *Regarde mes mains. Pose tes doigts ici sur la roche. Pas là. Ici. Stabilise-toi avec ces deux doigts et avec ta respiration. Ne touche pas le corail autour de toi. Maintenant regarde.* Je lui indiquai la petite cavité sous la formation de corail. *Tu vois les orbites qui s'étirent comme des tiges ? Tu vois les pupilles fendues à l'horizontale ? C'est elle.* Le garçon se mit à gesticuler frénétiquement vers ses parents pour qu'ils puissent aussi voir la pieuvre.

Nous étions à cinq mètres de profondeur, la coque du *Basant* se soulevait doucement au-dessus de nous, projetant son ombre à notre droite. Je vérifiai leurs manomètres : on avait largement le temps de s'amuser pendant le palier de sécurité. Je sortis un bocal en verre transparent de la poche de ma stab et l'agitai devant les yeux de Murphy. Le bocal, fermé par un épais bouchon en liège, contenait une crevette géante vivante : un mets de choix pour les pieuvres. Après une minute d'observation méfiante, un tentacule se déploya. Puis deux. Puis l'animal amorphe se glissa précautionneusement hors de son antre. Je tendis le bocal. Les tentacules palpèrent le verre, retournèrent le bocal dans tous les sens, mais sans pouvoir atteindre la crevette. Frustration. Je repris le bocal et l'agitai une fois de plus devant la pieuvre. Mais, cette fois-ci, j'attrapai lentement le bouchon de liège et le dévissai au ralenti. Je replaçai le bouchon sur le bocal et répétai la procédure : attrape le bouchon, dévisse-le, ouvre. Répétition. Les pupilles horizontales observaient mes mains attentivement. Je refermai le bocal une fois de plus, puis le tendis à Murphy. La pieuvre dévissa le bouchon de liège et s'introduisit triomphalement dans le bocal pour la mise à mort. Le garçon salua la prouesse avec un « Mmmmpphh ! » strident. Il vida ce qui restait dans sa bouteille en quelques bouffées survoltées.

L'ordinateur de plongée bipa : palier de sécurité terminé, fin de plongée. On gonfla nos gilets en surface. Nos poumons retrouvèrent l'air non comprimé. Le garçon raconta l'épisode de la pieuvre de long en large. Je fis signe au trio d'enlever leur ceinture de lest et leur gilet, puis un membre de l'équipage hissa leur matériel à bord, sur la plate-forme. Je les fis monter à l'échelle de la poupe un par un, mais restai à l'eau. Le plaisir simple de flotter seul, un peu à l'écart, suspendu dans le vide bleu, pendant que sur le bateau les autres écrasaient des orteils avec leurs palmes et jouaient des coudes pour retrouver leur caisse de matériel. Le petit privilège du chef de bord.

Quelque chose tira sur ma palme plusieurs fois. Daniel, la banane jusqu'aux oreilles, fit surface avec ses trois élèves. Il les félicita pour leur première plongée en mer et leur rappela de garder le masque en place et le détendeur en bouche. Peine perdue : ils ne pouvaient pas s'empêcher de brailler, d'échanger pêle-mêle leurs premières impressions, ignorant la morve verdâtre qui ponctuait la jupe de leur masque. La plongée n'épargne pas les apparences, mais délie les langues.

Une plongeuse du groupe, blonde, enjouée et délicieusement potelée, releva son masque sur le front et interpella Daniel dans un français approximatif.

– J'ai pas réussi à te monter dessus, comment ça se fait ?

La princesse ne s'était pas tout de suite rendu compte de son joli double sens. Je l'imaginai luttant vaillamment entre deux eaux pour rendre sa flottabilité négative, battant des jambes, les fesses pointées vers le haut et moulinant des bras pour rejoindre Daniel quelques mètres plus bas. Essayant de couler alors que le commun des mortels cherche plutôt à flotter.

Daniel abandonna son flegme professionnel.

– Ne t'inquiète pas, lança-t-il avec un demi-sourire moqueur qui devint complice, puis carrément lubrique. On va vite bosser sur ta technique, tu vas voir.

Elle mit la main devant sa bouche, rougit et laissa échapper un « oooh » embarrassé.

Le vieux moteur diesel Mercedes gargouillait et pétaradait en rythme, nostalgique du temps où il faisait vrombir un camion. Le bateau regagnait péniblement le port. Notre contrat de travail stipulait qu'il fallait passer du temps avec les clients après la plongée. C'était compter sans le fait qu'une fois sortis de l'eau ils montaient tous lézarder sur le pont solarium et sombraient dans une léthargie post-immersion, induite par l'excès d'azote. Entre la chaleur, le roulis de la houle et les embruns salés, ils comataient non-stop jusqu'à la marina.

Daniel et moi étions assis derrière le balcon du bateau, scrutant la mer dans l'espoir d'y repérer des dauphins, des raies ou des tortues. Mais eux aussi avaient apparemment fini leur journée. Nos pieds frôlaient les vagues, l'eau était si transparente que l'on pouvait apercevoir des poissons-perroquets à vingt mètres sous la surface. Daniel, le regard perdu dans les nuages d'écume, se remémora ses plongées folles dans les cénotes du Yucatan et ses années de pilote d'avion-cargo en Amérique du Sud. Youssef, le capitaine du bateau, ponctua les anecdotes – plus invraisemblables les unes que les autres – en nous apportant un plateau de biscuits puis du thé fumant. C'était la vie de château.

– Demain c'est mon jour de congé, annonçai-je. Je suis crevé. Trois plongées par jour, six jours par semaine. Sans parler de la maintenance équipement et du service client. Tu sors ce soir ?

Nous n'étions pas vraiment des noctambules. Réveil à 5 h 30 du matin et chargement des bateaux dès 7 heures. En se couchant tard une fois, deux fois, on finissait par louper le pick-up, et se faire sucrer un jour de salaire. Les instructeurs et divemasters disposaient d'un seul jour de repos précieux par semaine. Il fallait donc sortir la veille pour éviter les dommages collatéraux le lendemain matin.

– Chais pas, répondit-il sceptique, en remuant son verre de thé.

Il s'esclaffa et pivota vers l'arrière pour voir si la plongeuse blonde était dans les parages.

– Ça dépend si elle peut me monter dessus ou pas. Et toi ?

– Classique. Soirée pépère et classique. Un livre et une bière à The Bends, j'imagine. Un peu d'écriture, si ça me prend. En tout cas, pas l'ombre d'un plan cul à l'horizon.

– Ne te mens pas à toi-même. Et sois prudent, ajouta-t-il, désignant d'un mouvement de tête les reflets dorés du rivage d'El Gouna. C'est plein de prédateurs ici.

*

Plus tard dans la soirée. Vers 22 heures.

The Bends n'était pas notre repère de prédilection. On y retrouvait tous les plongeurs du coin – ou pire : imaginez le pont d'un bateau, mais sans les bouteilles qui s'entrechoquent et l'odeur tenace des combinaisons. La bouffe était médiocre et surtaxée. La connexion wi-fi était poussive, les canapés défoncés et on assistait à un défilé sans fin de plongeurs épuisés s'échinant à contacter via Skype leurs proches à l'autre bout de la planète. Les non-plongeurs étaient mal à l'aise et faisaient tache. Pourtant, les rares qui persistaient et bravaient les coups d'œil condescendants et sans complaisance étaient récompensés par une ambiance unique, hors des sentiers battus. Loin des bouis-bouis bruyants du centre-ville, The Bends était un temple zen. Pas de télé diffusant la chaîne de prières à plein volume, mais plutôt un énorme écran plat qui passait en boucle un mix de films ou documentaires de plongée et les vidéos sous-marines amateur du jour. La brise du soir, plus fraîche, soufflait à travers les baies vitrées et faisait ondoyer les rideaux. Une sélection pointue de morceaux des années 70 et 80 alimentait les pensées et les conversations. Les habitués fumaient des chichas ornementées, tirant dessus comme si c'était la dernière fois. Dans la cuisine américaine, le préposé au barbecue, lascif, troublait occasionnellement l'accalmie du soir en éternuant sur ses côtelettes d'agneau kefta aux mille et une saveurs.

J'aurais pu choisir une douzaine d'autres rades décents ce soir-là, mais le conducteur de tuk-tuk taciturne n'était pas d'humeur à improviser et m'avait bringuebalé jusque-là sans poser de question, supposant que je ne pouvais pas vivre, ne serait-ce qu'un instant, en dehors de la communauté locale des plongeurs. Pas grave. J'avais la ferme intention de consacrer la soirée à regarder passer les filles au fil des pages, en alternant entre *Le Complot du Caire*, un vieil exemplaire corné de la série « Son Altesse Sérénissime » qu'un client avait gracieusement légué au centre, et un numéro spécial de *National Geographic* sur la parade amoureuse des seiches.

Au lieu de ça, Hany surgit de nulle part.

– *Habibi*, tu pensais vraiment que je ne te retrouverais pas ? me dit-il.

Un sourire victorieux surmontait sa barbichette et il enchaîna.

– Jour de congé demain ? Bien, tu peux te coucher tard ce soir et m'aider avec le reste de mes courses.

Il s'assit, commanda deux chichas et du thé, et promena son doigt sur une liste de « choses à faire » épinglée sur son bloc-notes. Il rentrait tout juste de sa tournée mensuelle de ravitaillement et logistique à Hurghada : cinq nouveaux masques taille junior et quatre paires de palmes chaussantes, c'est fait ; trois combinaisons, raccommodées ; dix kilos de plomb, trouvés ; pièces de rechange pour détendeurs, commandées ; cartouches d'encre, crayons à papier et trombones… oups.

– Trois choses à acheter en ville demain, déclara-t-il solennellement, avant de les compter sur les doigts. Fournitures de bureau, des cartes de certification vierges à récupérer au dépôt, et des embouts en silicone.

Je tirai sur la chicha et manquai de m'étouffer dans un nuage de fumée violette.

– Des embouts !? Encore ? Hany, on en a acheté une cargaison il y a trois semaines à Hurghada ! Normalement on doit les mordre, pas les mâcher comme du chewing-gum !

– Oui, je sais, mais les plongeurs aiment le goût, dit-il moqueur, tout en se caressant le ventre.

Il passa la demi-heure suivante à gesticuler et à détailler sa frénésie d'achats, boutique après boutique. Un de ses ancêtres devait avoir du sang italien. Entre-temps, j'engloutis une pizza kefta bien grasse que je rinçai avec plusieurs bières égyptiennes très fraîches. Cette fine bouche de Jamel, mon pourvoyeur de pastis de contrebande à Cannes, aurait grimacé à l'idée d'un tel repas.

En revanche, il aurait bien aimé assister à la rencontre brutale qui allait suivre.

*

Le monologue de Hany finit par se tarir. Il sombra dans une transe enfumée, profonde et silencieuse, comme si quelqu'un venait de le brancher sur secteur pour recharger ses batteries. J'ouvris *Le Complot du Caire* et me mis à le feuilleter nerveusement, mais j'avais du mal à me concentrer sur la prose. Les bières n'aidaient pas. Au bout d'un certain temps, les mots devinrent syntaxe et j'atteignis peu à peu ma vitesse de lecture habituelle. Je me rappelle encore que Russ Ballard chantait « Voices » quand c'est arrivé.

J'étais penché sur le bouquin, tête baissée. Je marquai une pause et balayai la terrasse d'un regard mécanique, en quête d'inspiration. Un groupe entra et se dirigea vers une des tables extérieures jouxtant la piscine du restaurant. Les deux gars étaient des habitués, bien connus du microcosme : des divemasters de H_2O, un établissement de plongée géré par une célébrité du coin et vétéran de l'opération « Tempête du désert », Franck Klein. Je restai bouche bée devant les deux femmes, ma quatrième bière suspendue dans les airs. La première me tournait le dos ; je pouvais tout juste entrevoir la nuque, la queue-de-cheval blonde et sa peau blanche. De toute évidence, elle venait d'atterrir à El Gouna : tongs flambant neuves et T-shirt manches longues pour bloquer le soleil.

La seconde, je la vis de face.

Et bam : c'était elle.

*

Instinctivement, je me planquai derrière le livre en piquant un fard. Incrédule et honteux. Cherchant une issue de secours. Le coin lounge où j'étais installé était sombre et feutré. Des projecteurs inondaient la terrasse côté piscine et les carreaux d'argile au sol amplifiaient leur lumière. Surexposition. Il y avait fort à parier qu'elle ne pouvait pas me voir. Je me détendis et décidai de profiter de la vue. *Fais-toi plaisir et observe-les de loin, en sécurité.* Je restai là à guetter, à me rappeler et à m'émerveiller, réalisant à quel point le monde était petit.

Oui, aucun doute, c'était Samar, en chair et en os. Mon histoire d'un soir à Cannes, téléportée trois mois plus tard dans un rade à plongeurs lambda à El Gouna, en Égypte. Samar, la brune du Liban. Celle qui gardait ses distances pour mieux se rapprocher. Ses cheveux étaient maintenant teints en blond et coupés court à la garçonne, mais de mon poste d'observation je reconnus le front expressif et les pommettes racées, les bras toniques, les épaules fières, la peau naturellement hâlée. Les lèvres insolentes aussi, qui n'en disaient jamais assez sur elle et vous faisaient crever d'envie d'en savoir plus.

Je feignais de lire *Le Complot du Caire* en goûtant la sérendipité du moment, tandis que les quatre sirotaient leurs verres, riaient et papotaient. Ils étaient trop loin pour que je puisse épier leur conversation mais les expressions, l'attitude et le langage corporel en disaient long. Samar était là depuis plus longtemps que l'autre blonde. Elle riait fort et ses gestes exprimaient son expérience. Son buste était fier et droit ; ses mains, habiles. Le contact visuel avec les deux types était franc et direct. Il excluait le rapport de séduction, révélait une autorité naturelle et forçait le respect. Je me demandai depuis combien de temps elle vivait à El Gouna.

Une demi-heure plus tard, les hommes firent signe à la serveuse d'apporter l'addition. Le groupe s'apprêtait à partir. En quittant les lieux, les deux divemasters se pressèrent autour de la nouvelle recrue, essayant ouvertement de marquer leur territoire. Samar, elle, traînait derrière à quelques mètres, à proximité de la piscine, parcourant les petites annonces épinglées sur un panneau d'affichage. L'occasion rêvée. Elle ne me vit pas approcher. Avant qu'elle ne s'en rende compte, j'étais à quelques centimètres d'elle.

– Bonsoir, Samar.

Elle se retourna, les yeux écarquillés. De près, je reconnus les mouvements de ce corps en rotation, comme une coulée de mercure. Pendant une fraction de seconde, ses sourcils et ses pupilles trahirent la surprise : une chatte prise dans les phares d'une voiture. Mais, aussitôt après, les traits s'affermirent, dépeignant un tout autre tableau. Le demi-sourire qu'elle venait d'esquisser s'effaça brusquement et fit place à un bloc de pure indifférence. J'étais maintenant face à une autre femme : une version modifiée de l'originale, implacable et austère.

– *Sorry ?* fit-elle.

C'était la même voix riche et profonde, mais bizarrement elle ne correspondait pas à son visage. Imaginez une composition florale dans un vase. Redisposez les fleurs de ce bouquet selon la longueur et la couleur : vous obtiendrez une nouvelle composition. C'était la sensation qui me traversait à cet instant. Ce n'est pas tant que l'expression ou le physique élancé de la brune du Liban avaient fondamentalement changé. Non. La taille fine, la poitrine haut perchée, le nez droit et fier de duchesse… dans l'ensemble, tout y était, mais dans le désordre.

– Samar, non ? insistai-je en français, pensant qu'un sourire de gugusse, un regard naïf et un hochement de tête augmenteraient mes chances.

Pas de réaction. Ses yeux étaient braqués sur les miens, les paupières mi-closes au-dessus des pupilles. Tomber de rideau. Une sueur froide envahit mon front, mon dos et mes aisselles. Je passai en mode survie.

– Cannes ? dis-je. On… on s'est rencontrés à Cannes il y a quelques mois ? On a suivi le cours instructeur ensemble ?

Regard froid, distant. Peut-être qu'en chantant ses louanges je pourrais déverrouiller sa porte.

– Tu étais incroyable, je veux dire, tu as cartonné à tous les niveaux !

Que dalle.

– Bon, allez, on a même…

À ce moment-là, les mots s'étranglèrent dans ma gorge. J'étais en chute libre, ravagé par la honte. *Tire la poignée du parachute, crétin.* « Bon, tu as changé de coupe de cheveux » fut tout ce que je trouvai à dire.

Un demi-sourire de compassion lui fit plisser les joues et son regard s'adoucit. Elle reprit en anglais.

– Je pense que vous me prenez pour quelqu'un d'autre.

L'accent était parfait ; elle était pleine d'assurance, avec une pointe de malice.

– Je dois avoir un sosie à Monaco ! dit-elle. Et vous êtes ?

– Cannes, c'était à Cannes, bredouillai-je.

Puis, je me suis dit : ok, jouons le jeu en anglais. On va se présenter comme si on ne s'était jamais partagé la Méditerranée pendant cinq mois, comme si on ne s'était jamais connus intimement.

– C'est embarrassant, je suis désolé, dis-je en amerloque bien enroulé.

Je tendis la main en guise d'excuse. « Je m'appelle Nash. »

Je crus voir une légère lueur de réticence dans ses yeux, puis elle tendit également la main. Sa paume était sèche et douce ; ses ongles, manucurés, coupés court, pas de vernis brillant. Je ne pouvais dire si c'était sa façon habituelle de me serrer la main : elle ne l'avait jamais fait à Cannes.

– Eh oui, en effet vous avez une doublure quelque part.

– On en a tous, non ? répondit-elle, retirant aussitôt sa main de la mienne avec un sourire ravissant. Pendant l'échange, le reste du groupe s'était aperçu de son absence et les deux types nous regardaient avec insistance. Elle pencha légèrement sa tête sur le côté, regarda par-dessus mon épaule, et agita la main dans leur direction.

– Je dois y aller, s'excusa-t-elle d'un air confus. Ravie d'avoir fait votre connaissance…

Elle hésita une seconde.

– … Nash, c'est ça ?

J'acquiesçai, incapable d'improviser ou de comprendre ce qui m'arrivait.

– Bon, dit-elle, j'imagine qu'on se recroisera sur un site de plongée quelque part.

C'était sa réplique de fin. Ayant visiblement conclu que j'avais épuisé tout ce qui me restait de vocabulaire et que je ne méritais pas une seconde de plus de son temps précieux, elle s'en alla de sa démarche assurée, me frôlant au passage. Je m'attardai sur les hanches souples, les cuisses satinées, les fesses rebondies. Les mêmes atouts que dans l'emballage d'origine.

Je restai planté là, abasourdi, jusqu'à ce que le groupe franchisse la porte de sortie. Au même moment, Daniel entra dans le lounge et croisa leur chemin. Il se retourna sans complexe et reluqua les filles de haut en bas, puis pivota dans ma direction avec un énorme sourire plein de dents.

– Pas maaaaal !

Ensuite, il jeta un coup d'œil circulaire et réalisa que j'étais tout seul au beau milieu de la terrasse.

– Qu'est-ce qui se passe, s'enquit-il, les chaises sont payantes ici ?

Le regard fixé sur l'entrée du lounge, je me contentai de hocher la tête d'un air absent.

– Tu sais, je pourrais jurer que cette femme était dans ma formation d'instructeur en France.

– Oooh, sacré veinard, dit-il en me donnant une tape sur l'épaule. Alors tu la connais.

– Eh bien, c'est ce que je pensais, mais quand je l'ai saluée il y a quelques secondes elle a fait comme si on ne s'était jamais rencontrés.

– Ha oui ? Il fronça les sourcils. Bizarre. Elle s'appelle comment ?

Je fermai les yeux, renversai la tête en arrière et murmurai un « *fuck* » résigné.

– Je ne lui ai pas demandé, avouai-je à voix haute. Celle que j'ai rencontrée à Cannes se faisait appeler Samar.

– C'est peut-être un sosie parfait, tu sais. Quand j'étais à Amsterdam, je suis sorti avec des jumelles et, avant que je réalise, je…

– Daniel, j'te le dis, c'est *elle*.

– Comment peux-tu en être certain ?

– Facile. Elle est partie sans se retourner.

*

– *Mamma mia*, vous êtes complètement tarés !

La poupe du *Basant* sous une chaleur torride. Un mois entier s'était écoulé depuis ma déconfiture avec le fantôme de Samar à The Bends. Depuis, ma séduisante fugitive libanaise avait disparu dans la nature. Une fois de plus.

On remontait d'une plongée d'une cinquantaine de minutes sur le *Giannis D*, un navire qui avait fait naufrage en 1983 avec son chargement de sciages résineux destiné à Djeddah. Bianca, une Milanaise quadra expansive au physique de Castafiore qui prenait un cours de plongée sur épave avec nous cette semaine, était scandalisée. Du haut de l'échelle de plongée, elle s'écria :

– Je pensais vraiment qu'il était mort ! *Ma, che idiota !*

Bianca venait – à son insu – de passer le test du « ballon » de Daniel. Dissimulé derrière un groupe de plongeurs confirmés, il s'était introduit dans la salle des machines de l'épave, avait gonflé sa stab pour flotter de côté et simuler la funeste posture d'un plongeur noyé, à jamais collé au plafond de la cale. Le détendeur qui pendouille, la bouche ouverte avec son filet de bulles, les yeux hagards… le canular aurait flanqué une peur bleue à n'importe qui. J'avais soigneusement planifié l'arrivée de mon groupe et m'étais arrangé pour que Bianca nage en tête. Le bruit se propage loin sous l'eau. Même les plongeurs qui exploraient les deux cales à l'avant du navire l'avaient entendue hurler à travers son embout. Elle avait reculé, puis flanché, s'était révoltée, et finalement, prise d'une curiosité morbide, elle s'était approchée du cadavre avec réticence. Daniel avait maintenu la pose, retenant sa respiration suffisamment longtemps pour qu'elle soit à portée de main. Puis il s'était réveillé brusquement et avait sorti son légendaire sourire qui disait « je t'ai eue ». C'était une mauvaise plaisanterie : clairement irrespectueuse, déontologiquement injustifiée, professionnellement irresponsable. Mais c'était aussi une source inépuisable de fous rires et de brèves de comptoir.

– Horrible, gémit-elle à tue-tête. Comme s'il s'était noyé dans ce local il y a plusieurs jours !

Je hissai sa bouteille sur le bateau et me fendis d'un sourire compatissant pour apaiser sa colère, tandis qu'elle gigotait pour se débarrasser de son gilet. Daniel refit surface avec sa palanquée quelques minutes plus tard. Bianca abandonna sa douche de pont, se précipita vers la plate-forme de plongée et l'accueillit avec une salve d'injures et de gestes explicites bien mérités, dans la plus pure tradition italienne. Elle conclut en lui balançant une palme abandonnée à la figure. Les rires fusèrent.

– Tu t'en es bien sortie, Bianca, dis-je, ne t'inquiète pas. Daniel aime bien faire ce numéro avec les novices du *Giannis D*, surtout quand elles sont jolies. C'est un bizutage hérité de l'époque où il plongeait dans les cénotes du Mexique. Il a remarqué que ça augmentait considérablement la probabilité que les filles terminent dans son lit une fois le choc passé.

– *È vero ?* demanda-t-elle aussitôt, la voix soudainement adoucie, son regard mouillé fixé sur l'Argentin hirsute qui escaladait les derniers barreaux de l'échelle.

– *Eccome !* brailla Daniel, tout sourire et nez tordu. Quand on a ma gueule on fait ce qu'on peut pour séduire !

L'autodérision. C'est pour ça qu'il avait tant de succès.

Malheureusement, le boulot ne se limitait pas aux plongées sur épave, ni à manigancer des combines pour emballer les divas. Au retour, les gens faisaient la queue pour s'inscrire aux cours du lendemain. Je m'occupai d'un groupe de seniors à moitié sourds en chemises hawaïennes, chaussettes blanches Adidas à hauteur de cheville et sandales en plastiques antidérapantes, puis j'enchaînai avec trois ados coiffés à la Justin Bieber, à l'expression figée des statues de cire du musée Grévin. Rien de tel que les inscriptions pour clore la journée. Je détestais les tâches administratives. La chaleur écrasante n'allégeait en rien cette corvée quotidienne et me pompait toute mon énergie. Plutôt enchaîner dix plongées en piscine que de se taper la paperasse.

Le footing du soir autour du cours de golf me fit un bien fou. La sueur purgeait tout : états d'âme, amertume et frustration. Je débranchai mon cerveau pendant une heure. J'esquivai quelques balles perdues et prenais mon temps, par simple plaisir d'emmerder les golfeurs. Puis, chez moi, douche glacée d'une minute chrono sous les yeux attentifs de Charlie, le gecko transparent. D'ailleurs, où est-ce qu'il dormait la nuit, lui ?

Je sautai dans un tuk-tuk direction Buzzha Beach, un spot de surfeurs improbable, situé à l'extérieur d'El Gouna, à quelques minutes du centre-ville. Le tricycle déglingué crapahutait à travers un no man's land sableux, d'où émergerait tôt ou tard un énième complexe hôtelier. Après avoir parcouru trois bons kilomètres dans un décor de *Mad Max*, j'atteignis la fameuse plage parsemée de cabanes aux toits de chaume où les kitesurfeurs du coin naissaient, s'attroupaient et s'accouplaient. Ce site symbolisait la Mecque pour une flopée de bobos européens quadras qui s'installaient là pendant trois ou quatre semaines d'affilée sans jamais s'aventurer en ville. Je dois dire que j'avais aussi été conquis par l'endroit et que je venais très souvent m'y ressourcer pendant mes jours de congé. Pourquoi ? Pour commencer, la plupart des kitesurfeurs dans ce coin étaient britanniques, nordiques ou allemands. Je pouvais donc écouter un anglais correct pendant quelques heures et échapper à la horde de Français du Club Med qui passaient leur temps à geindre.

Et puis il y avait le vent. Un souffle permanent, doux et chaud, de ceux qui parcourent les océans et érodent les continents. Il ponçait mon âme comme du papier de verre, libérant de nouvelles pensées jusque-là dissimulées sous une couche de petits tracas quotidiens. Des heures durant, je contemplai les kites filant sur le rivage et laissais le vent tourner les pages d'un roman ou de mon carnet.

– *Hey, fishman*[1] !

Ah oui, et cet endroit présentait un troisième atout non négligeable. Nikki, la gérante du bar. C'était elle le véritable boss ici, et elle dirigeait une douzaine d'Égyptiens avec une autorité indéfectible. J'avais rencontré cette Batave blonde, rondelette et pêchue deux mois plus tôt en commandant ma première Stella à son comptoir. Elle m'avait accueilli comme un prince du désert dans son oasis privée et une relation paisible et sereine avait immédiatement germé entre nous. Elle était devenue mon principal port d'attache, une agréable distraction après la monotonie quotidienne des cours de plongée. Elle était d'humeur égale et douce et menait la vie modeste

1. « Hé, homme-poisson ! »

d'une nomade sous les tropiques. Elle ne parlait jamais du passé, ni de l'avenir. Seul comptait le présent. Elle était à sa place ici : un point d'ancrage à la spontanéité bienveillante, une femme qui se contente de peu et vous fait du bien.

Je connaissais tout juste son nom de famille. Elle n'avait jamais demandé le mien. Et pourtant ce soir-là, en voyant son sourire généreux, le piercing discret au nez et le tentacule de pieuvre tatoué entre ses seins rebondis, je me réjouissais à l'idée d'une bonne soirée.

– C'est bon de te voir.

Je la pris dans mes bras brièvement, évitant d'afficher publiquement notre intimité.

– Tu m'emmènes où ce soir, patron ? demandai-je, tenant sa main tandis qu'elle grimpait dans le tuk-tuk.

– Je me disais que Goonies serait sympa, répondit-elle. Ils viennent tout juste de rouvrir après deux mois de travaux de rénovation. On m'a dit que c'est canon maintenant.

– Ouais, je me doutais bien que tu allais proposer ce genre de lieu branchouille. Moi aussi ça fait longtemps que je rêve d'y aller…

J'affichai une moue sarcastique qui me valut un petit coup gentil dans les côtes.

– Oh, allez, mon p'tit ours grincheux, on va s'amuser. Le proprio est un ami, je te présenterai.

Le conducteur du tuk-tuk jeta un coup d'œil furtif sur sa poitrine et démarra en trombe. Il avait l'air pressé. On traversa le bitume désertique à toute allure, dans l'autre sens, direction la marina d'Abu Tig. Elle se glissa près de moi sur le siège arrière, posa une main de velours sur ma cuisse, et me cria dans l'oreille par-dessus le bruit du moteur.

– Je pense que t'as besoin de t'éloigner un peu de tes plongeuses bimbos insupportables, lança-t-elle. Rendre ta vie sociale plus excitante, hein !?

*

Goonies n'arrivait pas à choisir entre style nubien et lupanar de Pigalle. À l'intérieur, une armée de statues dénudées porte-torchères en plâtre et de vases canopes électrifiés fournissait l'éclairage principal, à peine suffisant pour distinguer l'épaisse couche de sable qui tapissait artificiellement le sol. Les serveuses, accoutrées de robes à col V plongeant décorées de liserés bleus et dorés façon prêtresses de l'Égypte ancienne, hésitaient, elles aussi, entre érotisme et religion. L'intention y était : le patron visait clairement la mention « Enclave de débauche occidentale en pays musulman » sur TripAdvisor.

La musique, en revanche, rattrapait le coup. Le DJ attitré mixait trip-hop et classiques d'acid jazz et caressait délicatement vos oreilles en début de soirée. On commanda boissons et snacks avant de s'installer confortablement dans un coin isolé du bar. Pour roucouler tranquillement. J'aimais sortir avec Nikki. Cette femme élargissait mon horizon, me donnait l'espace dont j'avais tant besoin et gommait les aspérités.

Vers minuit, les années 80 sonnèrent la charge. Les morceaux se succédaient toujours plus rythmés. Underworld confirma la transition avec « Underneath the Radar ». Les lumières furent tamisées, les corps s'élancèrent sur la piste, les regards se firent plus insistants, les pupilles se dilatèrent, bras et jambes ondulant à l'unisson sous le feu des stroboscopes.

Nikki me prit la main et m'extirpa de ma torpeur alcoolisée. En deux temps trois mouvements, nous étions en train de danser. Le sable jonchant le sol s'introduisait dans mes chaussures – sérieusement, y en n'avait pas assez sur la plage ? Une demi-heure plus tard, il y avait tellement de monde sur la piste que l'on n'était plus certain de tripoter la bonne personne. Goonies était plein à craquer et le vacarme assourdissant. Avec Nikki, on se réfugia dans notre alcôve pour siffler un gin-tonic à deux pailles.

Soudain, un rayon laser vert trancha l'obscurité et attira mon regard vers une extrémité de la piste de danse. La foule se fendit en deux pendant quelques secondes, comme un banc de poissons de verre autour d'un prédateur. Un groupe de quatre ou cinq personnes fit son entrée. Tandis qu'elles se frayaient un passage, les danseurs tendaient le cou discrètement pour mieux observer le chef de file : un petit homme élégant, cheveux grisonnants, approchant la soixantaine. Nikki me pressa la cuisse.

– Oh, regarde, s'écria-t-elle, c'est M. Dawoud ! Je ne savais pas qu'il serait là ce soir, lui !

– Ouah, tu connais vraiment tout le monde par ici.

– Arrête, Nash, tu as forcément dû entendre ce nom au moins une fois depuis que tu es arrivé ici.

– Ha, désolé, mais je ne l'ai jamais vu près de nos bateaux de plongée, et c'est là toute l'étendue de mon réseau social. Tu es la seule adorable exception.

– Oooh, c'est mignon. T'as déjà entendu parler de Dawascom ?

– La société qui a bâti toute cette ville à partir de zéro, en plein milieu du désert ? Évidemment, je leur verse une somme exorbitante tous les mois pour mon internet bas débit.

– Eh bien, ce p'tit mec fringant que tu vois là est le fondateur et l'unique propriétaire du groupe.

– Ok. Impressionnant.

Dawoud était à la tête d'un plus petit groupe ce soir, son statut lui accordant visiblement le privilège de s'afficher dans les lieux publics en premier. Les autres suivaient en file indienne. Un Arabe trapu le talonnait : c'était écrit « garde du corps » en grosses lettres rouges sur son front et l'expression de son regard montrait que le narcissisme du patron l'empêchait de vérifier le bar comme son métier l'exigeait, et cela l'agaçait.

– Qui sont les autres ? demandai-je.

– Celui à droite, c'est Makhtoub, le garde du corps de Dawoud. Je ne connais pas son nom de famille.

Elle pencha sa tête à droite, puis tendit légèrement son adorable cou vers l'avant. J'avais très envie de l'embrasser.

– Celui à gauche, c'est M. Fekkesh, ajouta-t-elle. Je crois que c'est l'assistant personnel de Dawoud, ou un truc dans ce genre.

Elle s'arrêta un instant, le temps que le reste du troupeau sorte de l'ombre et se regroupe autour du halo rouge d'une lampe de table. Deux autres personnes rejoignirent les trois hommes. Je manquai de m'étouffer sur une gorgée amère de gin. Nikki me tapota le dos tendrement, sans pour autant détourner le regard. Elle reprit son Bottin mondain.

– Lui, c'est Franck Klein du centre de plongée H_2O, mais j'imagine que tu le connais.

J'acquiesçai de la tête, tout en toussant et me raclant la gorge pour chasser l'acide de mon larynx. Nikki tendit le cou davantage et plissa les yeux.

– Hum, je ne connais pas la jolie blonde androgyne en revanche. Je ne l'ai jamais vue par ici. Oh, mais elle nous regarde. T'as vu ? Une collègue ? Tu me présentes ?

– Pas question, grommelai-je.

Ma voix avait dégringolé deux octaves plus bas que d'habitude.

– Mais rends-moi service. Va la voir et observe sa réaction quand tu l'appelleras Samar.

*

Nikki était tout ouïe.

C'était du commérage de première catégorie, et on adorait ça à El Gouna. Je dévoilai à petites doses mon étrange passif avec la belle. La formation d'instructeur à Cannes, le jeu de séduction doux-amer et distant, son départ inopiné, les retrouvailles ratées un mois plus tôt, et ma ferme conviction qu'elle prétendait, pour une raison mystérieuse, être quelqu'un d'autre. J'omis les passages les plus rocambolesques ou épineux de mes aventures cannoises, par peur de passer pour un mythomane alcoolisé porté sur les complots jamesbondesques.

– Tu as couché avec elle ? demanda Nikki dans la foulée.

Les femmes devinent ce genre de choses. Et puis ça devait se voir sur ma tronche. Je ne répondis pas, préférant rester honteusement évasif.

– Qu'est-ce qu'elle peut bien faire avec un type comme Dawoud ? demandai-je.

– Nash, c'est une petite ville. Et Dawoud est un animal social, les locaux peuvent l'approcher facilement. Il voyage beaucoup pour les affaires mais, quand il est là, il est de toutes les fêtes à El Gouna, surtout la nuit. Et ton ex, là-bas, dit-elle en inclinant la tête vers Samar, est assurément quelqu'un avec qui il aimerait faire plus ample connaissance.

– Ok. Ça explique tout.

Ça n'expliquait rien du tout en fait, et je n'étais pas convaincu. Je savais que Nikki avait beaucoup de relations en ville. Je savais aussi que Samar piquait sa curiosité. Elle attendit patiemment ma prochaine question. Elle était vraiment épatante, cette fille.

– Quand même, risquai-je d'un ton candide, ça t'embêterait... de pêcher des infos sur elle ? De fouiner un peu. De voir comment elle se fait appeler, par exemple.

Elle fit la moue.

Je la suppliai : « S'il te plaît, jolie patronne ? Je suis peut-être complètement parano. »

Elle bouda encore plus.

Je tentai le chantage en dernier ressort.

– Même si ça ne donne rien, je t'offre un soin de luxe au spa du Hilton de Hurghada.

Elle pinça sa lèvre inférieure entre ses dents à la seule pensée du spa et posa un baiser langoureux sur ma joue.

– Marché conclu. Maintenant, tu me ramènes chez moi, homme-poisson.

*

Début janvier.

Le chauffeur du tuk-tuk ne se donna pas la peine d'arrêter le moteur. Je posai le pied sur la place recouverte de sable, sortis une poignée de livres égyptiennes de ma poche et tendis les billets sales et froissés pour régler mon dû. Le chauffeur saisit les billets. Moi je ne les lâchais pas.

Trois semaines et à peine deux jours de congé s'étaient écoulés à toute vitesse depuis l'épisode à Goonies. Noël et Nouvel An ? Au placard. Grace Jones aurait dit que nous étions les esclaves du rythme. Mais je savourais la routine. Me lever. Monter dans le pick-up du centre en direction de la marina. Équiper bouteilles et bateau. Accueillir les clients. Plonger. Débriefer. Manger. Replonger. Donner un cours en salle. Manger. Rentrer en tuk-tuk. Me doucher. Écraser l'oreiller et pioncer. Pareil le lendemain. Et le jour d'après.

Un gars avait chié dans sa combi cet après-midi-là. La plongée s'était bien passée, mais quand nous avions refait surface il était resté à la traîne tandis que le reste du groupe sortait de l'eau. Visiblement le type attendait que les derniers plongeurs grimpent à l'échelle. Avec Daniel, on faisait le décompte, liste en main, et on était curieux de savoir pourquoi il continuait de patauger dans l'eau. Lorsqu'un membre d'équipage avait enfin hissé sa stab et sa ceinture de plomb à bord, le gars avait défait la fermeture éclair de sa combi, retirant une manche après l'autre. Une flaque brune poisseuse s'en était échappée et avait troublé la surface. C'était emmerdant pour lui… J'étais sans voix, mais Daniel, lui, restait philosophe en dépit de cette situation pour le moins horripilante. Pointant un doigt accusateur sur le coupable, il affirma d'un ton prophétique : « Il y a deux sortes de plongeurs, ceux qui pissent dans leur combi et ceux qui mentent. Mais lui, il est hors catégorie… Où est donc passé le glamour du Club Med ? »

L'épisode avait été ressassé, commenté et amplifié comme il se doit lors du trajet retour. Le type noyait encore sa honte au bar de la piscine avec des tournées de Stella quand j'avais mis les voiles en fin d'après-midi.

Le moteur du tuk-tuk continuait à tourner, crépitant dans l'air brûlant qui enveloppait les murs de brique rouge poussiéreux de mon immeuble. Je ne voulais pas lâcher les billets. Le chauffeur continuait de tirer dessus. Il tentait de déceler dans mes yeux des signes de folie.

– Attendez ! lui dis-je.

De ma main libre, je retournai mon sac à dos pour en extraire mon vieux téléphone portable. J'ignorai la quantité aberrante de textos publicitaires et composai le numéro abrégé de Nikki. Répondeur. Une fois. Deux fois. C'était l'heure de pointe pour elle au bar. Je réalisai que je ne l'avais pas revue depuis Goonies. J'avais besoin de sa bonne humeur pour briser la routine du centre de plongée. Elle allait me reprocher mon attitude cavalière, mais je me disais que je pourrais peut-être rattraper mon silence injustifié par une visite surprise après le boulot. J'arrachai les billets de la main du chauffeur, montai à bord, et lui dis de mettre les gaz. Il rouspétait encore en arabe – à grand renfort de gestes – quand il me déposa à Buzzha Beach dix minutes plus tard. Bon sang, ma moto me manquait.

*

Buzzha Beach était dans un entre-deux. Alors que le soleil jetait l'éponge, quelques kitesurfeurs irréductibles coiffaient encore les vagues. Sur la plage, les autres remballaient leur matos, secouant le sable de leur serviette et se racontant leurs exploits respectifs. J'absorbai la lumière du crépuscule un instant et me dirigeai vers le bar. Deux locaux s'affairaient à essuyer les tables et sécher les verres. Un autre traînait un sac de charbon de bois vers une fosse creusée sur la plage : les préludes d'une soirée barbecue. L'endroit allait bientôt se remplir et Nikki travaillerait jusqu'à tard. Je l'imaginai arpentant les lieux, menant la danse et distribuant les ordres.

J'entrai dans le bar et m'attendais à voir sa tête blonde surgir d'un moment à l'autre. En lieu et place, une petite brune d'une vingtaine d'années, yeux de biche et cheveux nattés, sortit sa tête de dessous le comptoir et m'accueillit derrière ses lunettes à verres jaunes surdimensionnées.

– Salut, je peux vous aider ?

– Absolument, je cherche Nikki.

Elle enroula son index dans une boucle de ses cheveux sombres, commença à jouer avec, avant de reculer d'un pas pour exhiber sa minijupe plissée d'écolière. Croisement hybride déroutant d'Harry Potter et d'une écolière japonaise de manga.

– Pardon ? dit-elle.

– Nikki. Elle est là aujourd'hui ?

– Nnnon, je ne pense pas.

– Je me trompe, ou vous ne voyez pas de qui je parle ? demandai-je.

Elle secoua la tête pour dire « non » comme si elle méritait la fessée, puis ses lèvres se rassemblèrent en un « ohh » humide et satiné, tandis qu'une lueur lui traversa l'esprit.

– Attendez ! fit-elle en plissant les yeux. Son doigt enroulé était suspendu dans les airs pour indiquer une activité cérébrale.

– Donc, vous cherchez la fille qui travaillait ici *avant* ?

– Heu… sans doute, oui. Ça veut dire qu'elle ne travaille plus ici ?

– Hé bien, en fait, je ne l'ai jamais rencontrée. Quand j'ai commencé, elle était déjà partie.

J'imaginai que Nikki s'était fâchée avec le patron et avait refusé de céder, préférant lâcher le boulot.

– Et quand est-ce que vous avez commencé à travailler ici ? demandai-je.

– Il y a deux jours.

Après quelques secondes de mutisme, elle réalisa que le départ de Nikki m'intriguait davantage que son tatouage sur la hanche ou son piercing au nombril. Elle changea complètement d'attitude. Elle balaya le bar du regard, uniquement pour faire son petit effet, et s'avança soudain vers moi, suffisamment près pour pouvoir murmurer de l'autre côté du comptoir. Secret-défense, rien que pour mes oreilles. Nous étions des confidents désormais, amenés à ne communiquer qu'en cas de nécessité absolue.

– J'ai l'impression que j'ai été embauchée à l'arrache, si vous voyez c'que je veux dire, me confia-t-elle.

Ses doigts laissèrent tomber la boucle de cheveux et commencèrent à tripoter le bout d'une paille rose qui dépassait d'un verre à cocktail à moitié plein. Du curaçao ou un truc dans ce genre.

– Le patron avait besoin de quelqu'un tout de suite, à plein temps, sans discuter.

– Ok. Et vous savez peut-être où Nikki travaille, maintenant ?

– Nan, désolée ! Vous devriez poser la question à Keith, il vous aidera plus que moi. C'est le directeur du centre.

Elle indiqua une porte à l'autre bout du clubhouse.

– C'est son bureau. Il y était encore tout à l'heure, en train de boucler la paperasse.

Là-dessus, elle haussa les épaules et prit congé de moi avec un grand sourire forcé.

– Salut !

Je me dirigeai vers le fameux bureau. La porte était ouverte, alors je jetai un coup d'œil à l'intérieur, balayant la pièce à 180 degrés. Je vis un type d'une soixantaine d'années, aux cheveux blonds décolorés, T-shirt tie-dye délavé et tongs Havaianas, vautré dans une chaise pivotante, derrière une table en bois encadrée par deux planches de surf à moitié sciées. Il aboyait des instructions dans son portable. Un accent sud-af. Il y avait dans l'air une vieille odeur de weed et de bière éventée. Une ampoule solitaire, suspendue par un fil métallique, pendouillait au plafond et s'efforçait tant bien que mal de compenser le déclin de la lumière du jour. Sur les murs, quelques posters de kitesurfing punaisés, couverts de traces de doigts et de poussière. Il me vit et agita deux doigts dédaigneux en guise d'invitation. Je restai planté là le temps qu'il raccroche.

– Qu'est-ce que je peux faire pour toi, mon gars ?

Il caressa sa tignasse poisseuse, puis cala entre ses bajoues naissantes ce qui ressemblait à un pétard, tout en tripotant son gros bide. Je lui sortis mon plus beau sourire de moniteur de plongée et commençai par vanter les mérites de son resort. Il hocha la tête mais ne se donna pas la peine de s'asseoir correctement pour s'adresser à moi. On dit que tout est question d'attitude.

J'abrégeais les banalités d'usage et lui demandais où était passée Nikki. Il fit les gros yeux et se redressa sur son siège.

– Comment je saurais où elle travaille maintenant, c'te conne ? Même pas un coup de fil ! Un jour elle est là, le lendemain elle est plus là. Puis elle se pointe pas le surlendemain non plus, ni le jour d'après. Et je commence à perdre des clients, moi, en un rien de temps. Elle aurait pu appeler, au moins. Enfin, c'est pas comme si je la payais mal, non…

– Vous êtes en train de me dire qu'elle ne vous a pas donné de nouvelles depuis une semaine ?

– Une semaine ? Le type posa ses deux mains sur le bureau et allongea le cou pour bien exprimer son mécontentement.

– Mon gars, rectifia-t-il, ça remonte à plus de deux semaines déjà ! Pas un mot depuis. Il tendit un doigt boudiné vers le bar.

– La p'tite Mandy là-bas, j'ai dû la recruter fissa, deux jours avant la Coupe de kitesurf de Noël, vous imaginez ? Nikki n'aurait pas dû me traiter comme ça. Elle a dû se dégoter un boulot d'escorte au Hilton, je parie ! En ce qui me concerne, elle peut aller se faire foutre !

Je remerciai le gros naze et composai le numéro de portable de Nikki en sortant du bar. Répondeur. Je laissai un message cette fois-ci, lui demandant ce qu'elle fabriquait et si elle voulait bien me rappeler *s'il te plaît* pour que je puisse l'inviter quelque part ce soir.

Je la rappelai en attendant le tuk-tuk. Deux fois.

Répondeur.

Deux fois de suite.

*

De retour à l'appart. Charlie me zieutait du haut d'un coin de plafond. Un tas de chair humaine angoissé, jambes écartées sur le lit, mains croisées sous la tête. On aurait dit que le gecko transparent aux doigts de pied en ventouse percevait mon anxiété. Il traversa le plafond, puis descendit le mur, bien décidé à attraper son dîner quelque part dans un coin poussiéreux de l'appartement.

J'envisageais de prendre un tuk-tuk pour aller chez Nikki. Évidemment, en début de soirée je prenais le risque de la surprendre dans les bras d'un autre, et l'idée de passer pour un con ne me tentait pas des masses. Si elle avait décidé de couper les ponts, c'est qu'elle avait ses raisons. Après tout, elle méritait mieux qu'un amant taciturne et sous-payé et s'était peut-être lassée… Je repensais aussi à ce qu'avait suggéré son ancien boss, le kitesurfeur sexagénaire râleur : Nikki avait très bien pu trouver un job à Hurghada. Mais sans m'en parler ? Mon ego en prenait un coup. Et dans la foulée, une autre pensée me turlupinait. El Gouna était une mini-communauté, et le royaume du téléphone arabe. Manquez de respect à un patron du coin, aussi naze soit-il, et toutes les portes vous claquent au nez. Nikki connaissait tout le monde et vivait de son entregent. Je n'arrivais pas à l'imaginer lâchant son boss sur un coup de tête sans le prévenir.

– Tu sais quoi, Sherlock, maintenant on va vérifier son compte Facebook, lançai-je à haute voix, partageant l'initiative avec Charlie.

J'attrapai mon portable, m'identifiai et commençai à parcourir le profil de Nikki. Je passai en revue tout un fatras de dates, messages, posts et visages, essayant de comprendre ce qui s'y tramait. Je trouvai son dernier post : une série d'étranges photos décalées, prises lors d'une soirée quelconque à Buzzha Beach. Je reconnus la plage, les locaux, le bar et une partie du personnel, mais, à part ça, aucun des clients ne me semblait familier. Je faisais défiler les photos distraitement, dans un sens puis dans l'autre, essayant de justifier le mutisme de Nikki.

Là. Colonne de droite.

La photo était mal cadrée, mais je reconnus l'homme avec lequel posait Nikki : Dawoud, le boss m'as-tu-vu de Dawas-com. Ils riaient tous les deux, levant leur verre de mojito pour porter un toast devant l'objectif de l'appareil photo. Un selfie spontané, probablement pris avec le smartphone de Nikki. L'arrière-plan était flou, et pourtant le flash pourri du portable avait incendié le regard d'une blonde, témoin de la scène.

Samar les observait de loin, une envie de meurtre dans les yeux.

Et là, j'ai paniqué.

*

Vingt minutes plus tard j'enfonçai mes fesses dans un vieux canapé moisi sous l'auvent du Hathor, un café-restaurant de la place Tamr Henna, en plein centre-ville d'El Gouna. J'improvisai un poste d'observation à la hâte, en constatant que l'établissement n'avait conservé aucun des attributs de sa déesse éponyme. Un serveur fatigué s'aventura jusqu'à moi pour tendre un vieux menu plastifié, corné et décoloré où l'on distinguait à peine la sélection de keftas, de kocharis ou de shawarmas occidentalisés. Je me contentai d'un thé à la menthe et il fit la moue.

La place, avec ses échoppes de souvenirs, de bijoux et de maillots de bain, ses boutiques éphémères trop chères, ses bars et ses arcades commerciales, reprenait un peu vie dans la quasi-fraîcheur d'un soir de janvier. Quelques touristes s'aventuraient hors de leurs complexes hôteliers le temps d'un dîner « traditionnel ». La terrasse du Hathor, elle, peinait tout de même à s'animer : seules quelques tables étaient occupées. À ma droite, un couple d'Allemands descendait des bières et téléchargeait les photos de leur énorme appareil numérique sur un iPad. « *Ach so* » et « *Wunderbar* » en série, gros doigts boudinés pointant l'écran, ordinateurs de plongée XXL encore au poignet, T-shirts délavés aux slogans rebattus : « Divers do it deeper » et « Live 'n let dive ». Des chaussettes dans leurs sandales. Ces deux-là débarquaient d'une sortie plongée et n'étaient même pas repassés par leur hôtel avant de venir dîner.

À l'autre bout de la terrasse, un Roméo local lampait des canettes de Red Bull à la chaîne et martelait l'écran de son smartphone. De longs cheveux noirs gominés, mini-queue-de-cheval, cou épais, polo moulant et triceps surgonflés – un entraîneur ou coach sportif local, à en juger par sa posture. Ses lunettes de soleil d'aviateur m'empêchaient de voir ses yeux mais il levait régulièrement la tête de son portable pour balayer les alentours. Verdict ? Un accro du texto qui attendait sa prochaine conquête occidentale.

À mon poignet, la Bund indiquait presque 21 heures. Le type à la queue-de-cheval (*et aux lunettes de soleil*, pensai-je) commandait son énième Red Bull. Moi, je me brûlais les lèvres avec le thé en prenant mes repères. L'immeuble qui m'intéressait se trouvait pile en face de moi, de l'autre côté de la rue. Quatre étages plus haut, sept fenêtres à droite : un balcon minuscule et sa baie vitrée. Le studio de Nikki, engoncé entre deux terrasses de luxe en attique aussi spacieuses qu'une piste d'atterrissage. Aucune lumière, aucun signe de mouvement chez elle. Pas anormal à cette heure puisque d'ordinaire – du temps où elle travaillait à Buzzha

Beach – Nikki rentrait beaucoup plus tard, après le service de nuit. Mais, ce soir, rien ne sentait l'ordinaire.

Rembobine.

Samar. Oiseau de mauvais augure. J'avais couché avec elle une seule fois à Cannes, et je m'étais à peine rhabillé qu'on m'avait déjà électrocuté, agressé et presque éviscéré. Ok, ce n'était pas elle qui conduisait le motocross, ni elle non plus qui tenait le couteau à cran d'arrêt, mais je trouvais le timing… (comment dire ?) inquiétant.

Réfléchis.

Ce soir j'avais revu son visage – du moins celui de son alter ego – en arrière-plan sur le selfie de Nikki. Un regard de tueuse. J'avais vérifié le calendrier, une fois, deux fois, trois fois. Le nœud au ventre et la gorge serrée. Nikki avait posté les photos sur Facebook le 19 décembre. Cinq jours après avoir croisé Dawoud et sa clique à Goonies. Cinq jours après que je lui ai demandé d'enquêter sur cette Libanaise fugitive qui prétendait être quelqu'un d'autre. D'après l'ex-patron de Nikki, cela correspondait au moment où elle avait cessé de se pointer au boulot. Qu'avait-il bien pu se passer ?

Réagis. Lève-toi et va voir.

*

La sonnerie de l'ascenseur retentit et les portes s'ouvrirent. Quatrième étage. Je reconnus le couloir vide. Les halogènes au plafond teintaient les murs en jaune pipi et soulignaient la fine couche de poussière et de sable qui tapissait les angles, les plinthes et les deux rebords de fenêtre. Dans cette ville, le sable n'avait pas besoin d'ascenseur pour se rendre au quatrième étage. Je traversai le couloir et franchis un croisement qui menait à la façade est de l'immeuble. Une flèche en bois, représentant un foulard de Bédouin et le nom « The

Sultan » en calligraphie arabisante, pointait dans la même direction. Au sol, une sorte d'halocline de carrelage marquait la transition et le changement de statut. Nikki avait souvent évoqué le fait que son agence immobilière partageait ce grand immeuble avec l'aile d'un resort cinq étoiles. Apparemment, une passerelle savamment décorée permettait d'accéder aux chambres luxueuses de l'hôtel, mais je n'avais jamais tenté le coup.

Numéro 412.

J'étouffais mes pas. Le couloir était tellement vide que ces derniers résonnaient au rythme de mes battements de cœur. Je frappai quatre fois. Rien. Je frappai une nouvelle fois, puis collai mon oreille contre la porte ultrafine. Silence radio à l'intérieur. Finie la discrétion, maintenant je jurai tout haut en secouant la tête ostensiblement. C'était ridicule. Qu'est-ce que j'essayais de prouver au juste ? La désillusion et la frustration prirent le dessus. J'enrageai. En fait, j'étais tellement énervé qu'en me retournant pour regagner l'ascenseur j'assenai un coup sec de ma paume gauche sur la poignée de porte, dans un geste amer et désespéré. Un peu comme une claque.

La porte répondit par un « clic » et s'ouvrit.

Mon regard hésitait entre la porte – maintenant entrouverte – et le couloir. Et puis merde, j'suis juste un mec qui rend visite à sa nana après tout, non ? Je frappai à nouveau pour la forme et j'appelai le nom de Nikki deux fois, bien fort. Voilà, maintenant au moins j'étais sûr qu'il n'y aurait pas de malentendu avec les voisins. Je ne pouvais tout simplement pas faire le pied de grue comme un jeune vendeur de porte-à-porte. Il fallait entrer ou partir. J'entrai, donc.

Je me glissai à l'intérieur et refermai la porte tout doucement jusqu'à ce que le loquet s'enclenche. Dans la pénombre, je posai mes yeux sur l'appartement de Nikki pour la première fois depuis que j'étais venu ici trois semaines plus tôt, après la soirée à Goonies. L'air était vicié et pesant. Les gros chiffres LED du radio-réveil digital baignaient la pièce de rouge et projetaient des ombres. Canapé, télé, table basse et futon : les meubles de survie des expatriés saisonniers. J'allumai le plafonnier – une méduse suspension en faux cristal à trois ampoules. Le lit était défait. Je traversai le salon pour faire coulisser l'unique fenêtre de la pièce et aérer. Je me rappelai que Nikki avait râlé au sujet de la disposition de l'appart : la grande baie vitrée qui donnait sur la terrasse se trouvait dans la salle d'eau. « Typique », avait-elle soupiré.

J'arpentai la pièce principale, la chambre à coucher, puis la salle de bains, essayant de repérer les indices d'une activité récente. Le lavabo était complètement sec, mais les habituels bibelots féminins en encombraient encore le pourtour : divers flacons de lotions et crèmes nettoyantes ou démaquillantes.

Je passai au coin cuisine. Le frigo contenait deux briques de lait, un pot de yaourt 0 % moisi et une pizza à emporter. Le tout datant de Mathusalem.

Retour dans la chambre à coucher. Interrupteur. Je cherchai les signes d'un départ précipité : tiroirs entrouverts, garde-robe réduite, pile de vêtements en désordre ou moins épaisse que d'habitude, essentiels emportés à la hâte. Rien de tout cela. Les frêles étagères présentaient le mélange habituel de vieux T-shirts, chemisiers, jeans, jupes, débardeurs et draps blanchis par le soleil. Difficile de concilier boulot dans un bar de plage d'El Gouna et goût prononcé pour la mode. Je retournai dans la salle de bains : la brosse à dents et le dentifrice étaient à leur place. Je notai mentalement de vérifier la boîte aux lettres en sortant.

La fenêtre ouverte m'offrait la brise du soir, les lueurs et la rumeur de la place Tamr Henna, quatre étages plus bas. Je rejoignis la pièce principale et éteignis le plafonnier. Par pudeur. Pour broyer du noir. Et aussi pour que la pénombre soulage ma culpabilité. Puis je me vautrai dans le canapé, comme si Nikki allait m'y apporter une bière et me raconter les derniers potins du village. Tout semblait normal. Son appartement prêt à la voir débarquer. Mais quelque chose me disait qu'elle ne le ferait pas. De toute évidence, elle n'y avait pas mis les pieds depuis un moment. Ma copine câline s'était volatilisée. Un train d'événements parallèles filait devant mes yeux. Non seulement j'arrivais trop tard mais j'en faisais trop peu pour le rattraper. Putain de crise d'angoisse.

Je soulevai ma fesse droite pour attraper mon vieux portable. Poche vide – j'étais parti en trombe, en l'oubliant sur la table de chevet. Dommage, j'aurais voulu appeler Daniel. Et Johanne. Et Anatoly aussi, pour le coup, rien que pour avoir le point de vue mafia. Qu'en auraient-ils pensé, tous les trois ? Et pourquoi Nikki n'avait-elle pas appelé, bordel ? Ok, pensai-je, rentre chez toi, revérifie tous les derniers messages et textos échangés avec elle. Pas la peine de traîner ici plus longtemps.

Je me levai et, la tête lourde, me dirigeai vers la porte, les yeux rivés distraitement sur les carreaux en terre cuite dont le motif semblait vouloir m'indiquer une autre direction à suivre. Inutile d'étouffer mes pas à présent. J'attrapai la poignée et ouvris la porte en grand.

C'est à ce moment précis qu'un poing d'acier me frappa en pleine poitrine.

*

Umph. L'impact fut chirurgical. Le coup me court-circuita les poumons, ébranlant le souffle et les cordes vocales, comme si on venait de percuter la touche de réinitialisation de mon plexus solaire. Mes côtes plièrent, mais curieusement le sternum tint bon. Une fraction de secondes plus tard, une paire de bras propulsa ma carcasse jusqu'au milieu de la pièce. J'étais trop sonné pour retrouver l'équilibre. Je trébuchai en arrière, butant contre la table basse en faux bambou, et m'écroulai.

J'hésitai, sonné, et me relevai tant bien que mal en titubant. Passage en mode zombie, illico, pensai-je. Visiblement mon agresseur n'était pas pressé de m'achever. Il me laissa l'observer pendant un bon moment, tandis que je cherchais désespérément mon souffle. Le coach sportif à la queue-de-cheval – j'ai nommé Red Bull – n'avait même pas encore franchi le pas de la porte. Mon manège avec le plafonnier de l'appartement avait dû l'attirer depuis son poste d'observation, sur la place. Exit ses lunettes de soleil qui m'avaient fait tiquer. Les halogènes du couloir révélaient un visage incroyablement neutre en rétroéclairage. Un front carré et proéminent surmontait un épais monosourcil et des yeux enfoncés aux paupières tombantes. Deltoïdes : check. Grand pectoral : check. Obliques et quadriceps : check. Il entra calmement dans l'appartement, puis referma la porte derrière lui tout en gardant un œil sur le job. Et le job ce soir, c'était ma pomme.

Inutile d'entamer la conversation. Tout ce que je pouvais faire, c'était respirer, et préparer une parade quelconque pour encaisser la prochaine attaque. Red Bull s'avança, très sûr de lui. Vite, pensai-je, se grouiller avant qu'il ne t'empoigne pour de bon, sinon c'est fini. Inspire, expire, inspire encore. Tu connais la disposition de l'appart. Reprends l'initiative.

Je courbai l'échine une main posée sur la poitrine pour feinter l'asphyxie. *Ne le regarde pas dans les yeux. Concentre-toi sur ses mains.*

Ses mains, justement. Elles se tendaient vers moi. Puis mon attention se porta sur ses jambes. Dans la pénombre, il enjambait la table basse pour se rapprocher plus vite. Mettant en péril son équilibre dans un moment de négligence et d'excès de confiance. *Fonce !* Je bondis en avant, plongeai sous ses bras, pris en étau son mollet gauche, puis taclai sa jambe de côté de tout mon poids.

Les culturistes ne sont pas très souples. Plutôt que d'éprouver la douleur atroce d'un grand écart non sollicité, Red Bull se déroba en pivotant les hanches et s'effondra sur le côté. Ses côtes percutèrent un angle saillant de la table basse et il cria de douleur. Je m'accrochai à sa jambe poilue comme un naufragé à son bout de bois. Le type empestait le désodorisant de voiture bon marché. Je me levai, toujours cramponné à son genou et tirant sa jambe vers le haut et l'arrière : le seul moyen de le maîtriser un instant.

La victoire fut courte. Son poing droit se mit à marteler mon cou et mon épaule gauche. Au lieu de lâcher sa jambe, je cachai mon visage derrière son mollet et continuai de tirer le salaud vers l'arrière par à-coups arbitraires pour l'empêcher de trouver un point d'ancrage. Il grognait, se contorsionnait et se débattait, tout en cherchant à se redresser avec son avant-bras gauche. Moi je voulais juste me tirer de là, *pronto*. Mais, pour être en mesure de détaler, il me fallait d'abord gagner du temps. J'attendis qu'il frappe une nouvelle fois mes côtes supérieures – le coup partit et je le sentis passer – et là, obligé de réarmer, il ne put décemment pas bloquer mon prochain coup.

Je lâchai sa jambe, pivotai autour de sa taille, et lui décochai un coup de pied en pleine face. Mes métatarses imprimèrent sa joue gauche, le choc lui plissa le front et la douleur lui retroussa les lèvres de côté. Il gargouilla en guise de plainte, devint flasque une fraction de seconde, puis par réflexe couvrit son visage de ses mains pour se protéger.

C'était la trêve dont j'avais besoin. Pendant cette lutte acharnée, nous avions atterri à l'autre bout du salon. Cet endroit n'était pas le musée du Louvre, certes, mais la porte de sortie avait pourtant l'air terriblement loin. *Vas-y, maintenant.* Je traversai l'appartement en boitant le plus vite possible, une douleur lancinante au pied droit. À un moment donné, je me retournai, en pas croisés, pour vérifier mes arrières. Red Bull était déjà sur un genou, en train de se relever, secouant la brume qui avait envahi son crâne, comme une simple formalité. Puis, au moment où j'allais me mettre à courir, ses deux bras disparurent derrière son dos. La porte s'éloigna encore plus, car je devinai que Red Bull allait rapidement changer les règles du jeu. *Laisse tomber la porte. Sors d'ici.* Sur ma gauche : la fenêtre coulissante que j'avais ouverte tout à l'heure pour aérer l'appart et que j'avais oublié de refermer en partant.

Une négligence qui devint bénédiction. Je hissai le torse à travers la fenêtre. Ma jambe gauche trouva un appui et passa aussi. L'espace d'une seconde, je restai planté dans une étrange posture, à cheval sur le rebord de la fenêtre. Je tournai la tête vers Red Bull. Je ne voyais pas ses mains mais l'inclinaison de son épaule suggérait qu'il relevait le pan arrière de sa chemise. Sa main droite saisit quelque chose et le pointa vers l'avant. Arrêt sur image.

– Putain de m… !!!

Nez à nez avec le canon d'un pistolet.

Je me défenestrai en catastrophe, juste à temps pour entendre deux balles percer l'encadrement, à l'endroit même où se trouvait ma tête une microseconde plus tôt. J'atterris dur de l'autre côté de la fenêtre, mais parvins à amortir en partie le choc avec une roulade. Esthétiquement, on était loin du *Lac des cygnes*.

Situation : j'étais sur un toit-terrasse à ciel ouvert, complètement exposé, en short-polo-baskets, et pas le temps de profiter du panorama d'El Gouna. Tour d'horizon à 180 degrés pour trouver une planque. Mon salut se trouvait derrière un petit mur en brique, quelques mètres à ma droite. Je m'y précipitai, la mort aux trousses.

Durant les quelques secondes qui s'écoulèrent avant d'atteindre le mur en question, je crus entendre mon chef de section beugler ses instructions sur le parcours d'obstacles de la Spéciale : c'était la table irlandaise. Approche le mur de biais ; saute ; passe la main droite, le coude et l'épaule par-dessus le plateau ; verrouille le bras et la prise sur le rebord ; engage les abdos, puis balance la taille et la jambe gauche vers le haut. Maintenant, accroche le pied gauche sur le plateau.

En arrière-plan, j'entendis le flingue lâcher deux « pfut » rapides. Ma jambe droite suivit le mouvement. Une balle l'effleura et heurta le muret. *Hé, pas de coups de feu ?* Je balançai mon bras gauche, hissai le torse, puis tout le corps au-dessus de la paroi. Atterrissage sur les deux pieds siouplaît pour mieux répartir l'impact.

Je me trouvais à présent sur le patio du penthouse adjacent. De là où j'étais accroupi, le toit de l'immeuble m'apparaissait comme une succession de terrasses vides. Le prochain obstacle serait plus facile à surmonter : un muret, avec une sorte de demi-porte en bois encastrée, qui donnait probablement sur une autre foutue terrasse en attique. Je piquai un sprint et jetai un rapide regard en coin. Red Bull avait déjà un bras sur le mur, l'autre pointait son arme sur mes tripes. Je plongeai au-dessus de la demi-porte et roulai derrière pour me mettre à l'abri.

Pfut pfut. Une balle fit voler du bois en éclats. L'autre frappa le mur. Pof pof. De la poussière de brique et de plâtre sur mon visage. Et toujours pas de détonation. Ce truc était drôlement silencieux. Je jetai un nouveau coup d'œil circulaire en quête d'un nouvel abri. Mais le toit était différent ici. Devant moi se déployait une enfilade de dômes nubiens blancs et de petits talus argileux, parsemés de grappes d'antennes de télévision. Je me souvins de la flèche dans le couloir avec un foulard de Bédouin : j'étais juste au-dessus de l'hôtel Sultan. À ma gauche, un petit parapet longeait l'arête de l'immeuble. Je m'élançai en parallèle, vers les dômes. Coup d'œil rapide sur le Sultan, quatre étages plus bas : soirée lounge et DJ, palmiers, piscine en forme de haricot et piñas coladas. « Barra Barra » de Rachid Taha pulsait dans les enceintes du bar jouxtant la piscine. Je gravis les dômes un à un, en pas chassés, priant intérieurement de trouver un escalier de secours qui descendrait au rez-de-chaussée. Je n'en trouvai pas. J'avais loupé la putain de passerelle. Je tournai la tête nerveusement. Derrière moi, Red Bull réduisait fatalement la distance entre nous : il avait franchi le premier mur et traversait maintenant le seuil fatidique de la demi-porte en bois. Visuel sur son flingue en gros plan : un semi-automatique flûté avec un canon en inox mat, très long : un silencieux.

Vas-y, fais-le bouger, pensai-je. Ne pas lui laisser le temps d'ajuster son tir.

Je remis les bouts, et continuai de franchir les dômes. Monter, descendre, à chaque fois. Des montagnes russes pour sadomasos, ces trucs. J'avais l'impression d'être un gibier qui tente de s'enfuir sur un trois mille mètres steeple un jour de chasse. Red Bull, lui, prenait tout son temps. Il vérifia ses appuis, puis son chargeur, et s'offrit même le luxe d'un tour complet à 360 degrés pour checker les alentours avant de délivrer le coup de grâce. Après tout, le bout de l'immeuble ne pouvait pas être bien loin. Sa cible n'aurait bientôt plus de toit où courir.

Moi, j'étais pressé. Mortellement à la bourre et dans l'impasse la plus totale.

En fait, je n'avais qu'une seule option.

*

J'arrêtai de cavaler connement… puis rebroussai chemin. Mais, cette fois-ci, je montai sur le parapet qui longeait l'extrémité de la terrasse, pour prendre un peu de hauteur. Et je vis qu'à quelques mètres de moi le parapet partait en angle droit pour accommoder un gros climatiseur de toit. Je tendis le cou dans le vide, pour évaluer la trajectoire de la chute. Ce n'était pas le tremplin de Kitzbühel, mais ça suffirait. Je pourrais *tout juste* m'en sortir avec un peu d'élan.

Je repris le pas de course sur le parapet, mais dans le sens inverse de l'arête, en fonçant tout droit sur Red Bull. Lui s'arrêta net dans sa lancée, esquissa un sourire incrédule, puis releva son arme méticuleusement.

J'accélérai plein pot, en sprint, pris deux pas d'appui sur le climatiseur. Et fis le saut de l'ange.

Le vide.

Quatre étages plus bas.

La piscine.

Pieds joints et fessiers contractés, je priai que ce soit le grand bain. Pas de bol. Mes pieds heurtèrent tout de suite le fond, mais l'eau amortit ma chute.

Je fis surface sonné mais soulagé. Autour de la piscine les gens s'écartaient en secouant leurs fringues de soirée éclaboussées et en me fusillant du regard. D'autres écarquillaient les yeux en les levant au ciel, se demandant d'où j'avais bien pu sauter pour créer une telle gerbe d'eau. Certains pointèrent un doigt sur le sbire qui m'observait quatre étages plus haut, debout sur le parapet et une main derrière le dos.

Je m'extirpai de la piscine côté petit bain, adressant au passage mon plus beau sourire de cascadeur aux badauds qui se demandaient si l'autre gus allait sauter aussi, et déguerpis tout ruisselant à travers le hall d'entrée de l'hôtel.

*

Je rentrai chez moi dare-dare, m'enfermai à l'intérieur, et offris à mon corps une bonne douche froide sibérienne, ployant sous le jet d'eau jusqu'à ce que mes membres deviennent bleus. Mon souffle me saturait le crâne, comme si je respirais par un tuba les oreilles pleines d'eau. Charlie m'observait à distance. Ses yeux bulbeux avaient cessé de scanner la pièce à la recherche de mouches et de moustiques égarés ; son cou était parfaitement immobile. Le gecko partageait mon angoisse.

Ok, point de situation : pas bon. Red Bull pouvait réapparaître à tout moment. Tôt ou tard, ça allait dégénérer. Il y aurait des victimes, d'autres victimes. Qu'était-il donc arrivé à Nikki ? Tout était de ma faute. Impossible de nier les faits désormais, de continuer à faire semblant que tout allait bien.

Panique. Je sortis de la douche, j'enfilai un jean et un polo et traversai la rue au pas de course vers l'appartement de Daniel. J'entrai en trombe. L'Argentin était assis devant son ordinateur portable, balançant la tête et la nuque au rythme d'une musique silencieuse. Tandis qu'une de ses mains écartelait une part de pizza, l'autre montait les images vidéo des plongées de la semaine avec une dextérité surprenante. Il tapota l'écran de son index.

– Mec, ça va être de la bombe ! cria-t-il, oubliant qu'il était le seul à porter un casque audio.

Daniel était coutumier du fait et se baladait régulièrement chez lui avec ses gros écouteurs antibruit, à la manière d'un pilote sans cockpit et sans avion. En d'autres circonstances je me serais foutu de lui.

Hany, notre fameux sorcier égyptien de la logistique, était dans le coin cuisine, occupé à retirer la cellophane autour d'épaisses parts de pizza superposées : les restes de la soirée « spéciale kefta » organisée le mardi par l'équipage du *Basant*. Il perçut mon angoisse en un clin d'œil – un peu comme Charlie le gecko –, ouvrit le frigo et me lança une canette de Stella bien fraîche de l'autre côté de la pièce. Je me dirigeai vers le canapé tel un zombie, m'affalai, fis sauter la capsule de la canette, et vidai la moitié de son contenu.

Les gros doigts de Daniel pianotaient fiévreusement sur le clavier et le pavé tactile de son ordi, synchronisant les séquences vidéo et leurs bandes-son à la milliseconde près.

– J'ai trente minutes d'images haute qualité là, annonça-t-il. Je vais proposer 45 dollars par CD. Qu'est-ce que t'en penses ?

Je l'avais à peine entendu et ne répondis pas. Il continuait à blablater sans se rendre compte de rien, trop concentré pour se retourner.

– Oh, au fait, j'ai appelé ton portable un million de fois. Je parie 10 dollars que tu roucoulais peinard avec ta p'tite blonde batave.

Je fixai le vide, hagard. Quand enfin il me regarda, il se figea et arrêta de mastiquer.

– Qu'est-che qui va pas ? marmonna-t-il, tentant de maintenir une part de pizza dégoulinante en équilibre au-dessus du clavier. Hany s'avança et s'adossa contre le mur. Daniel retira son casque audio. Ils étaient fin prêts à m'écouter.

*

Je leur fis la totale : la séance de tir sur le toit-terrasse en long, en large et en travers de la gorge. Vingt minutes plus tard, l'écran quinze pouces du portable de Daniel affichait le résultat d'une recherche assidue sur Google : un pistolet Ruger modèle Mark III calibre 22 muni d'un canon silencieux.

– Dix ans de gendarmerie, m'exclamai-je, et *jamais* je ne me suis fait tirer dessus ! Même pas menacé avec du gros sel ! Aujourd'hui, je me pointe chez Nikki sans prévenir et un mafieux gavé aux hormones me tire dessus comme à la fête foraine avec *ça* !

Je secouai l'index frénétiquement vers l'écran de l'ordinateur portable. Les nerfs à vif.

– Ce n'est pas possible, vous pigez ? Je suis en train de rêver.

Les regards de Daniel et Hany virevoltaient entre le pistolet et le frapadingue sur le canapé, comme s'ils mataient un match de ping-pong déjanté un jour de vent. Le Patagonien résuma la situation de manière assez éloquente :

– Ma parole, si je ne te connaissais pas aussi bien, je dirais que tu as abusé de la chicha hier soir. Ton histoire, c'est du délire, mon gars !

– Nan, tu crois ?

J'écarquillai les yeux, en plein sarcasme.

– Un nouveau mec ? suggéra-t-il. Il se pointe à l'appart pour une partie de jambes en l'air. Manque de pot, il tombe sur toi et se dit que l'ex de Nikki n'a rien à faire là.

– Et il essaye de me supprimer avec un pistolet option tontons flingueurs ?! Ça n'a pas de sens. D'ailleurs, je ne l'avais jamais croisé par ici, ce type. Il sort d'où, bordel ?

Hany se gratta la nuque et sortit de son silence.

– Peut-être que c'est juste un cambrioleur professionnel, *habibi*. Il cherchait des objets de valeur dans l'appartement.

– M'étonnerait. Le bien le plus précieux de Nikki, c'est sa collection d'Havaianas. J'ai fouillé l'appart, s'il y avait eu quelque chose digne d'intérêt, je l'aurais vu avant.

Je marquai une pause, me frottai les yeux, et avalai d'un trait le reste de ma bière. J'aurais aimé un truc plus fort. L'alcool ne me faisait aucun effet.

– Non. Ce n'est pas une coïncidence, continuai-je. Il y a une autre explication.

Les sourcils de Hany se dressèrent. Il lut dans mes pensées.

– Je crois que ce type en avait après *moi*, dis-je.

– Hein ?

Les mains de Daniel s'affaissèrent sur le clavier, ses doigts heurtant une série de touches aléatoires. Biiiiiiip, écran noir. Séquence flash-back.

– On était attablés à la même terrasse de café avant que j'entre dans l'immeuble. Il savait dès le départ que Nikki n'était pas là. Il attendait que moi j'y aille.

Je me frottai la poitrine, encore douloureuse après le coup qui avait déclenché cette frénésie.

– Il savait déjà ce qu'il allait faire avant même que j'ouvre la porte pour sortir de l'appart de Nikki : il n'a pas bronché, pas hésité une seconde. C'était joué d'avance, je devais y passer. Là, tout de suite.

Daniel ouvrait des yeux ronds, perplexe. Il se leva, se dirigea vers une armoire et revint avec une bouteille de Red Label.

– Attends, explique-moi une chose, lança-t-il, en me versant un verre. Pourquoi un tueur à gages – en supposant qu'il en soit un – voudrait-il te faire la peau dans l'appart de ta copine ? Déjà, comment pourrait-il savoir, pour vous deux ? Vous n'étiez pas… pardon… vous n'*êtes* pas le genre de couple à alimenter la chronique mondaine d'El Gouna. C'est une relation plutôt intermittente, je me trompe ? Très discrète, sans attache, sans prise de tête. Perso, je ne vous ai même jamais vus flirter ensemble.

Trois gorgées de whisky me brûlèrent la gorge.

– Sauf que *quelqu'un* nous a vus, semble-t-il.

J'épelai son nom.

Daniel se la rappela tout de suite.

– La bombe blonde de The Bends ? demanda-t-il. Celle qui t'a snobé ?

– Celle-là, oui.

– Qu'est-ce qu'elle a à voir avec tout ça ?

C'est là que l'alcool commença à faire son effet. Je passai les quinze minutes suivantes à évacuer dans un état de transe extralucide, passant de l'accablement, enfoncé dans les plis du canapé, à des intermèdes hallucinés, à faire les cent pas dans la pièce. Déballage névrotique, deuxième prise, action ! Samar : de Cannes à El Gouna. Je faisais une tentative mi-délirante mi-clairvoyante de démêler un paquet d'événements plus ou moins rocambolesques, apparemment sans lien les uns avec les autres. Hany avait du mal à intégrer les épisodes de Cannes, mais pendant le récit concernant El Gouna il se caressait le bouc d'un air songeur. Il demeura silencieux pendant quelques minutes, plissant les yeux comme un sage, concentré sur mes divagations, essayant de débrouiller l'affaire.

Je me précipitai sur l'ordinateur portable et me connectai sur la page Facebook de Nikki. Daniel et Hany suivirent mon changement d'humeur et vinrent se placer derrière moi pour regarder par-dessus mon épaule. Je fis défiler les images en quête de la fameuse photo où on la voyait porter un toast avec Dawoud devant l'objectif de la caméra, avec le fantôme de Samar qui rôdait en arrière-plan. Je récapitulai les événements au présent et sur les doigts de la main.

– Je croise Samar à The Bends ; elle prétend être quelqu'un d'autre. Je la recroise en train de fricoter avec le gros bonnet local à Goonies. Je demande à Nikki de se renseigner et, une semaine plus tard, elle abandonne son job et disparaît d'El Gouna. Aujourd'hui, je passe chez elle, et voilà qu'un gominé veut m'éliminer.

Daniel cherchait la faille qui ferait vaciller la théorie du complot.

– Es-tu absolument sûr qu'il s'agit de la même femme ?

Fataliste, je haussai les épaules et tendis les mains, paumes tournées vers le ciel, d'un geste théâtral.

– Au fond, quelle importance ? Le bilan est le même. J'ai mis Nikki sur sa trace, elle a disparu dans la foulée et on a essayé de me buter.

– Bon, quoi qu'il en soit, reprit Daniel, vu la manière dont tu le décris, ce type est un pro et il t'a dans le collimateur. Il peut te retomber dessus à tout moment. Tu devrais faire profil bas quelque temps et demander à Hany et aux gars du centre de plongée de jeter un œil discrètement aux alentours.

Hany approuva avec un hochement de tête vigoureux.

– Je demande à Kareem de prendre la voiture pour faire un tour en ville demain, dit-il. Il connaît très bien les gens du coin.

Il se leva et m'indiqua la porte avec insistance.

– Maintenant, on va voir mon cousin Muhamed. C'est le chef du poste de police.

Puis il me regarda droit dans les yeux et donna ses instructions.

– Ce soir tu dors sur le *Basant*, *habibi*. À l'abri. Ne retourne pas chez toi pendant quelques jours.

– Bien vu, Hany, dit Daniel. Tu vas voir, Nash, c'est confort, j'y ai dormi un mois sans le dire à la patronne, pour économiser sur le loyer et m'acheter un nouveau caisson vidéo. Ça m'a rappelé Amsterdam quand je fréquentais les jumelles qui habitaient sur une péniche et…

– Bon, ok, les gars, vous avez gagné, dis-je en interrompant la énième histoire de jumelles bataves. Hany, je te rejoins dans le pick-up. Donne-moi dix minutes pour emporter quelques affaires. Au fait, c'est possible de venir avec un gecko à bord ?

*

Je déposai un sac marin – mais pas de gecko – sur le *Basant.* L'équipage m'accueillit comme s'il venait de sauver Robinson Crusoé en personne. Youssef, le capitaine, m'attribua la meilleure couchette. Hany avait raison : c'était sans doute le lieu le plus sûr d'El Gouna pour moi.

Nous roulâmes jusqu'aux abords de la ville. Les rues, martelées de jour par un soleil de plomb, exsudaient encore une fine couche de sueur et de sable qui collait à la peau. Trottoirs, bitume et bâtiments recrachaient la chaleur sur nos visages. Le vent charriait les âpres parfums de la nuit et nous picotait les narines. Hany gara le pick-up devant un bloc de béton rouge tout rapiécé : un bâtiment administratif éloigné des quartiers branchés. Je restai sur le siège passager tandis qu'il descendit du pick-up. Probablement une visite de courtoisie avant d'aller au poste de police, pensai-je. Hany se retourna et me fit signe de le suivre. Merde. En fait, *c'était* le poste de police.

Un panneau en fer taché et rouillé dans le hall d'entrée indiquait que les poulets d'El Gouna occupaient les premier et deuxième étages. Il fallait emprunter une cage d'escalier sinistre, couverte de sable, où nos pas résonnaient et l'air était figé. Celle-ci débouchait sur un palier, au fond duquel un agent solitaire mal attifé se tenait debout derrière un bureau d'accueil en noyer massif.

Une lampe verte Art déco de bibliothèque, posée sur un classeur à tiroirs situé à proximité, projetait péniblement un cône de lumière sur l'homme, le bureau d'accueil et une pile de formulaires. Le reste de la pièce aurait été plongé dans l'obscurité si ce n'était l'incandescence d'un poste de télévision fixé au mur, dans le coin supérieur gauche. L'étrange lumière vacillante des infos de la chaîne de télévision ERTU baignait le fond de la pièce et soulignait deux portes fantomatiques en arrière-plan. Elles étaient toutes deux entrouvertes. Un vestiaire et une cellule de détention provisoire, pensai-je. Ou plutôt, une salle d'interrogatoire pour suspects locaux récalcitrants.

Le poste de police ressemblait à un musée ou à un vieux décor de film, exposant les reliques d'une époque révolue. J'avais du mal à saisir le contraste… Après tout, El Gouna était une ville *vitrine*. Je m'attendais donc à un poste de police *vitrine* : un open space ultramoderne avec cloisons transparentes ; une aire de réception avec écran vitré, et microphone ; des portes automatiques coulissantes ; des uniformes flambant neufs ; des chaussures cirées ; des balises de repérage ; des rangées d'ordinateurs portables ; des voix métalliques crépitant à travers la sono ; des détecteurs de métaux et des caméras de surveillance jusqu'aux oreilles. Le tout gracieusement offert par Dawascom, la société mère fondatrice.

Mais c'était tout le contraire. Dépenser de l'argent pour la sécurité revenait à admettre qu'il y avait effectivement un problème de sécurité. Et il n'y avait pas de problème de sécurité à El Gouna. El Gouna était sûre, par conception et par principe. Un lieu à l'abri du crime, du terrorisme, à l'abri des délinquants, à l'abri de toute intention malhonnête. Et donc Dawascom avait accepté la présence symbolique des forces de l'ordre dans le seul but de cocher la case « police » et d'imprimer un numéro à appeler le cas échéant sur les brochures touristiques.

Hany s'avança vers l'agent. Ce dernier avait passé tellement d'heures à attendre que son visage, comme la peau d'un caméléon contre une feuille d'arbre, imitait la texture du pupitre sur lequel il était appuyé : défraîchi par des années d'épreuves, de paperasse, d'assignations et de servitude. Il portait une veste saharienne kaki en coton, surmontée d'épaulettes à une étoile. Un lieutenant. L'officier de nuit sans doute. Ils s'embrassèrent brièvement et passèrent environ deux minutes à échanger les mondanités de circonstance. Pendant ce temps, l'officier avait maintenu sa paume droite sur la poignée de son CZ 75 9 mm. Hany était en train de briser la glace. Il venait rarement là. Sa visite ce soir n'était pas anodine, et le flic le savait.

De temps à autre, il tournait la tête vers la télévision. Images d'affrontements violents entre manifestants et police anti-émeute à propos d'un type qui s'était immolé en Tunisie au mois de décembre. Le bulletin d'information diffusait des images d'archives du président Ben Ali.

À un moment donné, la conversation prit un tour nouveau et le flic transféra toute son attention sur Hany. Les phrases se firent plus courtes. Hany décrivait la fusillade sur le toit. Ses mains et ses doigts dessinaient les contours des personnes, des lieux, des visages et des objets, à l'instar d'une imprimante 3D matérialisant son discours : une queue-de-cheval, des gros muscles et un polo moulant ; l'hôtel Sultan ; le canon silencieux d'un calibre 22 Long Rifle ; les courbes d'une femme sans nom. Ça aurait pu être Nikki. Ça aurait pu être Samar. Impossible de savoir ce qu'il avait omis dans son récit. J'avais le sentiment qu'il ne lui avait donné que les grandes lignes.

Au départ, le flic ne broncha pas. Son regard oscillait entre les mains de Hany et le comptoir, mais il aurait très bien pu être en train d'écouter les infos d'ERTU. Lorsque Hany eut terminé, le flic me regarda dans les yeux et se mit à me parler en arabe. Sa voix était rauque et sèche, ses cordes vocales tapissées de tabac après des années de chicha. Hany assura l'interprétation de liaison.

– Qu'est-ce que vous faisiez dans l'appartement ?

– J'attendais une amie, répondis-je.

– Comment s'appelait votre amie ?

– Nikki Deburg. Ça s'écrit D-E-B-U-R-G. Citoyenne néerlandaise. Regardez dans vos fichiers, vous verrez que je dis la vérité.

Hany épela son nom dans l'alphabet arabe et le flic prit des notes sur une feuille de bloc-notes volante, tachée, à marge bleue. Il leva les yeux et parla.

– On ne conserve pas de fichiers sur les touristes, traduisit Hany.

– Sans blague ? Essayez le bureau des passeports. Les dossiers des services de douane et de l'immigration. Quelque chose. Elle va bien apparaître quelque part ?

– Ce n'est pas le SSIS[1] ici.

– Qu'est-ce qui vous fait croire que je connais cet acronyme ? rétorquai-je, guettant sa réaction.

Il ne répondit pas. Impassible. La fusillade sur le toit ne l'intéressait pas le moins du monde. J'étais vivant, point à la ligne. Il avait croisé suffisamment de types comme Red Bull

1. State Security Investigations Service, le service de renseignement de la sûreté de l'État en Égypte.

dans sa carrière pour savoir qu'ils allaient et venaient. Lui, pendant ce temps-là, restait. Il ne faisait pas dans le détail : il voyait les choses en grand, sur le long terme.

– Ok, et des photos d'identité judiciaire, alors ? demandai-je. Allez, vous avez bien des photos d'identité !

Je secouai mon doigt vers l'arrière du bureau.

– Vous voyez ce que je veux dire, une liste de veille officieuse, un trombinoscope planqué quelque part, qui prend la poussière là-bas dans les pièces du fond.

Hany ne se donna pas la peine de traduire. L'officier considéra mon insolence pendant quelques secondes. Il fronça les sourcils et ses yeux confirmèrent l'existence des fichiers. Ils disaient aussi que je n'allais pas forcément apprécier ce que nous allions y trouver. Il fit demi-tour, disparut dans une des pièces obscures du fond, puis revint un classeur et un petit carnet type Moleskine à la main. Il ouvrit le classeur et commença à tourner les pages.

Chaque page comportait une, deux, parfois trois prises de vues de face, aux dimensions variées. Je supposai qu'il s'agissait de photos d'identité judiciaire glanées ici et là au gré des opportunités. À vue d'œil, il devait y avoir une trentaine, voire une quarantaine de clichés. Un numéro de dossier avait été ajouté avec un épais marqueur rouge permanent dans le coin inférieur droit de chacun d'entre eux. Un classeur officieux pour les affaires non classées du poste de police.

L'officier examinait minutieusement les visages, comme s'il les connaissait personnellement. C'était d'une lenteur désespérante. Je tendis le cou au-dessus du comptoir pour jeter un œil et accélérer le processus. Il retira immédiatement le classeur et tendit une paume vers moi l'air de dire : « Reste à ta place, étranger. » Enfin, il parla.

– Décrivez-moi votre amie, traduisit Hany.

– Une vraie blonde. Un petit piercing en diamant au nez. Narine droite. Une pieuvre tatouée sur la poitrine mais ça ne se verra pas sur une photo d'identité…

Hany interprétait de manière saccadée, tapotant sa narine droite de son index. Quand il mentionna le piercing au nez, l'officier marqua une pause. Il revint deux pages en arrière. Il fronça les sourcils une nouvelle fois. Son visage s'assombrit. Il ne leva pas les yeux. Son regard resta braqué sur la référence tracée au marqueur rouge sous la photo. Il fit pivoter un Rolodex, décrocha le combiné d'un vieux téléphone en bakélite gris et composa un numéro.

Il s'exprima en arabe. Pas plus d'une minute. Je réalisai que Hany avait arrêté d'interpréter. Il écoutait le monologue à l'autre bout du fil, le visage crispé, les traits figés.

L'officier raccrocha et digéra l'information. Ensuite, il tourna quelques pages du classeur et le glissa sur le comptoir dans ma direction. Cette fois-ci, il s'adressa à moi en anglais.

– *Zis iz your friend ?*

Le visage de Nikki apparut en gros plan. La peau était pâle, bleu-gris. Ses yeux fermés.

Ce n'était pas une photo d'identité. C'était une photo de morgue.

Quatrième partie

Voilà où j'en suis. L'histoire reprend ici, maintenant.

Un joli spectre blanc repose sur la table en aluminium de la morgue de l'hôpital d'Hurghada, deux étages sous le soleil matinal de janvier. Éclairée par les néons, sa peau apparaît crayeuse, presque farineuse. Les nuances bleu-gris ont disparu. Ses cheveux sont toujours blonds, mais ils ont perdu leur souplesse, leur éclat. Ils sont arrangés artificiellement autour de son visage généreux, comme un cadre interchangeable que l'on aurait fixé sur une photo en noir et blanc. On lui a retiré le piercing au nez depuis la prise de vue. Une fine blouse en papier jetable absorbe l'énergie des courbes de son corps. La pieuvre tatouée sur sa poitrine est morte elle aussi en essayant de s'arracher à sa peau. Le céphalopode a perdu tout contraste, ses couleurs flamboyantes se sont estompées après deux semaines passées dans un frigo mortuaire sous la barre du zéro.

La calligraphie arabe sur l'étiquette mortuaire qui pend à son orteil esquisse un poème macabre. Mon ancien boulot me renvoie un tout autre vocabulaire – et au passage une bouffée de souvenirs pas si lointains que ça. Les taches symptomatiques ; les décolorations rouge pourpre causées par l'accumulation de sang post-mortem : l'hypostase. Le durcissement des cellules musculaires qui s'amorce peu de temps après le décès et rappelle la raideur d'une planche : la rigidité cadavérique. L'odeur : le formol. L'Égyptien longiligne, blouse blanche et lunettes, s'efforçant de convoquer les vestiges d'un anglais d'Oxford : le médecin légiste suppléant. Un copié-collé du flic d'El Gouna, même uniforme mais la moustache en plus : le flic d'Hurghada.

Je n'ai pas pu faire grand-chose la nuit dernière après le coup de fil fatidique du policier à la morgue d'Hurghada. J'ai rejoint ma couchette à bord du *Basant*, électrisé par les événements de la soirée, craignant de passer une nuit blanche à me morfondre et à tout ressasser en boucle. Mais en réalité l'épuisement m'a plongé dans le néant, un état de stupeur catatonique. En me réveillant, j'ai réalisé que, tout compte fait, j'aurais préféré ne pas dormir. Daniel est passé me voir aux premières lueurs, m'a fait avaler un café turc et m'a gentiment extirpé du pieu. Je suis descendu du *Basant* dans un état second, tête baissée et casquette vissée jusqu'au nez, juste au moment où la trentaine de *gentils membres* embarquait pour les deux plongées matinales. Ensuite, Hany m'a conduit à Hurghada, l'autre verrue touristique – la grande sœur – vingt kilomètres au sud. Hany est debout à ma droite maintenant.

Le flic parle.

Hany interprète nos échanges en léger décalage.

– Des snorkeleurs chinois avec masque et tuba l'ont trouvée le matin du 20 décembre flottant au large de Papas Beach Club dans un mètre d'eau, dit-il. Elle n'avait rien sur le dos à part sa…

Il s'efforce de trouver la bonne traduction.

– … culotte. Pas de papiers. La police, dit Hany tandis qu'il désigne d'un mouvement de tête la moustache en uniforme, l'a amenée ici directement.

– Est-ce qu'ils ont recherché ses vêtements ? Ses effets personnels ?

Le flic répond : *Lâ*[1].

– C'est-à-dire qu'ils n'ont pas cherché ou qu'ils n'ont rien trouvé ?

Hany est trop gêné pour interpréter. Le flic hausse les épaules et fait la moue, indifférent. En gros, il se dit : « Ça change quoi ? »

Mal à l'aise, le médecin légiste en blouse blanche expose ses conclusions.

– Le corps était intact. Pas de signe de lutte ni de strangulation, dit-il en imitant le geste à deux mains. Il s'agit probablement d'une noyade, peut-être trois ou quatre heures avant que son corps ne soit découvert.

– « Probablement » !? Vous êtes sérieux ? Dites-moi, ce genre d'accident arrive souvent à Hurghada ?

Le médecin légiste se crispe. Il n'apprécie pas l'insinuation.

– Écoutez, rétorque-t-il, il y avait une grosse fête de plage à Papas Bar la veille, c'est pourquoi la police a opté pour le scénario « alcool, bain de minuit et noyade accidentelle ». On ne savait pas qu'elle vivait à El Gouna avant que le commissariat ne le précise hier soir.

– Est-ce que vous avez averti le consulat des Pays-Bas ? je demande.

– Oui, nous avons faxé sa photo en début de matinée. Son identité n'a pas encore été confirmée. Ils ont indiqué qu'un représentant du consulat et un attaché de police de l'ambassade du Caire viendraient cet après-midi pour examiner le corps. Nous ne pouvons pas la garder ici très longtemps. Est-ce que vous savez si elle avait de la famille en Égypte ?

Je n'entends déjà plus sa voix, je réfléchis. Des cadavres, j'en ai déjà vu. D'habitude, aucune empathie. Pas de larmes

1. Non.

non plus. Mais, elle, elle était différente. Nous étions proches. Ce n'était pas le grand amour, mais nous avions partagé des bons moments. Et je ne sais quasiment rien d'elle.

– Je ne pense pas, je réponds, secouant la tête.

J'observe attentivement feu mon amante. Pas d'incision en Y. Donc pas d'examen des viscères thoraciques.

– Pas d'autopsie ? je demande en regardant le médecin légiste.

– Seulement un examen externe, répond-il. En principe on demande l'autorisation à la famille mais…

– Et une autopsie médico-légale ? Vous n'avez pas besoin d'autorisation de la famille pour ça, je me trompe ?

Il s'agite et tripote un bouton de sa blouse.

– Le chef de service a été réaffecté au Caire, fin novembre. Je n'ai pas le droit de réaliser une autopsie judiciaire. Et puis il n'y a pas d'enquête officielle, ajoute-t-il en regardant le flic.

Le flic comprend l'allusion et ils se mettent à parler arabe entre eux ; l'échange devient houleux et les gestes s'emballent. Soudain, le flic se tourne vers moi et se met à parler en pointant un index sur mon torse. Hany traduit.

– Il dit que tout laisse croire que c'est une noyade accidentelle. Est-ce que tu penses qu'il s'agit d'autre chose ?

– Hé bien, j'ai signalé une fusillade sur un toit hier…

Hany prend le relais en arabe et décrit (je suppose) la nuit dernière au poste de police d'El Gouna. Le flic acquiesce de la tête, attrape une vielle sacoche en cuir foncé et en extrait un calepin à pages jaunes où sont griffonnées à l'encre bleue des notes en arabe. Il se met à citer des passages, laissant courir un doigt sur les lignes, de droite à gauche. Je ne sais pas du tout de quoi il retourne mais Hany devient pâle comme un linge. Puis le flic s'arrête de parler, lève les yeux, et m'adresse un sourire malveillant de derrière sa moustache. Hany résume la situation.

– C'est le compte rendu qu'il a rédigé après le coup de fil de mon cousin à El Gouna. Celui-ci te désigne comme le petit ami de cette femme. Elle est retrouvée morte à Hurghada. Tu t'introduis dans son appartement par effraction quelques jours plus tard et tu déclares qu'un homme a essayé de te tuer avec une arme munie d'un silencieux.

Malaise. On est dans l'impasse.

La gorge sèche, Hany murmure : « Il demande si c'est ta version définitive de l'histoire. »

Je comprends. Hurghada ne veut pas se retrouver avec l'homicide d'une étrangère sur les bras. Mauvaise publicité. Et je n'ai pas envie de passer les cinq prochains mois dans une salle d'interrogatoire égyptienne à jouer la suite de *Midnight Express*. Affaire classée.

– Laisse tomber, je réponds. Dis-lui de faire comme si on ne s'était jamais vus.

*

Je ne supporte plus ce que je vois ni ce que je respire. Les miasmes de formol et de chair morte me donnent envie de vomir. Je remercie le flic et le pseudo-médecin légiste avant de mettre les voiles. En sortant du bâtiment, je suis aveuglé par la lumière du soleil de la mi-matinée. Je me dirige vers le pick-up et me réfugie à proximité, à l'ombre de l'auvent d'une terrasse de café. Hany réapparaît environ cinq minutes plus tard. Il est resté avec eux plus longtemps pour échanger les banalités d'usage et arrondir les angles. Peut-être leur a-t-il aussi graissé la patte. Quelque chose me dit que notre visite n'était pas tout à fait réglo.

Nous montons dans le pick-up, laissant derrière nous la crasse de la grande ville. Au début, Hany garde le silence. Puis il entame un monologue interminable. Ce n'est pas ta faute, dit-il. Elle s'est sûrement noyée toute seule. Tu ne dois pas te sentir responsable. Ça n'a rien à voir avec l'autre femme. Une pure coïncidence. Blablabla, et vas-y que je radote, et que j'en remets une couche.

Le bougre essaie de me réconforter. Sans succès.

*

Marina d'Abydos, une demi-journée et deux séances piscine plus tard. Je suis assis seul, à la proue du *Basant*, les jambes croisées et mon carnet posé à côté. Ce bateau, c'est mon nouveau chez-moi. Je repense à la vie de caserne de la gendarmerie. Retour à la case départ, en quelque sorte : votre travail est votre maison est votre travail.

Le soleil s'est couché depuis un bon moment. Un membre d'équipage m'apporte du thé, puis rejoint ses camarades sur le pont supérieur pour la prière du soir. Pas de muezzin en stéréo cette fois-ci. Il n'y a que moi, un épais manteau d'étoiles, le doux clapotis des vagues contre la coque du bateau et six hommes agenouillés qui murmurent en chœur.

J'enroule mes doigts autour de la tasse brûlante. La sensation déclenche une ribambelle de souvenirs. Un thé chaud avec Nikki à Buzzha Beach. Un thé chaud avec Red Bull avant la course-poursuite. Un thé chaud sur le *Basant*, mon logement provisoire. La douleur – non, la culpabilité – s'installe.

Ce matin, j'ai vu le corps de Nikki à la morgue. J'aurais dû me douter qu'il y aurait des coûts et des conséquences, que je ne pouvais pas décemment tout plaquer et m'en tirer à si bon compte, couler des jours heureux. Sans blague ! J'ai plaqué la gendarmerie pour devenir moniteur de plongée. Il fallait bien que, tôt ou tard, quelqu'un en fasse les frais.

J'ai été épargné, mais pas elle. Elle est morte parce que j'ai voulu me faire la malle, en parfait égoïste.

Mais qu'est-ce qui a bien pu se passer, bordel ? J'ouvre mon carnet à la première page. Novembre. Oui, c'est ça. Novembre 2009. J'ai perdu la notion du temps depuis que j'ai entamé cette reconversion. Beaucoup d'eau a coulé sous les ponts : un enchevêtrement de dates, de femmes et de désillusions. Je dois me plonger dans le passé récent : revenir en arrière pour mieux me souvenir. Éclaircir cette affaire. Démêler l'intrigue et voir quand ça a commencé à merder.

Je me replonge dans les dates. Les lieux et les visages. Des chiffres et des lettres. Des faits manuscrits, souvent pêle-mêle. Puis, instinctivement, je retourne le carnet à l'envers et je recommence à zéro : la dernière page vierge du carnet devient la première. Je réécris tous les différents items en les réorganisant par ordre chronologique : ligne après ligne, page après page. L'histoire de cette funeste matinée. L'écrire me calme et me libère. Des voix et des fragments de phrases résonnent dans le brouillard de ma mémoire. Les détails affleurent, prennent leur importance ou la perdent. Je me triture les méninges comme ça une éternité. J'en ai mal au poignet. Bientôt, mon stylo-bille est à court d'encre.

Au même moment, mon portable vibre sur le pont en bois. L'écran s'illumine et rompt l'intimité de la pénombre. Je réponds en reconnaissant le numéro.

– Ça va, mon gars ? demande le Patagonien.

Inquiet, Daniel vient aux nouvelles avec sa pudeur habituelle. Je l'imagine avachi sur le canapé, en train d'éditer des séquences de vidéo sous-marine sur son ordinateur, pendant que sa nouvelle conquête de la semaine sort de la douche sur la pointe des pieds, avec pour seul vêtement un de ses fameux T-shirts moulants Aerolíneas Argentinas. Esthète et mélomane, le Daniel, même dans l'inquiétude.

– Je sais qu'il est tard, ajoute-t-il, mais, comme tu ne lis pas tes textos sur ton flip phone de grand-mère, je me suis dit qu'il valait mieux que je t'appelle. La patronne dit que ça va être plutôt calme demain, alors tu peux prendre...

Merde. Les textos. Complètement oubliés.

– Daniel, dis-je en l'interrompant comme souvent, t'es un génie.

– Quoi ?

– J'te rappelle.

Je raccroche. *Nash, espèce de crétin.* En général, j'écoute ma messagerie mais, les textos, je m'en fous royalement : ce sont des rebuts numériques de mon ancienne vie urbaine que j'accumule, ignore, puis efface en tir groupé, de temps à autre. J'espère ne pas avoir déjà exterminé les SMS des trois dernières semaines.

Ok, voyons voir. Soixante-sept textos. Le portable émet des bips et des clics, tandis que je fais défiler la boîte de réception et efface chaque message individuellement : Dawascom et ses nouveaux tarifs de forfait internet tout compris ; des pubs de différents bars du coin ; des alertes et infos du centre hyperbare d'Hurghada ; les horaires quotidiens des marées... et quelques vrais messages de deux divemasters novices qui ont compris depuis que ça ne sert à rien de communiquer avec moi par texto. Clic. Clic. Supprimer. Au suivant.

Puis, lorsque j'arrive aux messages les plus anciens, mon pouce s'immobilise.

19 DÉC 2010
23:37

Un message de Nikki :

927

Je sélectionne le texto et fais défiler l'écran de haut en bas. Rien d'autre. « La date », dis-je tout haut. Vérifier l'horodatage sur son compte Facebook. Merde. Pas de connexion internet sur le *Basant*. Minuit passé sur la Bund. L'équipage dort depuis longtemps. Le seul bar à chicha avec wi-fi de la marina devrait encore être ouvert. Je me lève sur la proue, attrape mes chaussures et mon portefeuille en cabine, saute du pont et atterris sur la jetée.

Dix minutes plus tard, je scrute un écran d'ordinateur derrière un rideau de brouillard parfumé à la pêche, au milieu d'un récital de bulles et de gargouillis. Je file droit sur le compte Facebook de Nikki et fais défiler sa page jusqu'à cette sinistre photo, postée quelques jours après lui avoir demandé de mener l'enquête. Je zoome sur le fantôme menaçant de Samar en arrière-plan. Son regard me glace le sang. Lèvres tendues, sourcils froncés, regard de braise braqué sur Nikki, qui ne se doute de rien et trinque joyeusement avec le magnat grisonnant d'El Gouna. Mon cœur se serre. Date ? 19 décembre. Heure ? 22 h 14. Nikki a envoyé un texto une heure et vingt minutes après avoir posté cette photo sur Facebook. Elle est morte quelques heures plus tard. Son obscur héritage : 927.

Je compose un numéro abrégé sur mon portable.

– T'arrives pas à dormir ?

La voix est épaisse, graveleuse.

J'entends Amr Diab en fond sonore. Pas de narguilé à l'autre bout du fil. Du moins, pas parfumé à la pêche, j'imagine.

– Hany, j'ai besoin d'un service.

– Oui, *habibi*.

– Hurghada. Ta prochaine tournée de ravitaillement, c'est quand ?

*

Quelque part dans le centre-ville d'Hurghada. Chaleur, crasse, et sable. Cette rue pourrait aisément constituer une étape du Paris-Dakar. On a l'impression qu'on peut attraper toutes les maladies de la terre rien qu'en la foulant quelques minutes. Dans ce quartier il n'y a pas d'hôtels clinquants ou de boutiques de souvenirs attrape-touristes. Mais des quincailleries nautiques, des fournisseurs de matériel et grossistes, des chantiers navals improvisés, des stations-service et des bureaux administratifs éphémères. Bref, ce sont les coulisses d'Hurghada, ce que les touristes ne voient généralement pas. À une demi-heure de route de la toute petite El Gouna, cette ville est un des principaux ports d'escale de la mer Rouge pour ceux en quête de soleil et de bulles. D'habitude, Hany vient ici une fois par mois pour ravitailler le centre. Il passe la matinée à parcourir les rues animées en pick-up : il s'arrête, il achète, il repart. Ce matin, il a fait un détour un peu particulier.

Le soleil de 10 heures du matin me liquéfie. J'ai la ferme impression que ma sueur, mes tripes et mes neurones percolent sur le siège passager du pick-up Toyota déglingué du centre de plongée, mais en échange j'absorbe l'ambiance de la ville, tous les sens en éveil, mon humeur tournoyant tel un cerf-volant au gré du vent poussiéreux. Trois jours se sont écoulés depuis la morgue. Le consulat des Pays-Bas a dû récupérer le corps de Nikki depuis. J'espère que quelqu'un l'attendra sur le tarmac de l'aéroport d'Amsterdam. Je chasse la douleur qui m'étreint, et je fais le point.

J'ai suivi le conseil des copains, je vis en mer. J'ai enregistré pas moins de onze plongées, guidé un groupe d'Allemands aussi exubérants qu'attachants. Surbronzage, Birkenstock, marcels et *über*-bedaines de buveurs de bière. Hier, au cours de la dernière plongée, un dauphin femelle et son petit ont nagé avec nous pendant une demi-heure. J'ai fait de mon mieux pour partager l'enthousiasme général et sauver les apparences.

Et pourtant, j'avais besoin de ces trois jours en mer. J'avais besoin de mon shoot d'azote, des longues discussions sur la proue avec Daniel, au-dessus des vagues, à décortiquer les événements récents.

Je lui ai exposé mon plan.

Il pense que, dans le meilleur des cas, c'est « court » et que les chances sont « minces ».

Je suis d'accord.

Il pense qu'il y a matière à fiction.

Je suis aussi d'accord, donc je continue à noircir les pages du carnet. D'ailleurs, je suis en train de griffonner quelques notes lorsqu'un utilitaire Daewoo orange se gare à côté de notre pick-up et laisse tourner le moteur. Sur le capot, un autocollant géant claironne fièrement : « DECO El Gouna ». « Galvanize » des Chemical Brothers s'échappe de la fenêtre du fourgon à plein volume et résonne dans toute la place. Le conducteur – un Égyptien musclé et basané – sort prestement du véhicule, clés sur le contact et sono à fond. Il traverse la rue en trottant vers le siège de la Chamber of Diving and Water Sports (CDWS) d'Hurghada. Hany sort des portes tournantes de l'édifice simultanément. Ils se saluent, s'embrassent et s'administrent poignées de main enthousiastes et moult tapes dans le dos. Ils papotent un instant, histoire d'échanger – j'imagine – les derniers ragots de plongée. Ensuite ils se séparent et Hany rejoint distraitement notre pick-up. Il grimpe sur le siège conducteur et démarre le moteur. « Reshef », dit-il, hochant la tête en direction de celui qu'il vient de croiser, tandis que nous quittons le parking.

Hany est très sensible à mes sautes d'humeur, et s'évertue à chasser ma culpabilité avec des amorces de discussion impromptues, comme si tout allait bien dans le meilleur des mondes. Il est du genre persévérant.

– Alors, c'est qui, ce type ?

– Il travaille pour DECO, l'organisation qui gère les urgences de plongée à El Gouna. Tu sais, les grands Zodiac orange sur la marina ?

– Ouais, je les ai vus.

– Je pense que c'est le meilleur plongeur du coin, ajoute-t-il, embrassant d'un geste large les rues avoisinantes.

– Comment ça ?

– Tu connais Dahab ?

– Le Blue Hole ?

Hany acquiesce avec un hochement de tête très énergique, comme s'il n'y avait que le Blue Hole à Dahab.

– Les gars de la Chambre, dit-il pointant vaguement son pouce vers l'arrière dans la direction de la CDWS, ils l'appellent pour plonger et ramener les corps de ceux qui se noient là-bas.

– Aah, d'accord, je commente, avant même d'avoir digéré l'information. La vache, mais y a au moins cent trente mètres de fond !

– Oui, *habibi*, dit-il en riant, ravi de mon étonnement. C'est pourquoi de nombreux cadavres restent au fond. Les familles doivent payer pour les récupérer et ce n'est pas donné, précise-t-il en frottant son pouce droit contre l'index et le majeur.

Je médite sur la question un moment, avant de revenir à nos moutons.

– Alors, tu as la liste ? je lui demande.

Il arbore un sourire malicieux et me tend une bouteille de plongée vert citron de la taille d'un doigt, revêtue de caoutchouc, avec un faux robinet en guise de capuchon :

une clé USB. Ses yeux me disent : tu vois ? Tu peux faire confiance à Hany.

– Ouah, je suis impressionné. Comment as-tu fait pour leur soutirer les infos ?

– Je connais très bien le directeur de la Chambre, dit-il. Le mois dernier leur compresseur est tombé en panne deux jours avant l'arrivée des reporters du magazine *Unterwasser* qui devaient écrire un article sur eux. Je leur ai envoyé une quinzaine de nos bouteilles pour les dépanner, parce qu'ici personne ne voulait les aider.

Unterwasser est pour l'industrie allemande de la plongée ce que *Vogue* est aux fashionistas : la Bible. Ses journalistes peuvent réellement faire ou défaire la réputation d'un centre de plongée et, vu que la majorité de la presse spécialisée en Europe reprend largement les thématiques du mensuel allemand, on peut raisonnablement dire que ses articles peuvent tour à tour lancer, promouvoir ou rétrograder une destination de plongée aux yeux de la communauté européenne des plongeurs.

– Je vois. Donc ils te doivent une fière chandelle, je commente en tripotant la clé USB kitschissime. Bien joué, mon ami.

– Alors, qu'est-ce qu'on fait maintenant ? demande Hany. Qu'est-ce que tu vas en faire ?

– Je vais à la pêche.

J'imite un pistolet avec mes mains et, un doigt sur la détente, je ferme un œil et vise une cible imaginaire à travers le pare-brise.

– La pêche *sous-marine*.

*

Le soleil de l'après-midi martèle la plage, c'est une fournaise punitive qui s'abat sur le resort. Le deuxième bateau de plongée de la journée est en mer et ne sera pas de retour avant une heure. Le centre est calme et vide, à part les quelques employés qui balayent le sable du patio ou remplissent les bassines d'eau avant qu'une nuée de plongeurs épuisés ne déboulent en clopinant pour rincer leur équipement. Il y a aussi le flâneur occasionnel qui traîne dans les parages, demande des serviettes de plage ou cherche la cabane à kitesurf. À cette heure, les vacanciers non plongeurs font la sieste, assommés par le buffet tout compris et à volonté qui rythme leur séjour exotique.

Seul au bureau, je profite de cette faille temporelle et jongle avec le planning du lendemain : quarante-sept plongeurs au total, à répartir dans trois bateaux, entre cinq divemasters et trois moniteurs. Facile. Sauf que, si on commence à prendre en compte les multiples exigences de formation, le ratio étudiants/moniteur et les limites de profondeur à respecter, les plongeurs novices qui ne peuvent pas plonger seuls, les anciens qui connaissent les lieux par cœur mais ont la flemme et, le plus souvent, les adolescentes qui doivent « enfin, tu vois, absolument plonger avec » tel ou tel moniteur « parce qu'il est trop mignon », les options se réduisent comme peau de chagrin. En fait, je fais du surplace et finis par décrocher.

C'est le moment idéal.

Je fouille dans ma poche et en extrais la clé USB en forme de mini-bouteille de plongée que Hany a réussi à obtenir ce matin à la CDWS d'Hurghada. Je la fais rouler entre mes doigts, d'une main à l'autre. Je l'introduis dans la prise USB de l'ordinateur du bureau, puis explore les différents fichiers. Sacré Hany, il a réussi un joli coup : la liste complète de tous les divemasters et moniteurs actuellement employés à

Hurghada et El Gouna. Employés *légalement*, du moins. Celles et ceux qui travaillent à plein temps, et les saisonniers locaux, anciens et nouveaux. Les francs-tireurs aussi, qui jour après jour évoluent d'un centre à l'autre, préférant l'instabilité du travail en freelance aux chaînes du salariat. Ils sont tous là : des centaines de dossiers d'inscription individuels, classés par nom de famille, en ordre alphabétique.

Contrairement à la majorité des personnes qui consultent habituellement cette liste, je n'ai même pas un vrai nom à ma disposition. Ma seule piste est fausse. Fabriquée de toutes pièces. Je m'efforce de me rappeler le nom de famille de Samar, puis je m'acharne sur la liste. Aucune trace d'une Samar Hamieh. Pendant une trentaine de minutes, je clique au hasard sur une centaine de fichiers, puis les referme immédiatement dès que j'aperçois les photos d'identité. J'oscille entre ferveur et frustration. Mais ma foi flanche. *Fuck.*

Je reprends le planning de plongée quelque temps, puis me force à consulter une nouvelle fois la liste de noms. Machinalement, je porte mon attention sur les noms de famille avec de potentielles consonances libanaises. Les clics deviennent plus ciblés.

Et soudain, elle est là.

Les pommettes hautes et les joues légèrement creusées. Le nez étroit, en pente douce. La coupe garçonne aux mèches blond platine récentes. Les iris noir d'encre. Sublime mais glaçante. Rusée mais caustique. Je me rappelle sa grande discrétion à Cannes, sa manière de faire l'amour cette fameuse nuit – celle où j'ai failli y passer.

Son visage exotique emplit la case photo en haut à droite du fichier PDF : Leila Murr, née le 23.09.1980 à Beyrouth. Adresse personnelle à El Gouna : espace vide. Employeur : Centre de plongée H_2O. Date officielle de prise de fonction : 13 août.

Je grimace et me gratte la tête nerveusement, faisant défiler les rouages de mon calendrier mental. C'était deux semaines avant le début de mon job à El Gouna. Et environ dix jours après qu'elle ne se barre de Cannes. Pour l'instant, ça paraît cohérent. Si la date de son inscription à la CDWS comme monitrice à El Gouna avait précédé sa fuite furtive de Cannes, j'aurais eu un problème. Mais là le timing est raccord. Je passe au crible les dates et les lieux. Son dossier d'inscription à la CDWS est en règle : les qualifications PADI[1], OWSI et secouriste sont officielles. Tout y est.

Réfléchis.

La Chambre n'est qu'une vitrine administrative égyptienne : elle ne délivre pas de diplômes comme le ferait une agence de certification. Je refais un zoom sur les dates de son inscription. Dès qu'elle a posé le pied en Égypte, elle a aussitôt fourni les documents requis pour exercer en tant qu'instructeur sous son nouveau nom – si tant est que ce soit un nouveau nom. Elle aurait pu changer son nom et ses papiers en amont, entre Cannes et El Gouna, mais je ne vois pas comment l'organisme de certification officiel aurait pu délivrer une attestation de qualification d'instructeur aussi vite. Conjectures et spéculation.

Hypothèse. Elle a obtenu sa qualification en tant que Leila Murr. À Cannes. Et ça, ça n'a pu être possible que d'une façon : Patricia Neumann était de mèche et a envoyé une certification OWSI falsifiée au QG de PADI.

Continue, suis la logique. Je me rappelle la sombre et immanquable silhouette qui est passée tout près de mon groupe pendant la plongée de nuit à Cannes. Je sais que c'était Samar, filant vers le yacht – le *Coronado*. Elle portait l'Oxygers 57 comme si elle était née avec. D'ailleurs je

1. Professional Association of Diving Instructors.

n'aurais jamais dû connaître l'existence de l'appareil respiratoire vintage ; j'étais tombé sur le local d'entreposage par erreur. Patricia avait ensuite prétendu en avoir fait don au musée de la plongée de Sanary pour en justifier la disparition. Foutaises. Ça confirme mon intuition initiale : elle a aussi arrangé le coup de l'Oxygers. Je me rappelle sa gêne – mais aussi son soulagement – quand j'ai essayé d'en savoir plus sur le départ précipité de Samar.

Je médite là-dessus un moment. Maintenant, voyons comment caser l'élégant Sunseeker de trente mètres dans cette intrigue. Une trame nauséabonde commence à émerger sous une couche salée d'algues marines. J'ai besoin de quelqu'un pour m'aider à creuser.

*

C'est ça, mon plan, au fait.

Jeter une bouteille dans l'océan des forces de l'ordre en espérant que quelqu'un la retrouve, l'ouvre et réagisse. Une sorte de rédemption passive pour les malheurs de Nikki, sans doute. Ce n'est que maintenant, alors que ma main hésite à attraper le téléphone, que je réalise à quel point la démarche est futile et naïve. Je tape une série de chiffres que je n'ai pas utilisés depuis plus d'un an. Mes doigts composent la séquence à toute vitesse alors que mon cerveau se demande encore ce qui suit le préfixe +31. Un léger décalage, puis le téléphone sonne à quelque trois mille cinq cents kilomètres d'ici, dans un bâtiment sécurisé à La Haye, aux Pays-Bas.

– Adjudant Bopotin.

– Salut Johanne. C'est le plongeur à l'appareil.

Peu de gens utilisent ce numéro et appellent l'adjudant Bopotin par son prénom. Une proportion encore plus faible peut fièrement se targuer de répondre au sobriquet de « plongeur ». Dans un rade à bouillabaisse du port de Marseille, cela pourrait désigner n'importe qui. Mais, dans les cercles raffinés de la gendarmerie parisienne, le terme est réservé au seul crétin assez barge pour troquer son statut d'officier contre un Speedo et un trop-plein d'azote.

– Nash ! Ça alors ! Tu m'appelles d'Égypte ? Non. Attends. Ne me dis pas… Tu sors tout juste de l'eau. Tu viens de terminer une plongée de rêve avec deux magnifiques Suédoises et tu décides enfin d'accorder quelques secondes de ton temps précieux à ta vieille copine sous-off.

– Écoute, petit a : tu es bien plus à mes yeux que ma « vieille copine sous-off », et petit b : elles ne sont pas suédoises. Comment vont les affaires ?

S'ensuit un ping-pong d'acronymes, d'invectives, de sarcasmes, de potins et de douces illusions, comme deux adolescents qui se racontent leurs vacances d'été au téléphone. Je regarde la Bund : je dois bouger avant que le bateau de plongée ne rentre au port. Sans transition, je prends ma voix de velours, mais le ton ne dissimule pas complètement mon embarras.

– Johanne, j'ai un service inhabituel à te demander.

C'est tout à fait irrégulier, je sais. En fait, c'est même illégal. Europol n'est pas un bureau de service public. On ne peut pas simplement googler un numéro vert et demander des infos. Le renseignement policier, c'est plutôt sensible, et des règles de sécurité drastiques encadrent les échanges de données entre les États membres de l'organisation. Je vais demander à Johanne de déroger à ces règles au nom de notre amitié.

Ma tension est palpable.

– Je t'écoute, dit-elle.

– Je suis en train de t'envoyer un fichier avec une photo d'identité et deux noms sur ton adresse extranet… Je double-clique sur l'icône de l'enveloppe… Voilà, c'est fait.

J'entends les roulettes de sa chaise pivotante crisser sur le lino pour rejoindre l'ordinateur dédié à l'accès internet. Deux secondes plus tard, elle se connecte à son compte.

– C'est bon ?

– Bien reçu, dit-elle.

Je l'imagine froncer les sourcils tandis que son regard affûté d'enquêtrice traite l'information et enregistre les traits de Samar.

– Joli garçon manqué. Tu veux savoir si elle a un casier judiciaire avant de la demander en mariage ? lance-t-elle en plaisantant.

– M'étonnerait.

Sa voix devient anxieuse, plus rauque.

– Qu'est-ce qui se passe, alors ?

– Je ne peux pas rentrer dans les détails, j'appelle du bureau du centre de plongée et les clients vont débouler pour s'inscrire aux sorties de demain d'un moment à l'autre. Pour l'instant, sache que j'ai rencontré cette femme à Cannes sous sa première identité, et que je l'ai très bien reconnue à El Gouna il y a quelques semaines – sauf que désormais elle utilise la deuxième identité –, y compris sur les qualifications d'instructeur qui figurent dans son dossier d'inscription. Ah, et elle s'est teint les cheveux. C'est une vraie brune, de la tête aux pieds, parole de flic.

– Ok, je te fais confiance pour les détails capillaires. Et… c'est tout ?

Elle fait semblant d'être déçue.

– Tu veux que je vérifie l'identité d'une fille dans une base de données européenne hautement confidentielle pour une histoire de changement d'identité et un choix de couleur de cheveux douteux ? Mais encore, mon capitaine ?

Laissons de côté la thèse probable de l'homicide pour le moment, pensai-je. Disons que, pour l'instant, il y a présomption d'innocence. Mais je dois quand même convaincre Johanne et m'assurer qu'elle prenne ma demande au sérieux.

– Écoute, depuis que j'ai quitté la gendarmerie, il m'est arrivé plus de choses qu'en dix ans à porter le képi et l'uniforme bleu qui gratte. J'ai été électrocuté, agressé et presque éviscéré. Et écoute ça, Moneypenny : il y a quelques jours à peine, un tocard m'a pourchassé sur un toit, tiré dessus sans hésiter avec un sympathique calibre 22 LR dernier cri, ne me laissant pas d'autre choix que celui de sauter d'un rooftop pour lui échapper.

– Quoi ? T'es sérieux ? Et ta Lara Croft option blond platine, elle cadre où dans tout ça ?

– Chais pas encore. Tout a commencé avec elle à Cannes, comme si elle m'avait jeté un mauvais sort depuis le début, tu vois. Depuis, elle rôde toujours, comme un personnage secondaire tapi dans l'ombre. Pris séparément, aucun de ces événements n'a de sens mais, lorsque je mets cette fille dans l'équation, les contours se dessinent. Johanne, est-ce que tu peux faire une recherche rapide des deux noms dans les fichiers d'analyse et voir si la photo déclenche une alarme dans le système ? Peut-être un recoupement, quelque chose…

Elle se tait un moment, plus par souci du protocole ou ressort dramatique que par consternation, puis répond :

– Je vais voir ce que je peux faire. Mais, Nash, sans déconner, dans quel pétrin tu t'es fourré ?

– Je crois que cette fois-ci je me suis vraiment mêlé de ce qui ne me regardait pas. Mais, en y réfléchissant bien, je n'ai fait que suivre les ordres. Tu m'avais bien dit d'aller à l'essentiel. Je l'ai fait, sans réellement m'en rendre compte d'ailleurs, et maintenant je patauge dans le bourbier. Oh, rassure-toi, tu n'es pas la seule responsable. Leconte aussi m'avait dit de ne pas laisser tomber le gendarme en moi et de garder l'œil ouvert.

– En parlant de Leconte, fait-elle remarquer, il a appelé l'autre jour.

Leconte et Johanne se connaissent depuis un bail. Elle bossait dans la cellule « rens » à Strasbourg quand Leconte était aux commandes. J'imagine qu'il a toujours exercé une influence sur les différents postes qu'elle a occupés depuis. Grâce à elle, il a ses entrées à Europol. Un micro perso. Sa propre antenne-relais dans l'univers du crime organisé en Europe.

– Et alors ?

– Comme d'habitude, répond-elle. Il pose des questions l'air de rien un samedi soir à 23 heures. Accessoirement, il voulait savoir si j'avais eu de tes nouvelles.

Bizarre. Pas impossible, mais bizarre. J'ai comme un pressentiment.

– J'ai autre chose à te demander si tu veux bien…

– Tu me dois déjà beaucoup, Nash. Quoi encore ?

– Tu pourrais aussi envoyer la photo à Leconte ?

– Bien sûr. Mais pourquoi ?

– Une intuition, c'est tout. Et puis, si je me trompe, il peut en profiter pour reluquer une jolie blonde… enfin, brune… bon, tu vois c'que je veux dire. Si j'ai raison, en revanche, il me doit des explications.

*

Là-dessus, on raccroche. Ok, ça c'est fait.

Je me lève, m'étire et fais quelques pas autour du bureau, expirant les toiles d'araignées qui m'encombrent les poumons, et scrute l'horizon sous l'auvent du centre. La proue blanche et cossue du *Basant* pointe son nez au détour de la barrière de corail et vise le quai du resort. Daniel chevauche le balcon avant du bateau et fait figure de proue. Les autres sont affalés sur le solarium, s'abandonnant à la chaleur, abrutis par l'excès d'azote qui circule dans leurs veines.

Je clique sur « éjecter », récupère la clé USB par son cordon, et la fais tournoyer autour de mon index tout en saisissant distraitement le planning du lendemain. Quelque part en ville, au bureau de H_2O, quelqu'un d'autre se creuse aussi les méninges pour organiser le planning, et Samar – pardon, Leila – y figure. Guidant un groupe de Suisses hardcore, qui carburent d'ordinaire à l'eau froide, vers Careless Reef ; chaperonnant un couple de jeunes mariés pendant leur première expérience en mer à Ancora Habili Abu Galawa ; ou, mieux encore, menant une palanquée de nuit chargée d'adrénaline à travers l'étroit couloir de corail de Dolphin House.

Bon, alors… je fais quoi maintenant ? Johanne risque de ne pas refaire surface avant quelques jours, et m'annoncera sans doute qu'il n'y a « aucune information disponible ». Une formule toute simple, générique, qui retentit pourtant si souvent dans la communauté du renseignement. Aucun lien, aucune piste, aucun recoupement. Que dalle. Zéro. Page blanche. Il ne me restera plus qu'une série d'événements improbables, une course-poursuite cinématographique sur un toit, et mon plan cul six pieds sous terre. Sans parler du fait que j'ai encore la trique en pensant au fantôme d'une brune *très* provocante et un mauvais pressentiment concernant son alter ego peroxydé.

Je veux revoir Samar. Enfin… j'ai *besoin* de la revoir. Pas face à face, parce qu'après tout ce qui s'est passé je ne saurais pas comment gérer une rencontre directe. Est-ce qu'elle choisirait de m'ignorer une fois de plus ? Est-ce qu'il y aurait une confrontation ? Elle est sur mon radar depuis notre première – et dernière – rencontre à The Bends, mais je ne sais pas si c'est pareil pour elle. Je suis quoi, moi, pour elle ? Que savait-elle sur ma relation avec Nikki ? Suis-je un obstacle, un boulet potentiel ou un témoin inoffensif qui pige que dalle et empiète sur ses plates-bandes ?

Pour l'instant, je vois deux ou trois contours irréguliers qui pourraient combler un creux ici ou là, mais je ne sais pas encore si j'ai assez de pièces pour faire un puzzle. J'ai besoin de mortier, quelque chose de palpable pour assembler les morceaux. Trouver le dénominateur commun. Suivre le fil d'Ariane.

Chercher la femme.

D'accord, mais pas en tuk-tuk, alors.

*

– Ha, donc tu aimes les motos ? demande Mahmoud, un vétéran de soixante-dix ans, yeux caves et visage buriné. Il appuie sur un interrupteur. Trois ampoules nues illuminent la pièce d'une lumière blanche et crue. Face à moi : un musée du deux-roues. Des rangées de guidons, de réservoirs d'essence et de selles en cuir. Plus d'une trentaine de motos d'époque alignées sous des couches de poussière et de rouille.

Hany m'a rencardé juste après le débrief quotidien et je suis monté – espérons-le, pour la dernière fois – dans un tuk-tuk débridé jusqu'à cet entrepôt situé aux abords d'El Gouna. L'ambiance est différente ici. Une brise chaude caresse les carcasses de moto et distille l'odeur particulière du vieux métal, de la graisse et de la térébenthine. La crasse absorbe la rumeur. Le chaos cède la place aux murmures. Ici on ne parle pas, on chuchote.

Respectueux, je parcours les rangées de métal endormi sur la pointe des pieds. Mahmoud se marre devant mon air fasciné et me raconte son histoire. À la fin de la Seconde Guerre mondiale, les troupes britanniques ont quitté l'Égypte, mais leurs motos sont restées. Suivant son instinct, le jeune Mahmoud les a patiemment rachetées, une par une. Elles croupissent dans cet entrepôt depuis quinze ans.

– Les motos vintage ont la cote maintenant à l'étranger, souligne-t-il avec un clin d'œil complice.

Tandis que Mahmoud me fait visiter l'atelier, je remarque une vieille Norton 16H, et plus loin une Norton Big 4. Quant aux autres, c'est difficile à dire, soit parce que je ne connais pas les modèles, soit parce que l'épaisse couche de poussière m'empêche de les identifier correctement.

Pourtant, tenue à l'écart dans un coin de l'entrepôt, une bécane sort du lot. Une lourde couverture enveloppe le moteur et la selle. Mahmoud remarque mon intérêt et se fraye un passage entre les rangées de motos. Il retire la bâche nonchalamment, soulève au passage un tourbillon de poussière et entame son baratin de commerçant.

– Une BSA B40, dit-il fièrement. Celle-ci, je l'ai achetée à un homme d'affaires jordanien. J'ai retapé le moteur, les freins et la suspension, mais elle a encore besoin d'un bon coup de peinture. Elle est en parfait état de marche, mais elle est un peu…

Mahmoud se gratte la barbichette.

– … comment dire ? Esquintée ?

Je lâche un « ouah » qui résonne sur le métal froid des châssis. Il me laisse admirer la bécane : une digne remplaçante de la Honda Four que j'ai abandonnée avec regret dans le garage de mon père avant de prendre le RER en direction de l'aéroport Charles-de-Gaulle, il y a six mois de ça.

– J'ai commandé de la peinture kaki à un fournisseur anglais sur internet, précise Mahmoud, mais livrée d'ici un mois.

Puis il me regarde et ajoute :

– Je me suis dit qu'un Blanc ne l'achèterait pas sans une nouvelle couche de peinture.

Je suis aux anges.

– J'imagine très bien le général Richard O'Connor traversant une tempête de sable avec elle !

Mahmoud lève un sourcil : Richard qui ?

– C'est sans importance. Vous en voulez combien ?

*

Trois jours passent.

À la nuit tombée, j'enfile mon casque, j'enfourche la BSA et m'offre de longues balades poussiéreuses à travers la ville. Je me mêle, anonyme, à la foule d'El Gouna en transit : une armée de vendeurs, serveuses, skippers, plongeurs, pêcheurs, domestiques, dockers et petits commerçants qui rentrent chez eux, quelque part en banlieue. Parfois, j'accompagne le flux des véhicules roulant vers Hurghada. Mon humeur actionne l'accélérateur, l'accélérateur canalise mes pensées, mes pensées recyclent mon humeur. Dans ma tête, une bande-son passe en boucle : « Witch Hunt » de Donald Byrd. Je m'arrête, je repars : ports publics et privés, parkings d'hôtel et de restaurant, ruelles du centre-ville et arcades commerciales. Je me gare dans la pénombre, à l'abri des projecteurs. Je coupe le moteur mais reste campé sur ma moto. Je regarde, je flaire, j'écoute. Puis je redémarre et roule vers le prochain arrêt.

Observer et écouter.

Musique, lumières, voix et visages.

Puis l'arrêt d'après. Puis un autre.

Jusqu'à satiété.

Ce que je fais ? Je m'entraîne. Une symphonie de la traque pour préparer le terrain. Une filature en devenir. Une danse rituelle, superstitieuse, pour attirer l'esprit de Samar dans mes filets. Je veux l'observer avec le confort et le contrôle d'une distance de sécurité. Une approche de voyeur, lâche, perverse et proactive.

J'ai un pressentiment. Le seul moyen de le confirmer, c'est de suivre Samar.

Une fois de plus.

*

– Ok, elle vient de partir, *habibi*.

En mer Rouge, les centres de plongée recrutent uniquement de la main-d'œuvre locale pour les tâches administratives et logistiques. Les employés égyptiens passent d'un centre à l'autre, et au fil des ans ils ont formé une clique solidaire, une communauté qui constitue le véritable pilier de l'industrie de la plongée du pays. Alors que leurs patrons (généralement occidentaux) se livrent une concurrence féroce et changent au gré des saisons, eux restent, communiquent, s'entraident et font tourner la boutique. Autre aspect important, ils constituent, à condition de trouver le bon filon, une excellente source d'information.

Cet après-midi, Hany s'est rendu au centre de plongée H_2O près du Sheraton. Mission officielle : discuter des options de location de bateaux pour la prochaine saison avec son homologue, et aider l'équipe logistique à installer un nouveau compresseur. Mission subsidiaire : ouvrir l'œil et m'appeler sur mon portable en cas de bonne pêche.

– T'es sûr que c'est elle ?

– Oui, *habibi*, c'est elle. Une belle blonde aux cheveux très courts. Comme tu l'as montré sur ton ordinateur. Je peux demander à CDWS de faire un échange et de la recruter à ta place ?

– Ha ! Fais gaffe, cette garce a le regard qui tue ! Elle roule en quoi ?

– En moto, comme toi, *habibi*. Une rouge. Je la reconnais parce que mon frère a la même en bleu.

– Tu sais où elle allait par hasard ?

– Non, mais elle a tourné à gauche sur la route principale, donc elle va au centre-ville. J'ai demandé aux gars de H_2O où elle habite mais personne n'est au courant. Très discrète, ils disent, ne parle pas beaucoup.

– Alors c'est bien elle, il n'y a pas de doute. Merci Hany.

– Je peux appeler mon ami Samir qui a une station de tuk-tuk à Abu Tig, peut-être qu'il peut…

– T'inquiète, je l'interromps. J'y suis déjà. Je prends la relève.

*

Marina d'Abu Tig. Quatre jours après mon coup de fil à Johanne. On dirait que mes soirées de chasse solitaires vont enfin porter leurs fruits. La Bund marque presque 19 heures. Allez, il est temps de forcer le destin.

Martino's Kitchen occupe le troisième étage du bâtiment administratif de la capitainerie du port. Le proprio y sert une cuisine italienne sans saveur, mais sale bien la note en revanche. Cela dit, je ne suis pas ici pour grailler, mais pour zieuter : du haut du toit-terrasse (eh oui, encore un) bien placé, surplombant l'entrée nord de la marina. Un poste d'observation idéal pour voir sans être vu.

Quelques minutes après l'appel de Hany, j'entends le teuf-teuf typique d'un deux-roues à quatre temps qui résonne contre les façades de la marina. Tiens, une 125 cc Vixen rouge. Pas trop tôt. Je suis déjà à marée basse après ma troisième Stella, et je lutte pour reprendre le dessus.

Enfin la voilà. En chair et en os. Je ne l'ai pas revue depuis la soirée fatidique à Goonies. Nikki l'a forcément croisée après, plusieurs fois même, mais elle n'est plus là pour en témoigner.

Samar manie habilement la Vixen dans le chassé-croisé de la circulation à l'approche d'un rond-point, puis s'engage dans le parking du port de plaisance. Elle négocie un passage étriqué puis se gare bien en évidence dans l'espace réservé aux deux-roues, au milieu des scooters et autres vélos vétustes. Je savoure le manège qui s'ensuit : vêtue d'un short en jean moulant, elle décolle de la selle, cambre les reins et jette une jambe nue de l'autre côté. Puis elle incline la tête, défait son casque de skateboard et d'un mouvement souple des épaules découvre une touffe de cheveux peroxydés. Un véritable spectacle, rien que pour mes yeux.

Le parking est rattaché à une série d'immeubles résidentiels. Je m'attends à ce que Samar pénètre dans un des halls d'entrée, mais non, elle traverse fièrement tout le tarmac sableux et se dirige vers la sortie est, celle qui mène au centre de la marina. Ça me sort direct de ma rêverie. Si je ne la talonne pas illico presto avant qu'elle atteigne la sortie, je la perdrai de vue pour de bon, dans les méandres des allées piétonnes du port de plaisance, et je ne connaîtrai jamais sa destination finale.

Je jette quelques billets sur la table et sors du restaurant en piquant un sprint. Je trébuche dans la cage d'escalier et atterris sur le palier juste à temps pour voir le dos de Samar disparaître derrière la principale sortie piétonne. La boule au ventre, je marche sur ses pas dans le parking et ralentis l'allure quelques mètres avant le portique sculpté. Planqué derrière une fausse colonne grecque en plâtre, je penche la tête à moitié. Arrêt sur image : les cuisses et les fesses de Samar se balancent sur les pavés de la grande rue piétonne.

Elle tourne à gauche brusquement puis disparaît dans une ruelle anonyme. J'ai très envie de lui courir après mais, si pour une raison quelconque elle se retourne, je suis foutu. Et à cette heure-ci, difficile d'invoquer une rencontre fortuite. *Réfléchis une seconde.* Ces venelles étroites forment un dédale de minuscules boutiques de souvenirs, barbiers et restos branchés, mais elles sont toutes parallèles à la promenade de la marina. Donc, si j'ai de la chance, Samar va réapparaître quelque part le long du tronçon longeant le port. Attendons qu'elle sorte de ce labyrinthe et risquons de la perdre si par hasard elle habite dans un des appartements qui bordent ces ruelles.

Je déambule vers l'arcade du Captain's Inn, un repère populaire du port de plaisance. À cette heure de la journée, l'endroit est plein à craquer de vaillants matelots, garçons de cabine et autres compagnons de bord qui festoient à terre, tandis que les propriétaires de yacht se retirent à El Gouna avec leur maîtresse locale, dans le confort de leur villa balnéaire. Je me mêle à la foule massée autour de comptoirs en plastique en forme de champignon, je regarde autour de moi et vérifie la Bund régulièrement, comme si j'attendais quelqu'un. Perchées en hauteur, fissurées par les morsures répétées du soleil, des enceintes crachotent une mélodie aussitôt étouffée par le brouhaha. Malgré la cacophonie ambiante, je reconnais « Eyes of a Stranger » des Payolas. De circonstance.

La chance me sourit. Cinq minutes plus tard, Samar surgit du dédale de ruelles et fait une brève incursion sur la promenade de la marina. Sa silhouette se découpe dans la lumière crue d'un réverbère à environ cent cinquante mètres du Captain's Inn. Elle bifurque vers le nord au niveau de la jetée, quitte la promenade piétonne en grès, et stationne un moment devant la vitrine d'une boutique de maillots de bain. On la distingue à peine devant la façade de l'immeuble couleur chocolat. Quelques secondes plus tard, elle reprend son chemin. Une quinzaine de pas, puis elle s'engouffre sans prévenir dans les entrailles des ruelles. C'est reparti.

*

Bon, il faut que je m'active, moi. Je pourrais suivre son itinéraire, mais elle risque de réapparaître plus loin sur la promenade pendant que je sillonne les ruelles piétonnes à l'aveugle. Non, je dois rester sur le quai.

J'aperçois un groupe de six adolescents qui se promènent dans la bonne direction : t-shirts serrés manches longues et cols en V, shorts amples ou jeans élimés, tongs destroy, et pétard qui passe de main en main. Verdict : des kitesurfeurs de Buzzha Beach en mode apéro et découverte. Je m'éloigne de la foule du Captain's Inn et, tel un témoin à la bourre, rejoins la petite bande d'un pas rapide. Je ne fais pas vraiment illusion en les talonnant à quelques mètres d'un air nonchalant, mais le troupeau devrait me permettre de garder l'anonymat une minute ou deux. Je me courbe, baisse la tête pour me faire petit, enfonce mes mains dans mes poches et scrute le terrain, façon fugitif parano craignant l'embuscade.

Le groupe dépasse l'endroit où Samar vient de bifurquer. Une allée lambda, sans signe distinctif. Je colle aux basques de mon groupe d'ados, feignant de tripoter mon portable et calant ma foulée sur la leur. Devant nous, vingt à trente oiseaux de nuit sont rassemblés devant une vieille péniche. Ils font la queue pour entrer au Poseidon, le nouveau bar à cocktails : un chalutier militaire transformé en temple de l'ivresse, flottant et tapageur. La charpente du bateau vibre au rythme du son métallique de Daft Punk. Les petits jeunes sont vite conquis. Trépignant d'impatience, ils se placent en bout de file, roulent des hanches, et matent les filles. Il n'y a pas d'autre bar ni de terrasse dans les parages où je puisse me retirer tranquillement et attendre que Samar daigne refaire surface. Je n'ai pas le choix, je dépasse la file d'attente et poursuis ma route le long de la jetée.

Je suis à découvert maintenant. On n'entend quasiment plus que les basses étouffées de la musique, et la foule n'est plus. En fait, je semble être la seule âme solitaire à arpenter ce dernier tronçon de la jetée. J'avance encore quelques minutes, attentif au doux froissement de mon pantalon en lin et au crissement rythmé de mes chaussures de pont sur les carreaux en argile. En bout de jetée, le vent se lève en bourrasque et enveloppe une rangée de yachts impavides. Les gréements s'entrechoquent contre les mâts, les pavillons claquent sur les rambardes, les étais, les pataras. Je suis allé trop loin. J'aurais dû lui emboîter le pas dans la deuxième ruelle. Soyons optimiste. Au moins, j'ai réussi à la pister à quelques pas de sa destination finale. Restons-en là pour aujourd'hui.

Je tourne les talons, parodiant un demi-tour protocolaire, en ordre bien serré. Ce bout de quai dépeuplé me tape sur le système. À ma gauche, j'aperçois une passerelle de service étroite parallèle à la promenade. L'accès est restreint aux propriétaires de yacht, membres d'équipage et personnels de maintenance. J'ignore le panneau jaune vif « Propriété privée : défense d'entrée » et enjambe la barrière en acier brossé qui m'arrive à la taille. Résigné, j'entreprends de regagner le parking par ce chemin latéral qui ravive mes souvenirs. Nikki et moi avions flâné et flirté une fois ou deux le long de cette allée désertée.

La passerelle est plus sombre maintenant, épargnée par la lumière vive et arbitraire des réverbères de la jetée, quelques mètres à ma droite. Une poignée de projecteurs éclairent la poupe des yachts et créent des halos qui jalonnent mon chemin. Les vagues caressent les coques élancées des mastodontes, s'échouent sur les planches en bois de la passerelle et étouffent le bruit de mes pas. « Private Investigations » de Dire Straits me vient à l'esprit, mais il pourrait y en avoir d'autres. Ambiance parfaite. Le temps se fige. Et soudain, moi aussi.

*

Bordel de... ?

J'hallucine. Samar est debout sous l'auvent d'une galerie marchande, juste en face de la jetée. Apparue de nulle part, ses yeux braqués dans ma direction. Je passe en mode apnée. Depuis combien de temps est-elle là ? Est-ce qu'elle m'a vu ? M'espionnait-elle sur le quai en attendant que je rebrousse chemin ?

Elle sort à découvert et marche droit sur moi. Un air détaché de panthère tranquille, aux pas à la fois sereins et feutrés. Elle sera tout près de moi dans quelques secondes. Je suis sur le point de tout laisser tomber, me triturant les méninges comme un fou furieux à la recherche d'un prétexte quelconque. Mais elle bifurque légèrement sur sa droite et vise une barrière en métal à hauteur de taille, semblable à celle que j'ai enjambée il y a quelques minutes. À ce moment-là, quelque chose change dans sa posture. Sa nuque frémit. Ses épaules oscillent imperceptiblement et trahissent ses intentions. Elle balaye les alentours d'un œil très expert. À la dérobée. Soit elle s'est désintéressée, soit elle a décidé de m'ignorer. Ou alors...

Je regarde autour de moi et réalise soudain que mon coin de passerelle est plongé dans le noir. La chance du débutant. Elle ne m'a pas encore vu, mais ça ne saurait tarder.

Une idée, *vite*, avant qu'elle ne franchisse la barrière de service !

Ok, on va jouer.

Je me plaque à terre et m'étale de tout mon long sur les lattes en bois glissantes. Je bascule les deux jambes sur le rebord du ponton, j'inspire, je me prépare à la morsure du froid et me glisse à reculons dans l'eau sombre. Jusqu'au cou. Mes pieds pédalent sous l'eau pour trouver un appui, mais le port est profond, surtout à cette extrémité du quai. La houle du soir ballotte mes jambes comme des feuilles mortes, tandis que je m'accroche à une bouée de ponton visqueuse. Samar ne doit plus être loin. Je prie pour qu'elle ne m'ait pas aperçu. Le bois craque et gémit sous ses pas. Elle vient de s'arrêter ? Je lève les yeux, m'attendant à voir la panthère contemplant sa proie. Mais non, rien. Je compte jusqu'à dix secondes, qui me semblent interminables… puis me hisse à hauteur des yeux pour un rapide coup d'œil. Elle a foulé l'endroit précis où j'ai disparu, a tourné à droite, et déambule à présent sur la passerelle d'un air désinvolte.

Je maintiens la position. Samar s'arrête. Elle sort quelque chose de son short en jean moulant – je ne vois pas comment elle pourrait y caser autre chose qu'une carte de crédit – et approche ses mains de son visage. Une toute petite flamme surgit de ses paumes et maquille son visage l'espace d'un instant. L'extrémité rougit lorsqu'elle tire sur sa cigarette. La fumée s'élève en fine volute autour de ses cheveux, puis disparaît aussitôt. Elle prend deux ou trois bouffées. Toute une mascarade pour dissimuler un nouveau coup de périscope à 360 degrés. Quel jeu de scène, ma parole ! Elle jette son mégot d'une pichenette, puis oblique rapidement vers un poste d'amarrage. Le bruit des vagues et du vent neutralise ses pas. Je la perds de vue. Disparue, derrière un mur de trois énormes yachts qui bloquent mon champ de vision.

Je tractionne sur le ponton jusqu'à la taille et allonge le cou pour un meilleur angle de vue.

Et là, je le vois.

*

Le *Coronado*. Le vaisseau fantôme. J'avais aperçu la proue du Sunseeker six mois plus tôt à Cannes. Quelques secondes à peine, avant et après la plongée de nuit prophétique. Puis il avait levé l'ancre. Et Samar aussi.

Toujours accroché à la bouée, je m'enfonce à nouveau dans l'eau sombre pour passer mes options en revue. Une chose est sûre, je ne peux plus m'aventurer innocemment sur le ponton qui craque. J'ai eu mon quota de veine pour ce soir. Mais cette situation délicate me rappelle une journée idéale à Cannes : mer, bateau, Samar, et… natation.

Eh bien, nageons, alors.

La proue majestueuse d'un voilier de croisière Jeanneau se dresse fièrement au-dessus de ma tête. Je me lance dans une brasse grand-mère-qui-ne-veut-pas-mouiller-ses-cheveux-et-a-tout-son-temps et longe de près les vingt mètres de la coque bâbord jusqu'à ce que je sorte de son mouillage. Les lumières stroboscopiques vertes et rouges des bouées signalent l'extrémité de la jetée. Je nage en pleine eau quelques minutes, puis bifurque à droite vers la marina, qui baigne dans son halo de lumières. Une vingtaine de yachts alignent leur poupe charnue pour mon inspection nocturne. Un seul d'entre eux m'intéresse.

Je m'approche du Sunseeker avec respect par le quart tribord, dominé par sa coque noire miroitante et agressive, ses taquets rutilants et plats-bords généreux. En lettres d'or sur l'imposant tableau arrière, on peut lire « Coronado ». Je saisis l'échelle de bain, me stabilise, dresse l'oreille et guette.

Le yacht est endormi, il n'y a pas une âme sur le pont pour accueillir un nageur indiscret. Mais ça bouge à l'intérieur. La lumière filtre de ses entrailles. De temps en temps, une silhouette vacille derrière les hublots chromés et raffinés.

Flash-back, retour à la case départ. Je me revois couché dans les buissons entourant la majestueuse villa d'Escragnolles. J'avais eu chaud alors ; là, maintenant, j'ai froid. Après vingt minutes à faire trempette dans le port, mes membres sont engourdis et je commence à me les peler. Mes options sont limitées, en fait. De cet angle, je ne peux pas voir à travers les hublots et je suis exposé si quelqu'un sort fumer une clope ou pisser à l'arrière du bateau. J'en ai assez vu. Et puis la BSA me fait des appels de phare avec sa selle en cuir chaude et sèche.

Je m'apprête à lâcher l'échelle et déguerpir quand un étrange motif linéaire attire mon regard et me détourne de ma filature. Des chiffres rétroéclairés, alignés sur des curseurs individuels comme des signaux lumineux sur une piste d'atterrissage. Chaque mouillage est numéroté sur un support de la taille d'une plaque d'immatriculation, fixé à l'extrémité de son dock.

Volée de cloches, feux d'artifice et musique d'opéra. Le *Coronado* a le poste d'amarrage 927.

Nikki était là.

*

Le gros son du Poseidon retentit toujours dans l'enceinte du port de plaisance : « Somebody's Watching Me » de Rockwell. La houle se cale sur le tempo et me pousse gentiment vers le cordon de plage privé du chalutier disco. Les fêtards se retrouvent ici pour picoler, fumer et discuter loin des décibels assourdissants. Je repère mes ados kitesurfeurs en train de blaguer et dragouiller. Au fait, les mecs, merci pour la couverture.

Je sors de l'eau comme si de rien n'était. Ma chemise et mon pantalon dégoulinent ; mes chaussures de pont sont gorgées d'eau et se vident en couinant quand je foule les lattes en bois de la terrasse ; mais, sur mon visage, un masque de détachement et de stoïcisme. Sûrement déprimé, le type. En tout cas, certainement pas sobre. On me lance de vagues regards en coin et quelques personnes me dévisagent d'un air méfiant, mais mon état n'est pas si inhabituel dans ce rade : encore un jet-setteur bourré qui avait besoin de dessaouler.

Je monte les escaliers et atterris encore une fois sur cette fichue promenade, en face de l'allée où Samar a dévié son parcours il y a moins d'une demi-heure. Quelques minutes plus tard, je passe devant le Captain's Inn, trempé, traverse l'arcade glauquissime et rejoins la place sablonneuse et abandonnée du parking. L'air est encore brûlant après le brasier de la journée et mes vêtements sont déjà à moitié secs quand je retrouve la BSA. Elle m'accueille dans l'obscurité, épargnée par l'incandescence laiteuse de la marina. La selle me réchauffe l'arrière-train. Je peux enfin souffler.

La boucle est bouclée. J'ai le cerveau cramé. Je suis engourdi mais aussi euphorique. Un mélange d'amphétamines et de calmants. Je détache le casque du cadre et mon regard se pose naturellement sur la Vixen rouge de Samar, calée au milieu de l'espace réservé aux deux-roues, de l'autre côté du parking.

C'est parfaitement logique. Elle gare sa moto en dehors de la marina, loin de la foule, pour que l'on pense qu'elle appartient à un des résidents des appartements autour. Ensuite elle emprunte le chemin le plus long, tortueux et impraticable possible. Elle feint une série de pauses et fait semblant de lorgner les vitrines éteintes de la galerie marchande. Elle improvise des pauses clopes. Je ne prends pas trop de risque en appelant tout ce manège par son nom : contre-filature. Pensez à un échiquier. Une reine spectrale qui ne se déplace jamais en ligne droite.

Maintenant je sais comment elle a rejoint l'Égypte depuis la France. Sans être repérée. Ce yacht – le *Coronado* – est en réalité son canot de sauvetage, un sas où Leila la blonde peut se réfugier et redevenir Samar la brune. Un peu comme un plongeur professionnel aurait besoin d'une cloche pour respirer et décompresser en profondeur. Pourtant elle ne veut pas être vue, ni associée au yacht, à son propriétaire ou à ses occupants, quels qu'ils soient. Option numéro un : le yacht est un lieu de rencontre ponctuel. Option numéro deux : c'est son point d'ancrage permanent. Rappelle-toi sa fiche d'information CDWS : pas d'adresse personnelle mentionnée, rien que le centre de plongée. Il y a fort à parier qu'elle n'est même pas recensée par les services des douanes et de l'immigration. Pour quoi faire ?

Puis il y a ce fameux poste d'amarrage : le 927. Je fouille dans ma poche détrempée et en extrais mon portable à clapet tout cabossé. L'écran est noir et recouvert d'une fine pellicule d'eau de mer piégée sous le verre. Oups. Ok, je ne peux plus vérifier maintenant, mais je sais que c'est le même numéro. Celui qui figure sur le SMS évasif et fatidique que Nikki m'a adressé la nuit du selfie à Buzzha Beach avec Dawoud, et Samar en arrière-plan, posté sur Facebook. D'une façon ou d'une autre, Nikki a établi un lien entre Samar et le *Coronado*. Elle m'a envoyé un texto. Et s'est probablement retrouvée piégée en cours de route. Mais bon sang que s'est-il donc passé après ?

J'incline la tête et pose les coudes sur le réservoir à essence de la BSA : un prie-Dieu improvisé.

Ma gorge se noue.

Nikki, pardonne-moi s'il te plaît.

*

Marina d'Abydos, le lendemain, 17 heures, retour de plongée.

Pas de dauphins souriants aujourd'hui, ni de poissons-clowns trop mignons, ni même de murènes qui font peur. Au lieu de nous contenter du bestiaire habituel des cartes postales, nous les avons emmenés sur le site de plongée le plus terne, plat et ennuyeux au catalogue : Umm Gamar. Oubliez les clichés de rigueur. Ici, c'est la Mecque des petites bestioles moches et méchantes. Au moment où vous êtes prêt à jeter l'éponge, persuadé que ce mince filet de récif corallien n'a décidément rien à offrir, vous commencez à baisser les yeux et à examiner de plus près le fond sableux et monotone. Et c'est là qu'Umm Gamar livre ses promesses et dégurgite une tripotée de monstres marins hallucinants que la plupart des gens ne verront que dans des films de science-fiction, un reportage de *National Geographic* ou des bouquins de geeks consacrés à la faune marine : poissons-grenouilles vert fluo, poissons cornets tubulaires, tétrodons géants, poissons-limes striés bleu électrique, et les épouvantables poissons-pierres. Des as furtifs de l'autodéfense, des sorciers du camouflage, des prédateurs planqués que votre cerveau peine à déceler, même lorsque vos yeux sont braqués sur eux. Ce site me rappelle Samar, en quelque sorte.

J'ai passé l'essentiel du voyage retour à raconter le détail des événements de la nuit dernière à Daniel : la filature de Samar dans la marina, le plongeon dans le port et le numéro de mouillage du *Coronado*. Le Patagonien m'a écouté sans broncher, mais j'ai cru discerner une ombre dans son regard, une appréhension qui affleurait. Sur le moment il n'a pas fait de commentaires.

Tandis que nous rassemblons et trions les piles de matériel sur la plate-forme arrière du *Basant*, les *gentils membres* grimpent joyeusement dans la navette climatisée qui les ramène à l'hôtel. Une plongeuse française fait un signe de la main à Daniel derrière la fenêtre du bus. Il sourit et lui rend son salut. L'espace de quelques secondes, mon récit passe au second plan derrière le décolleté pigeonnant, puis Daniel me livre son verdict sans fioritures :

– Tu es borné, imprudent, et sans doute aussi un gros mytho.

– Peut-être, je lui réponds, mais au moins je suis fixé maintenant. Écoute, ma collègue d'Europol ne m'a pas encore rappelé. Je ne peux pas squatter le *Basant* jour et nuit en attendant que rien ne se passe. Nikki est morte et je culpabilise de lui avoir demandé d'espionner Samar, c'était beaucoup trop dangereux.

– Dangereux ? me reprend-il, le regard contrarié.

Les autres moniteurs et divemasters s'installent à l'arrière du pick-up, à même le plancher, insensibles à nos propos. Daniel leur fait passer sa caisse de matériel et fait signe au conducteur que nous deux rentrons à l'hôtel à pied finalement, en longeant la plage.

– Sais-tu réellement ce qu'est le danger, Nash ? reprend-il, tandis que le pick-up nous dépasse en fond de première.

Je sens que j'ai touché une corde sensible, alors je le laisse parler.

– Tu sais comme moi qu'il y a plusieurs modes de vie possibles. Dans mon esprit je les associe à des niveaux de danger. Je te parle de danger réel, sans filet – de danger de mort. Dans le monde civilisé occidental, la plupart des gens ne connaissent pas – et ne connaîtront jamais – une vie de danger. Bien sûr il y a toujours les maladies, les accidents de voiture, les agressions, etc., mais dans l'ensemble la vie est sécurisée, banalisée, anesthésiée… assurée tous risques, quoi. Les gens regardent des séries policières, des thrillers et des films de guerre pour goûter au danger mais ce sont des colorants artificiels. En réalité, ils restent dans leur périmètre bien sécurisé. D'autres vont un peu plus loin : ils font du parachutisme, du saut à l'élastique, ils conduisent vite, ils se droguent… ils tentent par tous les moyens d'augmenter artificiellement la dose de danger quotidienne. Mais la plupart ne se doutent pas que le mode de vie auquel ils aspirent – une vie de danger permanent –, c'est l'enfer. Je sais de quoi je parle. J'en viens.

Il reste silencieux un moment, puis enchaîne avec une anecdote qu'il m'a déjà racontée mais qui prend à présent tout son sens.

– Dans ma première vie, j'ai parcouru l'Argentine aux commandes d'un petit Dornier 228 pour le compte d'un gros producteur de céréales et de soja. Avec le Dornier, tu peux décoller et atterrir sur des terrains très courts… voire inexistants. Inutile de te dire qu'en période de grande sécheresse je ne transportais pas que de la farine. Parfois, j'embarquais un type armé qui me faisait changer de plan de vol au dernier moment. Un beau jour j'ai posé la mauvaise question et le gars m'a collé le canon du flingue sur la tempe, le doigt sur la détente, pendant tout le trajet. Deux heures avec un flingue sur la tempe, c'est long, surtout avec des turbulences. Ce jour-là j'ai décidé de changer de vie coûte que coûte. J'ai appelé ma mère et ma petite sœur à Cipolletti, je leur ai dit que j'arrêtais tout, et j'ai pris le premier billet pour Playa del Carmen. Je suis devenu prof de plongée. C'est beaucoup plus tranquille. Mais je sais que je peux replonger dans la vie de danger en un battement de cils. Elle est là, elle m'attend.

Il s'arrête de marcher et me regarde droit dans les yeux.

– Toi, c'est l'inverse, Nash. Tu avais tout pour une vie sécurisée mais tu n'en as pas voulu. T'es trop con. Tu as tellement rêvé à la vie de danger que tu fais n'importe quoi pour y goûter, et tu vénères ceux qui en viennent. Cette femme fantôme que tu suis dans les rues ? Elle pue le danger, je le sens. Et toi tu veux t'en servir comme d'une passerelle, parce que tu vois la vie de danger comme dans un roman.

– Alors quoi, lui dis-je. Je devrais me barrer et tout laisser tomber ?

– Non, mais promets-moi de ne plus faire cavalier seul comme ça. Et arrête de te culpabiliser pour Nikki, ça n'avance à rien. Le mal est fait.

Je digère en silence tandis que nous arpentons seuls le bout de plage public et désert qui relie la marina au centre de plongée. Aucune autre créature vivante n'ose défier le soleil de 17 heures à découvert, même en janvier. Pourtant, derrière nous, un cri familier interrompt notre mise au point.

– *Habibi !*

Nous nous retournons et apercevons Hany qui agite la main. Il marche dans notre direction d'un pas léger et mesuré. Comment diable a-t-il fait pour nous rattraper à ce rythme ? Il nous offre une poignée de main brusque, arborant son sourire immuable – un visage buriné qui exprime continuellement la contenance et la satisfaction du travail bien fait. Nous échangeons quelques banalités post-plongée : l'équipage du *Basant* a bien bossé aujourd'hui, un client a déchiré la fermeture éclair d'une combinaison, un autre a cassé la sangle d'un masque. Hany écoute et valide mes propos d'un « Ok, *habibi* » rassurant.

Une fois la check-list du lendemain passée en revue, il se gratte la tête et me regarde.

– J'ai parlé à mon ami qui travaille à la capitainerie du port ce matin.

Daniel l'interrompt avec un rictus et me dévisage.

– Ah, je vois, donc Hany travaille pour toi au black, lui aussi ? Et qui va s'occuper de la logistique quand il se fera zigouiller ?

– Daniel, tu es mon pote donc je vais ignorer ce que tu viens de dire. Hany, c'est super-rapide, je te suis reconnaissant. Tu as découvert quelque chose ?

– C'est un beau bateau très cher, pas comme le *Basant*… donc j'ai demandé à Kareem, et il dit qu'il est amarré à Abu Tig depuis le mois d'août dernier.

– Mouais, ça colle avec l'arrivée de Samar, dis-je. On sait à qui il appartient ?

– Mon ami dit que le propriétaire n'est pas un homme.

– Non ? Ça veut dire que c'est une femme ? je lui demande comme un gamin écervelé, oubliant les subtilités langagières de Hany.

– Non, le yacht noir est enregistré par une industrie…

– Tu veux dire une *société* ? corrige Daniel.

– Oui, voilà, confirme Hany avec un hochement de tête, une société. Mais mon ami a refusé de me dire laquelle.

– Ah. Et il t'a dit pourquoi ? demande Daniel.

– Non, et il n'a rien voulu me dire de plus. Je n'ai pas insisté. Il avait peur, *habibi*, je l'ai lu dans ses yeux.

Cinquième partie

« Argh… brôooo… beuargh », fait le gros en rotant. Je crois que je vais vomir.

Séance piscine au Mövenpick, deux jours plus tard. Mes aspirants plongeurs de l'après-midi : Fabrice, un magnat de la fête foraine de Clermont-Ferrand, quarante-cinq ans, cent trente kilos, boudeur assorti d'une tendance répugnante à baver et éructer à tout bout de champ, et j'ai nommé Chen et Changchang, un couple de demi-portions chinois de Tianjin. J'ai dû improviser une triple ceinture pour accrocher suffisamment de lest autour du ventre monstrueux de Fabrice. J'utilise la langue des signes au-dessus de l'eau pour communiquer avec le couple du soleil levant : ils ne savent pas nager, parlent un anglais plus qu'approximatif (oublions le français) et se marrent tout le temps, même sous l'eau. Je maudis en silence la brochure sur papier glacé du centre de plongée et ses photos alléchantes de bimbos en bikini photoshopées, et décrète que ces trois-là vont mijoter dans le chlore un bon moment avant de pouvoir goûter l'eau salée.

– Tout va bien, Fabrice, tu as juste besoin de t'habituer à respirer par la bouche. C'est facile avec le masque, mais lorsque tu le retires sous l'eau ton cerveau te fait croire que tu peux à nouveau respirer par le nez. Tu dois réprimer l'envie et continuer à respirer par la bouche. Le seul moment où tu utilises ton nez, c'est pour vider le masque quand tu le remets sur ton visage, et puis, de temps en temps, pour égaliser la pression à l'intérieur quand tu descends en profondeur, ça te permet d'éviter le placage de masque.

Chen et Changchang sont morts de rire.

– Allez, c'est reparti, les cocos.

Grandeur et décadence, disait Balzac.

*

Deux heures plus tard, je savoure une Stella bien fraîche et méritée sur la terrasse de la piscine, avant de rentrer au *Basant* avec la BSA pour finir la journée en beauté. La piscine s'est transformée en temple de la sueur pour une douzaine de femmes corpulentes qui gesticulent et s'éclaboussent mutuellement sous le soleil déclinant. On appelle ça l'aquagym. Cela consiste à perdre un ou deux kilos avant de les récupérer à l'heure du dîner. Ce n'est pas tant la vue que le son qui m'indispose : un condensé délirant et frelaté de techno pourrie et de classiques de boys bands des années 90. Un véritable meurtre auditif si vous voulez mon avis. Pour une raison que je ne m'explique pas, les clients de l'hôtel semblent adorer, et même réclamer, ce barouf au moins une fois par jour, pour les aider à oublier qu'ils sont en fait venus ici en quête de paix et de sérénité.

Malgré la cacophonie ambiante, mes oreilles et mon cerveau reconnaissent d'emblée sa voix.

– Est-ce que la caserne vous manque, mon capitaine ?

Un français de langue maternelle, net et précis. L'accent ne trompe pas. Le ton m'est familier. Éloquent et aristocratique, raffiné et suffisant, voire condescendant. Associez le ton aux contours reconnaissables de l'ombre projetée au sol. Non, c'est impossible.

Je lève les yeux. Leconte me toise. Il est toujours aussi petit, trapu, à moitié chauve et limite grassouillet. Une petite séance d'aquagym, de temps à autre, ne lui ferait pas de mal. C'est la première fois que je le vois sans uniforme. Pantalon Dockers couleur kaki, ajusté à la mesure du ventre bedonnant. Chemise Marlboro bleu uni à manches longues protégeant nuque et avant-bras, parsemée d'auréoles de sueur sur le devant, et à l'arrière aussi probablement. Chapeau panama et lunettes de soleil Wayfarer. Mocassins en cuir cirés qui prennent le sable et… des chaussettes. Des chaussettes orange, pour être précis.

Il fait tache dans ce décor, comme si un vol Air France l'avait directement téléporté depuis Charles-de-Gaulle. Ses vêtements clochent. Sa voix cloche. *Il* fait cloche. Comme Hercule Poirot jouant un rôle de figurant – la moustache en moins – dans un épisode de « Deux flics à Miami ». Leconte n'a rien à faire ici, et pendant une poignée de secondes j'ai du mal à enregistrer et accepter sa présence. Visiblement, ma stupéfaction l'enchante.

– Repos, dit-il avec un bref signe de tête, le rictus au bord des lèvres. Content de vous revoir, Gopler.

Leconte. Sous le choc, j'en oublie de me lever pour saluer le commandant de groupement qui, il y a plus d'un an, avait un pouvoir absolu sur ma personne, H24. Le lieutenant-colonel qui m'a laissé partir et m'a accordé ma liberté. Le gendarme qui m'a recommandé de garder l'œil ouvert, ici-bas, dans le monde civil.

D'un geste de la main, je lui indique la chaise en face de moi. Mais il saisit celle qui se trouve juste à côté, puis s'assoit. Ok, c'est l'heure des confidences. Il incline son panama, lève un doigt en direction de la serveuse et commande un jus de citron pressé. Sans sucre.

– J'en bois un par jour maintenant, me dit-il. Apparemment, c'est bon pour ma tension artérielle.

Il laisse s'écouler quelques secondes, m'accordant une chance de lui balancer un juron ou un mauvais sort, ou plutôt de l'insulter. Mais je le fixe sans rien dire. Il reprend.

– Bon, je vous prie de m'excuser de débarquer sans prévenir. La direction générale de la gendarmerie n'a validé ma demande de congé annuel qu'hier et je me suis précipité pour réserver un vol et un hébergement à la dernière minute. M. Mandouh du consulat de France a aimablement facilité toute la transaction. Il a organisé mon transfert du Caire à Hurghada, puis m'a réservé un chauffeur pour venir jusqu'à El Gouna. Et donc, souligne-t-il avec un grand sourire et une pointe de fierté, me voilà.

– Félicitations, lui dis-je. Vous avez brillamment survécu au périple tumultueux de n'importe quel Européen de classe moyenne qui vient en vacances ici.

Mon ironie gomme l'autosatisfaction de son visage, mais l'espace de quelques secondes seulement. Visiblement il s'attendait à ne pas recevoir l'accueil polynésien. Il poursuit.

– Vous connaissez M. Mandouh, n'est-ce pas ? demande-t-il, l'air de rien.

Mandouh est le directeur de Flight Masters, une agence de voyages basée au Caire. Pour les moniteurs français d'El Gouna, c'est un fournisseur notoire de charters low-cost et dernière minute à destination de Paris, ainsi qu'un négociateur hors pair de franchises bagages très avantageuses. Nous avions échangé une fois par téléphone, un mois plus tôt, alors que j'aidais un aspirant divemaster à réserver un vol pour Charles-de-Gaulle pour son premier congé. Récemment, j'étais au bureau épluchant la paperasse pour renouveler les demandes de visa du personnel et je suis tombé sur son cachet et sa signature sur des documents administratifs officiels. Il se trouve que M. Mandouh est également le seul représentant officiel du consulat de France à Hurghada et El Gouna. À la fois organisateur de vols, facilitateur de fret, et correspondant politique et diplomatique. La *French Connection.* Il peut probablement importer ou exporter tout ce qu'il veut, avec tous les tampons appropriés. Ça sent la barbouze à plein nez. Leconte veut que je sache qu'il a des connexions. Je réponds évasivement : « Oui, nous avons déjà discuté. »

Il sort un paquet de Gauloises sans filtre de sa poche et m'en propose une.

– Non merci.

– Ha, pourtant on m'a dit que la plupart des moniteurs de plongée fument, paradoxalement.

Il tasse l'extrémité d'une cigarette sur son paquet, puis l'allume avec un Zippo chromé sur lequel figure le logo de la gendarmerie. Il commence à me gonfler avec ses manières et son baratin. Ce n'est plus le patron. Ici, c'est mon territoire. Pas question qu'il mène la conversation.

– Au fait, par rapport à votre question initiale, la réponse est non.

Il lève un sourcil inquisiteur et expire sa première bouffée.

– Je vous demande pardon ?

– Non, la caserne ne me manque *absolument* pas.

– Je vous comprends…

Sa tête pivote de gauche à droite pour embrasser le décor.

– … Comme on dit en bon français : *sea, sex and sun.* J'imagine que la mer Rouge a bien des choses à vous offrir. La simplicité des embruns et le faste de la sérénité. Jour et nuit. Plonger ou ne pas plonger. Vous avez la possibilité de desserrer les menottes autour de vos poignets, savourer la fraîcheur du cadre, vous départir des choses matérielles.

Loin des accessoires et gadgets du XXIe siècle. Vous goûtez au plaisir de…

Il tend le cou et reluque discrètement la serveuse qui repasse en roulant des fesses.

– … la dématérialisation, je suppose.

– Quelque chose comme ça. Votre théorie est un peu schématique mais vous avez mis le doigt sur le maître mot. La simplicité. Dois-je comprendre que vous aussi vous envisagez un changement de carrière ? je lui demande avec un sourire constipé. Vous n'êtes pas venu jusqu'en Égypte pour un jus de citron, quand même ? Ça vous brancherait un cours de plongée, à tout hasard… mon colonel ?

Je prononce son grade d'un ton nerveux et corrosif, je le regrette aussitôt. Je suis sur la défensive. Mon ancien mode de vie me rattrape.

Il tire sur sa cigarette, savourant à la fois le geste et la tension palpable. Leconte est à peine descendu de l'avion que je suis déjà son jouet. Il expire, secouant légèrement la tête de gauche à droite. La fumée pénètre dans ses yeux, l'obligeant à pratiquement les fermer derrière les verres teintés. Des yeux perçants, cernés et revêches. Ceux d'un homme qui ne dort pas.

– Allons, Monsieur Gopler, c'est évident, non ? dit-il. Je suis venu pour la femme.

– Oui, ça j'avais compris. Votre présence confirme mon intuition et je n'ose même pas en imaginer les implications. Je vais donc faire l'idiot et vous demander d'être plus *spécifique*.

Il n'a que faire de mes jeux de scène et rechigne à l'idée de perdre son temps à donner des détails spécifiques. Finalement, il se ravise, acquiesce d'un mouvement de tête et daigne m'accorder les préliminaires de base.

– Il y a sept jours vous avez contacté votre ancienne collègue – et de surcroît mon ancienne enquêtrice –, l'adjudant Johanne Bopotin à La Haye. Vous lui avez envoyé une photo par e-mail et un fichier d'informations personnelles décrivant une certaine Leila Murr. Correct ?

Je fais oui de la tête. Il lève un sourcil inquisiteur – le même que tout à l'heure. Il devait porter un monocle dans une vie antérieure.

– Doux Jésus, Gopler, vous avez mis Bopotin dans la mouise. Votre demande – et, j'ajouterai, la procédure de recoupement qu'elle impliquait – était plus qu'irrégulière. Vous savez aussi bien que moi que l'échange de renseignements policiers est une science. Entre les États européens et leur myriade de systèmes judiciaires, c'en devient un art. Les États sont propriétaires des informations qu'ils transmettent à destination des fichiers d'analyse d'Europol. En tant qu'officier de liaison, quand vous interrogez ces fichiers sur un nom donné et que votre recherche fait mouche, c'est la partie facile. Le plus difficile consiste à négocier l'accès aux données avec le propriétaire, c'est-à-dire un autre service de police européen. Et ça, c'est en utilisant les canaux *appropriés*, pas en appelant une vieille copine pour lui envoyer une photo d'identité par e-mail à partir d'un PC non sécurisé dans un complexe touristique miteux au milieu du désert.

Oubliez Hercule Poirot. Je suis en train de parler à Higgins, là.

– Épargnez-moi vos remontrances, Colonel. J'espère que vous n'avez pas pris l'avion jusqu'ici pour me passer un savon. Johanne a l'habitude de traiter des demandes extrêmement irrégulières. Je suis certain que vous aussi vous avez su profiter de ses compétences – et plus d'une fois – pour servir vos desseins il n'y a pas si longtemps que ça. En douce. Sous le sceau du secret, comme on dit. Je me trompe ?

– *Touché.* Oui, et c'est tout à son honneur, elle a toujours obtempéré et fait preuve d'une efficacité sans faille. D'ailleurs, j'ai toujours du mal à savoir qui se sert de qui, commente-t-il, tirant sur sa cigarette et regardant au loin.

Comme par enchantement, des nuées de touristes quittent la terrasse de la piscine et se ruent vers leur chambre pour se doucher, s'apprêter, puis dîner à la carte ou au buffet dans un des innombrables restaurants du resort. Mis à part une basse-cour de seniors allemands qui jacassent sans discontinuer au comptoir du bar, nous sommes quasiment seuls. On passe la seconde et on commande des gin-tonics en guise d'apéritif sous le parasol. Ça me change des breuvages post-plongée habituels.

– Alors ? je lui demande, penché au-dessus de la table, en équilibre sur ma chaise. Qu'a trouvé Johanne ?

– Rien, répond-il platement, prenant visiblement son pied à refréner mes attentes. Les deux noms que vous avez envoyés n'ont pas permis de faire de rapprochement avec les fichiers d'analyse de La Haye.

Leconte me laisse gamberger là-dessus quelques secondes, tirant sur sa clope et sirotant son verre. C'est à moi de tirer les conclusions, en somme.

– Donc elle vous a montré la photo.

– Oui, elle l'a fait, dit-il. Comme vous lui avez judicieusement conseillé. Je suis ravi que vous ayez fini par comprendre que cette monitrice m'intéressait d'un point de vue professionnel.

– J'avais un pressentiment, certes. Mais de là à vous voir débarquer à El Gouna une semaine plus tard sans poser de questions au préalable… J'étais loin du compte. Alors dites-moi, mon colonel, pourquoi êtes-vous là au juste ?

– Parce que, voyez-vous, j'ai reconnu…

La voix de Leconte se fait traînante. Ses doigts fourragent la poche en haut à droite de sa chemise. Ses yeux balayent les alentours, tandis qu'il extrait une série de photos et les pose devant moi méticuleusement, une par une, comme un croupier dévoilerait une main pendant une partie de poker de haute volée.

Trois photos.

Samar devant un distributeur automatique : blonde, cheveux tirés en arrière, béret en laine foncé, lunettes papillon élégantes.

Samar à la terrasse d'un café composant un numéro sur son portable : brune, coupe au carré et frange, grosse écharpe orange en cachemire, lunettes en acétate teintées.

Samar au volant : une nouvelle fois brune, cheveux longs dégradés, capeline en feutre. Elle regarde droit dans l'objectif.

Content de son petit manège, Leconte hoche la tête vers les photos étalées sur la table et reprend le fil de son récit. Ses yeux se vitrifient.

– Un fantôme, Gopler. J'ai reconnu un fantôme.

*

Leconte fait glisser sa main le long du cordage en main courante, verrouille chaque pas en traversant la rampe d'accès bringuebalante, puis pose un pied conquérant sur la poupe du *Basant*. Il balaye le pont d'un œil expert : les racks de bouteilles, les rangées de cintres pour combinaisons humides, les caisses de matériel vides, les échelles de plongée scintillantes, le coffre des lests en plomb, les bancs en bois doublés de coussins nylon et les portes battantes ouvragées du salon.

– Votre bureau ? s'enquiert-il.

J'acquiesce.

– J'ai réclamé une secrétaire mais le capitaine m'a ri au nez.

Alors que Leconte s'apprête à répliquer, le pick-up du centre freine en dérapage dans le parking de la marina. Daniel et Hany sautent à terre et nous rejoignent sur le pont. Leconte me foudroie du regard, questionnant en silence le bien-fondé de mon initiative. Je les présente comme si de rien n'était et tente de dissiper ses craintes : « Ils savent ce que je sais. » Leconte leur serre la main avec hésitation.

– Peut-être bien, dit-il, dans un anglais teinté d'un léger accent parisien que je ne lui connaissais absolument pas. Mais aucun de vous ne sait ce que je sais, Gopler, c'est pourquoi je vous suggère une discrétion absolue autour de cette affaire. D'ailleurs, connaissez-vous un endroit isolé et sécurisé où nous pouvons nous entretenir ?

Hany sourit de toutes ses dents.

– Facile.

Une heure plus tard, Youssef, le capitaine, amarre le *Basant* au large, à environ un demi-mille marin des bouées rouges et vertes du chenal d'Abu Tig. Pendant ce temps-là, tandis que la lumière du jour décline et teinte la mer Rouge en orange, nous sirotons tous les quatre du thé à la menthe et taillons le bout de gras autour de l'imposante table ovale scellée au sol du salon. L'ambiance est irréelle – quasi artificielle – tant le crépuscule nous offre des odeurs, des images et des sons de science-fiction. Mais, curieusement, l'instant présent est tangible, absolu. Leconte commence à se détendre.

– Mon colonel, c'est le bon moment, non ? je lui suggère. Parlez-nous du fantôme.

Il sort les trois photos et les étale solennellement sur la table, à côté de l'édition du jour du *Daily News Egypt*. Daniel et Hany se penchent et scrutent les photos attentivement, une par une.

– Oui, dit Hany, la même femme qui travaille à H_2O… mais différente.

– Ouah, fait Daniel. Elle bourlingue. Ces photos n'ont pas été prises à El Gouna.

– Des photos de surveillance ? je demande en louchant dessus.

– Pas du tout, messieurs, répond-il. Les trois clichés que vous voyez là sont le résultat d'un travail *ardu*…

Il marque une pause.

– … et surtout extrêmement *méticuleux* de traitement de données issues des réseaux sociaux en ligne, visant à en extraire des preuves ou indices potentiels. Tout ce qui est susceptible de nous conduire à un coupable, en fait.

– Attendez, je l'interromps. Un coupable ? De quoi ?

L'officier de gendarmerie *old school* avale une gorgée de thé, puis reprend sa tirade.

– J'imagine que vous connaissez la nature de ma précédente affectation ?

– La DGSE ?

– Correct. J'y ai occupé une fonction de liaison pendant près de quatre ans avant de me voir confier mon poste actuel, plus conventionnel, dans le Nord-Pas-de-Calais.

Ses yeux se durcissent, je le laisse fanfaronner et se remémorer in petto avant de continuer.

– À l'époque, la communauté française du renseignement avait réalisé qu'elle était à la traîne par rapport à ses homologues européens en termes de surveillance d'internet. Et c'est peu dire. Quand j'ai été affecté à la DGSE, le service informatique mettait en place un groupe de travail – une équipe de petits génies – pour surveiller et analyser l'activité sur la Toile avant ou après des événements majeurs pouvant concerner les intérêts de la France de près ou de loin : un sommet du G8, des tueurs de masse, des accidents d'avion, des enlèvements de ressortissants français en Afrique, etc.

– Un peu tard pour rattraper le wagon Google, je commente sur le ton de la plaisanterie. Ce n'était pas plus simple de recruter un ado russe tout boutonneux ?

– Vous connaissez l'administration aussi bien que moi, Gopler. On aime penser que l'on peut tout faire en interne, *à la française*. Par ailleurs, comme l'équipe était également chargée de passer au peigne fin toute la palette des réseaux sociaux privés, les pontes ont estimé qu'il valait mieux laisser leurs propres agents enfreindre la législation relative aux données personnelles plutôt que de sous-traiter la tâche à des étrangers aux antécédents douteux.

– C'est donc de là que viennent ces photos, je souligne en les désignant d'un mouvement de tête. Un moteur de recherche pêchu, très intrusif. Un tas de geeks accrédités par le gouvernement piratent Facebook, Twitter, Pinterest, Vimeo, Instagram et tout le toutim, puis attendent de voir ce que ça donne.

Leconte, dédaigneux, balaye mon sarcasme du revers de la main.

– Quelque chose comme ça, oui. Mais… que disiez-vous déjà cet après-midi ? C'est un peu schématique. Voilà, Gopler. Vous schématisez. Vous donnez l'impression que c'est plus aléatoire et banal que ça ne l'est réellement. Les opérateurs associent la recherche à un événement spécifique. Voire à une série d'événements. Je vais vous donner un exemple.

– Vous avez toute notre attention.

– Imaginez une suite de décès très suspects, non résolus et apparemment sans rapport les uns avec les autres. Mars 2008, un avocat français renommé d'EADS, le consortium européen de défense, sort du siège d'une célèbre banque privée à Bern et s'écroule subitement d'une crise cardiaque foudroyante.

– Et alors ?

– Il avait quarante-deux ans et était, de surcroît, un triathlète passionné.

– Ah.

– Février 2009. Une ressortissante allemande fait une overdose dans un bar de lesbiennes à Strasbourg, non loin du Parlement européen.

– En quoi s'agit-il d'un cas suspect ? demande Daniel.

– C'était un officier d'état-major du *Bundeskriminalamt*[1], hors service, et, semble-t-il, mariée et heureuse en ménage à Wiesbaden.

– Le BKA ? j'ajoute. Oui, là c'est louche.

– En effet. Maintenant, on arrive à novembre 2009, neuf mois plus tard. Dans le sud-ouest de la France, sur la côte basque. Le corps sans vie d'un gangster corse de moyenne envergure échoue sur une plage à Biarritz. Le rapport du médecin légiste qualifie la cause probable du décès de « noyade ». Pas de trace visible de lutte.

Daniel et Hany se tournent vers moi et me dévisagent en silence. Ce dernier cas convoque une image morbide en Technicolor : Nikki échouée sur une plage déserte à Hurghada. Je chasse la vision de mon esprit, pour l'instant.

– Ok, là ça m'intéresse, mon colonel. Laissez-moi deviner : une soirée un peu arrosée sur la plage et il se noie dans trente centimètres d'eau au soleil couchant ?

Leconte m'accorde un coup d'œil cynique et hausse les épaules.

– Pas tout à fait, dit-il. Il était informateur pour la DST – enfin, la DCRI maintenant – depuis plusieurs années.

1. L'Office fédéral de police criminelle allemand.

– Aïe.

– Où est-ce que vous voulez en venir, Colonel ? demande Daniel. C'est quoi le rapport ?

– J'ai bien peur qu'il n'y en ait pas, messieurs. Du moins aucun que vous, moi, ou n'importe quel autre enquêteur aurait pu déceler avec les méthodes d'investigation classiques. Mais le logiciel l'a trouvé.

– Soyez plus clair, mon colonel. J'ai mijoté trois heures dans le chlore aujourd'hui.

Agacé, Leconte soupire et se penche en avant. Il tapote sur la photo de Samar au distributeur automatique, « Bern », puis sur celle de Samar au café, « Strasbourg », et enfin sur celle de Samar au volant, « Biarritz ».

– Oh put… je m'exclame.

On en reste bouche bée, puis nos regards se reconcentrent sur les photos. Grain épais, peu de contraste, faible résolution ; des clichés pris sur le vif. Samar a été détourée et recadrée. Sur les prises de vues originales, elle devait être décentrée, car elle n'était pas le sujet visé par le photographe.

– La première photo a été prise par un touriste américain avec son smartphone, puis postée sur Facebook, confirme Leconte. Une caméra de surveillance a fourni la deuxième. Selon l'horodatage des données, elles ont été prises avant les décès de l'avocat et de l'officier de la BKA, à Bern et Strasbourg respectivement. La troisième provient d'une vidéo amateur retrouvée sur YouTube, un groupe d'ados de Biarritz en train de filmer les boutiques de surf branchées du coin, et bingo ! Elle passe devant leur GoPro en voiture, environ deux jours après la découverte du cadavre du Corse sur la plage. Dans les trois cas, les analystes ont utilisé un logiciel de reconnaissance faciale, zoomé sur la photo, et l'ont détourée.

Je n'arrive pas à décoller le regard des photos. Trois nuances de Samar. J'ai rencontré la quatrième à Cannes, puis la cinquième à El Gouna.

– Improbable et… prophétique, vous ne trouvez pas ? dit Leconte avec un sourire satisfait.

– Permettez-moi de récapituler, je lui réponds. Votre logiciel machin chose recrache des photos numériques qui situent Samar – ou quel que soit son nom – à l'endroit même où trois décès extrêmement suspects sont survenus depuis environ 2008 en Europe de l'Ouest.

– C'est correct.

– Bon, eh bien, que diriez-vous d'entendre parler d'un quatrième décès ?

Leconte se redresse sur sa chaise. Sa main droite fourrage dans la poche de sa chemise pour attraper son paquet de cigarettes. La gauche se serre en un poing, ses sourcils se contractent.

– Dites-moi tout.

*

– Je suis profondément navré, Gopler.

C'est la première fois que Leconte exprime des regrets verbalement, et ce sera sans doute la dernière. Son langage corporel était pourtant riche et sincère un quart d'heure plus tôt, tandis que je racontais la saga d'El Gouna pour la énième fois. Il triturait son paquet de cigarettes froissé en écoutant l'épisode du corps-à-corps dans l'appartement de Nikki et la poursuite endiablée sur les toits de l'immeuble avec Red Bull. Ses yeux transperçaient mon crâne lors du récit, son cerveau traitant avidement les moindres sous-entendus et absorbant les plus infimes inflexions de ma voix. Il fumait à la chaîne lorsque j'abordai le silencieux en calibre 22 LR. Quand enfin j'évoquai la mort de Nikki, ses paupières retombèrent et ses épaules s'affaissèrent, mais il garda le silence. Mais, maintenant, le colonel est de retour, sur le pied de guerre et sans état d'âme.

– Des nouvelles du tireur des toits à la queue-de-cheval ? demande-t-il.

– Rien. Je me tiens à carreau depuis, je dors sur le *Basant*. Je porte un casque intégral à moto et j'évite les bars et les restaurants. Je me contente des coins sombres, profil bas et tout ça... De toute manière, j'ajoute un peu blasé, je passe la plupart de mes journées sous l'eau, alors...

– Ne prenez pas la situation à la légère, Gopler. Vous êtes tout aussi exposé pendant le travail. Je vous ai retrouvé très facilement au Mövenpick aujourd'hui. Ce qui signifie que, si cet homme avait voulu vous tirer dessus une nouvelle fois, il aurait pu le faire, et l'aurait probablement déjà fait. Et je ne pense pas qu'il aurait raté sa cible une deuxième fois.

– Pourquoi ne l'a-t-il pas fait alors ?

– Vous tirer dessus une nouvelle fois ? Eh bien, disons que, si l'on part du principe que le tireur et Samar sont de mèche, il est possible qu'ils aient mis l'appartement de Nikki sous surveillance après l'avoir tuée. Ils ne s'attendaient pas du tout à ce qu'elle fasse le lien entre Samar et le *Coronado* et ils ont voulu s'assurer que l'information ne s'ébruite pas davantage. Vous avez débarqué à l'improviste dans son appartement et le tueur a dû improviser un meurtre, qu'il aurait sûrement maquillé comme une relation entre expats qui a mal tourné. Il a raté son coup et maintenant c'est trop tard. Vous comprenez ? Vous tuer maintenant attirerait trop l'attention. C'est pourquoi vous êtes toujours en vie, Gopler. Le timing serait des plus suspects. Et je devine que, pour ces deux-là, tout est question de timing.

– C'est ça, votre hypothèse, Colonel ? Une équipe de tueurs à gages professionnels qui gravite autour du *Coronado* et qui ratisse tout ce qui s'en approche de près ou de loin ?

– Selon toute vraisemblance, c'est comme ça que votre amie Nikki serait morte, n'est-ce pas ? Prise sur le fait pendant sa filature.

Je hausse les épaules, honteux et abattu.

– Vous-même avez bien failli vous faire prendre en suivant Samar. Mais bon sang, Gopler, qu'est-ce qui vous a pris ? Vous n'êtes pas formé pour ça, voyons.

Il ne va pas s'en tirer comme ça, le salaud. Je digère un instant et j'embraye.

– Pour filer une tueuse professionnelle, non, vous avez raison, je manque de pratique. Par contre, par expérience je sais reconnaître quand un officier supérieur me prend pour un bleu et me mène en bateau.

Silence. Daniel me regarde, un demi-sourire au coin des lèvres. Fier de son petit frère de danger.

– Je vous demande pardon ? dit Leconte.

Il lève son fameux sourcil inquisiteur, pris à contre-pied. C'est le moment de confirmer mon intuition.

– Il y avait quatre photos sur votre bureau le jour où je vous ai donné ma démission. Pas trois. Vous ne nous dites pas tout, Colonel.

*

– Ce qui veut dire que, si j'ai raison, vous avez maintenant cinq photos de cette femme, je me trompe ?

Leconte baisse les yeux et fait tourner distraitement une cuillerée de sucre dans sa tasse de thé fumante.

– Impressionnant, Gopler. Continuez.

– Je devine qu'il y avait ces trois-là, je penche la tête en direction des photos sur la table, ainsi qu'une autre, plus récente, où l'on pouvait voir Samar quelque part à Cannes. Correct ?

Il soupire et hoche la tête en guise d'affirmation.

– Les informaticiens de la DGSE m'ont envoyé la photo début février, quelques semaines après votre demande visant à quitter la gendarmerie pour entamer votre brillante carrière de moniteur monoï.

– Et qu'est-ce qu'on voit sur cette photo… ?

Avec réticence, Leconte extrait de la même poche la quatrième photo et la dépose à côté des trois autres. C'est une vue en plongée : jambes hâlées mises en évidence par un short bleu moulant et des tennis Converse basses, épaules fières et petits seins haut perchés sous un débardeur sombre. Elle pivote la taille. Les cheveux de jais noués en queue-de-cheval dépassent à l'arrière d'une casquette de baseball. Le regard de Samar est tourné vers le haut côté rue, croisant ainsi celui du photographe et dévoilant les trois quarts de son visage, malgré la visière de sa casquette. Elle s'apprête à franchir le portail de la villa du centre de plongée, vêtue d'une tenue similaire à celle que j'avais aperçue quand elle sermonnait Stefan, le fils de Patricia.

– Pas d'homicide présumé cette fois-là, précise Leconte. L'image est apparue pendant que l'équipe scannait le Net en préparation d'une visite du Premier ministre à Saint-Tropez pour un week-end de détente. Un touriste chinois a pris une photo de la villa du haut d'un bus de visite guidée, il me semble. Le logiciel a établi un lien entre ses traits et les trois autres événements, et les analystes l'ont détourée.

Je lève les yeux et fusille Leconte du regard.

– Donc les gars du Centre national d'instruction nautique à Antibes ne vous ont pas du tout suggéré le centre de formation, c'est ça ? Je parie que vous ne les avez même pas appelés. Votre laïus sur le centre de Cannes comme l'endroit idéal…

– Je vous avais bien dit qu'il correspondait à vos besoins, ainsi qu'à mes attentes.

– Vous m'avez envoyé à Cannes pour mettre un coup de pied dans la fourmilière et voir ce que ça donnerait.

– L'occasion était trop bonne, Gopler.

– Ouais, c'est ça. Maintenant dites-moi une chose : comment l'avez-vous localisée à El Gouna ?

– Ce n'est pas moi, c'est *vous*. Vous m'avez mâché le travail, Gopler. À Cannes. Souvenez-vous, lors de votre unique rapport téléphonique en fin de stage, l'été dernier. Vous m'avez avoué en avoir assez de Cannes, et que vous commenciez à envoyer des CV à différents endroits. Vous avez évoqué une Libanaise brune et distante, la villa d'Escragnolles, une agression ratée et un Sunseeker baptisé *Coronado*.

– Bon sang… vous avez pisté le bateau.

– Exactement.

– *Cara rota*[1], dit Daniel en se grattant une rouflaquette. Vous êtes un sacré filou, vous.

– Mais comment pouviez-vous savoir que Samar était à bord ? je demande, éberlué.

– Je ne le savais pas, Gopler. C'était ma seule piste. Elle semblait plausible, ça valait le coup d'essayer. De *vous* essayer, plutôt.

– Et la fille du Club Med qui m'a appelé pour me proposer du travail à El Gouna, c'est… ?

– C'est ma nièce. Et elle travaille vraiment au siège du Club Med à Paris.

Le brouillard se dissipe à présent. Ma première intuition était la bonne.

1. « Ah le goret ».

– Vous m'avez bien eu, mon colonel. Vous m'avez piégé. Deux fois de suite. Vous avez joué avec ma vie en prenant des décisions douteuses. J'ai envoyé ce fichier à Johanne parce que quelqu'un est mort. Quelqu'un qui a approché cette femme de trop près et l'a payé de sa vie. Vos petites manigances ont tué Nikki.

On s'échange des regards noirs. Leconte tire nerveusement sur sa cigarette.

– Il me semble qu'il s'agit plutôt de *vos* petites manigances, rétorque-t-il. Mais je veux bien assumer ma part de responsabilité. C'est ça : partageons notre part de responsabilité, Gopler. Qu'en dites-vous ?

Un ange passe. En colère. Regards foudroyants et mines renfrognées tous azimuts. Les voix de l'équipage émanant du coin cuisine comblent le silence. Hany réapparaît avec un large sourire, une pincée de frivolité particulièrement bienvenue, sans parler du festin de thon rouge grillé, fraîchement pêché pendant la traversée de l'après-midi. On se cale les joues pendant dix bonnes minutes, ruminant en silence, tandis que Leconte tire la tronche, tout aussi honteux de sa combine tordue que du fait que nous l'ayons démasqué.

– J'imagine que vous ne voulez plus rien savoir maintenant que vous êtes au fait de cette… combine ? nous demande-t-il.

– Parce qu'il y a autre chose que nous devrions savoir ? dit Daniel, en mode méfiance lui aussi.

– Daniel a raison, on ne peut pas dire que votre démarche jusqu'à présent nous inspire confiance. Que savez-vous d'autre sur ces gens ? Et pourquoi ne pas transmettre les photos de Samar à Mandouh ou à l'ambassade de France, pour signalement ? Je suis sûr que l'antenne DGSE sera intéressée.

– Intéressée par quoi ? Quelques clichés de mode ? Vous plaisantez. Gopler, pourquoi croyez-vous que la DGSE a daigné me transmettre ces photos ? dit-il en les montrant du doigt. Tout le monde s'en fout, voilà pourquoi. Pour les services de renseignement français, il ne s'agit pas, comment dire, d'une priorité politique. Même l'enquête sur la mort du gangster corse retrouvé noyé à Biarritz n'a pas survécu à la dilution de la DST au sein de la DCRI. Je n'y ai pas mes entrées mais je suis sûr que le dossier dort. Les trois décès en Europe n'ont pas été reliés, et personne ne cherchera à le faire, soyons réalistes. Je suis le seul à réellement penser que cette Samar est susceptible d'être impliquée dans les trois – et désormais quatre – affaires.

Leconte résume la situation avec une simplicité désarmante :

– J'ai pris l'avion pour Le Caire pendant mon congé annuel, Gopler. Un charter en classe économique. Ça veut dire quelque chose, non ?

Là-dessus, il reprend les clichés, les range soigneusement dans la poche de sa chemise, puis se verse un thé à la menthe avec la bouilloire.

– Comprenez-moi, Gopler. Jusqu'à maintenant, cette femme n'était rien d'autre qu'un assortiment de pixels qu'un logiciel a réussi à reconstituer, on ne sait comment, dans l'océan de données issues des réseaux sociaux. Elle n'était qu'une… hypothèse de travail, pour ainsi dire. Pas de papiers d'identité, pas de numéro de sécurité sociale, pas même un bout d'empreinte enregistré auprès d'un service de sécurité occidental. Aucune information disponible. Rien de rien. Je n'avais pas de billes, Gopler. Tout ce que j'avais, c'était ces trois clichés de mauvaise qualité, dit-il, désignant les photos d'un signe de tête. Jusqu'à ce que l'adjudant Bopotin m'envoie par e-mail le dossier d'inscription d'une monitrice de plongée nommée Leila Murr à El Gouna. Le dossier que *vous* avez envoyé, Gopler.

– Je suis très heureux d'avoir donné vie à votre hypothèse de travail, Colonel. Mais qu'attendez-vous de nous, à présent ?

– J'aimerais que vous poursuiviez sur votre lancée. Que vous… *creusiez* un peu plus.

Un (autre) ange passe. Flatté mais incrédule. Daniel et moi restons figés. Nos verres de thé à la menthe s'immobilisent, à mi-parcours vers nos lèvres, brûlant nos doigts au passage.

– *¿Qué pica toca*[1]*?* commente Daniel. Il est sérieux ?

– Colonel, nous ne sommes pas des barbouzes, mais des moniteurs de plongée. C'est un boulot à plein temps. De l'aube au crépuscule, avec un petit jour de congé par semaine si tout va bien. Ce que vous nous demandez de faire n'est pas dans nos cordes.

– Pourtant vous avez tiré votre épingle du jeu mieux que quiconque jusqu'à présent, dit Leconte. Écoutez, messieurs, vous êtes les seuls à pouvoir faire avancer ce dossier. Et ce, sans modifier outre mesure votre routine quotidienne. J'ai besoin de vos yeux sur le terrain. Assurons-nous au moins que la mort de votre amie Nikki n'aura pas été vaine.

Il joue sur la corde sensible, le salaud, et me regarde droit dans les yeux. Il me connaît mieux que moi. J'ai l'impression de me retrouver dans son bureau le jour de ma démission. Ça sent tellement l'arnaque que la moutarde me monte au nez. Quinze mille excuses pour dire non, et aucune de valable. La peur au ventre, je veux temporiser ; ne pas prendre la décision à chaud alors qu'en fait je brûle de le faire. Je

1. « De quoi il parle ? »

me retourne pour regarder à travers le hublot sombre de la cabine, vers Abu Tig.

– Alors, vous voulez le voir en vrai, ce satané bateau ?

*

Face à nous, la lumière de la marina d'Abu Tig embrase la mer et projette ses faisceaux chrome, cobalt, pourpre, or, aigue-marine et bleu outremer sur la surface miroitante. Au loin, le crépuscule enveloppe la ligne d'horizon d'El Gouna de ses dernières lueurs dans un cocon douillet de fraîcheur. On peine à distinguer là où l'eau rencontre la terre. Debout sur le pont arrière, nos pieds à largeur d'épaules pour garder l'équilibre, Leconte, Daniel, Hany et moi tanguons au rythme de la houle puissante et régulière. Nous sommes des marionnettes contemplant leur propre scène à distance, soucieuses de retrouver leurs fils pendant l'entracte.

– Je vous présente le *Coronado*, Colonel.

Ses deux coudes posés sur une échelle de plongée du *Basant*, Leconte pointe les jumelles jaunes du capitaine – format obus de marine – sur la marina. Sur le poste d'amarrage 927, pour être plus précis ; sur le tableau arrière sombre et stygien du Sunseeker et ses huit lettres d'or qui sonnent pour nous comme autant d'énigmes à résoudre. Il est fasciné par la première pièce tangible d'un puzzle abstrait, dont il avait peine à imaginer les contours jusqu'à présent. Juste là, tout près. De l'autre côté de la baie. À quelques brasses de distance.

– Comment l'avez-vous suivi jusqu'ici au juste ? je demande.

– Internet, Gopler, tout simplement. De nombreux sites web proposent gratuitement une interface géographique où l'on peut visualiser tout le trafic maritime du monde en temps réel. L'organisation maritime internationale exige que les yachts comme le *Coronado* transmettent publiquement leur position grâce à un transpondeur de système d'identification automatique. On peut consulter leur position en permanence sur un site web.

– Vous savez à qui il appartient alors ? demande Daniel.

Leconte secoue la tête en soupirant.

– Autant il a été facile de le suivre, autant il est difficile d'en identifier le propriétaire. Pavillon de complaisance maltais, rien que du classique. Le bateau est enregistré au nom de sociétés intermédiaires – holding, offshore, etc. – auxquelles je ne comprends absolument rien. Cela donne l'impression qu'il change de propriétaire tous les quatre matins, mais le noyau du consortium me semble bel et bien égyptien.

Ses yeux se détachent des jumelles quelques instants.

– Et vous, messieurs les plongeurs, qu'en pensez-vous ?

– Ce Sunseeker est amarré en pole position, pignon sur rue, dis-je. Le propriétaire de ce bateau, qui que ce soit, jouit de privilèges spéciaux.

– Quelqu'un de suffisamment riche pour se payer les frais de mouillage à l'année, complète Daniel, ou de suffisamment influent pour ne pas avoir à en payer, et pour ne pas avoir à se justifier.

– Quelqu'un qui pourrait peut-être s'offrir les services d'une ou deux gâchettes faciles à plein temps ? insinue Leconte.

– Peut-être, oui, dis-je en mode remue-méninges. Même Hany est tombé sur un mur à la capitainerie du port…

Hany acquiesce par un hochement de tête.

– … Les gens savent mais ne causent pas.

Leconte pose les jumelles sur son torse, puis se tourne vers moi.

– Parlez-moi encore de ce Dawoud et de sa société. Vous dites l'avoir vu en compagnie de notre tueuse. Une fois en soirée, et une autre fois sur la photo que Nikki a postée sur Facebook le soir de sa mort. Dawoud et Samar ensemble deux fois de suite, ce n'est plus une coïncidence.

Dawoud. Le gourou d'El Gouna. L'homme ridé au teint hâlé. En tapant son nom sur Google on obtient une foultitude de résultats : articles dans les médias généralistes, la presse économique, chroniques de presse mondaine, entretiens dans les pages centrales des magazines people. Alors je leur sors le topo complet, de mémoire. Né en 1954. Famille de chrétiens coptes orthodoxes, membre de la haute société égyptienne, et particulièrement douée dans la construction de routes et de canaux. Mais le patrimoine familial est nationalisé de force par Nasser dans les années 60 et le clan quitte le pays pour l'Europe afin de patiemment reconstruire sa fortune. Dawoud revient en Égypte au milieu des années 80 avec la bénédiction de Moubarak, prenant d'assaut le marché national du bâtiment. Sa société, Dawascom, érige El Gouna, transformant un tas de sable inexploitable en station balnéaire de luxe. La marina d'Abu Tig, les vitrines de magasin, les lofts résidentiels et leurs terrasses, l'architecture nubienne richement décorée, le réseau électrique, la connexion wi-fi, les systèmes sophistiqués d'irrigation et de désalinisation qui ont rendu tout ça possible en plein désert égyptien. Depuis, Dawascom est devenue un des plus importants conglomérats du pays, implanté à l'international – et plus particulièrement en Europe – dans les secteurs de la construction, du ciment, des télécoms et, bien entendu, du tourisme, avec un joli chiffre d'affaires atteignant le milliard de dollars par an. Selon Forbes, Dawoud en personne pèserait plusieurs milliards de dollars.

– Très intéressant, Gopler. Comment avez-vous obtenu tout cela ? demande Leconte.

– Internet, je réponds en souriant. Tout simplement.

Le lieutenant-colonel ne relève pas mon insolence. Il interrompt la surveillance, disparaît dans le salon quelques secondes puis revient avec la copie du *Daily News Egypt* qui traînait sur la table. Il balaye les gros titres avec attention.

– Avez-vous suivi les actualités récemment ? demande-t-il.

Daniel passe derrière lui et regarde le journal par-dessus son épaule.

– La Tunisie ? dit-il.

Leconte referme le journal et regarde l'Argentin comme un écolier qui veut empêcher un camarade de reluquer son cahier.

– Oui, mon brave, la Tunisie, en effet. Il y a un mois à peine, un homme de vingt-six ans s'est immolé devant un bureau municipal de la ville de Sidi Bouzid, dans le centre de la Tunisie, dans un geste désespéré de protestation contre la corruption des autorités. Ont suivi des manifestations dans tout le pays et de violents affrontements avec la police anti-émeute. Ben Ali vient tout juste de se faire expulser, pas plus tard qu'hier, exilé en Arabie saoudite avec sa famille.

– Quel rapport avec l'Égypte ? demande Daniel

– On me dit que les gars des bureaux Maghreb et Machrek de la DGSE carburent à la caféine et tournent H24 pour surveiller l'effet domino dans la région. La contestation n'épargnera pas l'Égypte. Et nous avons peut-être une opportunité à saisir. Une histoire à raconter, si vous préférez.

– Éclairez nos pauvres âmes de plongeurs, dis-je.

– Réfléchissez, enfin ! Samar est repérée en Europe de l'Ouest à proximité immédiate de trois décès suspects et vraisemblablement maquillés : ce doit être son terrain d'action. En Europe elle est un fantôme, une ombre. Ici en revanche elle s'affiche ouvertement avec un magnat du BTP très médiatisé dont les opérations commerciales et financières s'étendent bien au-delà de l'Égypte. Ensuite votre amie Nikki meurt en découvrant le lien entre Samar et le yacht. Rien ne prouve que Samar l'ait tuée elle-même, mais peu après vous tombez sur un tueur qui semble pouvoir opérer à El Gouna en toute impunité pour nettoyer les témoins de dernière minute. C'est probablement lui qui a tué Nikki vu qu'il surveillait son appartement. Vous dites même que la police a tout fait pour ne pas ébruiter sa mort et la faire passer pour une noyade. C'est dire l'influence locale du commanditaire.

Leconte rumine un moment. Il échafaude et poursuit.

– J'ai l'impression d'être tombé sur un nid de guêpes qui ne veulent pas que l'on trouve la reine, ou plutôt le roi, dans notre cas. Mon impression est que ce n'est pas le bateau qu'ils cherchent à protéger : c'est Dawoud. C'est le moment d'en profiter. La DGSE ne s'intéressera jamais à l'assassinat présumé d'une expatriée néerlandaise un soir de fête…

Là il me regarde.

– … Paix à son âme. Par contre, dans le contexte actuel de crise politique régionale, si nous, enfin, si *vous* récupérez assez d'informations suggérant qu'un magnat du BTP égyptien entretient une équipe de tueurs professionnels actifs à l'étranger… cela ne manquera pas de les interpeller. Combien sont-ils ? Pourquoi Dawoud s'associerait-il à des tueurs dans le cadre de ses activités commerciales internationales ? Pour développer son business, acquérir des informations concurrentielles, des parts de marché, ou éliminer des concurrents ? Qui sait, dit-il en balayant de la main la marina illuminée, peut-être cette ville n'est-elle rien d'autre qu'un immense projet de blanchiment d'argent.

Le vent nous apporte la prière du soir du muezzin. Sa voix résonne depuis la ville, ricoche de toit en toit et traverse le chenal depuis la marina jusqu'au *Basant*. Je doute qu'elle nous apporte une solution mais j'aimerais pouvoir comprendre son message.

– Alors qu'en dites-vous, messieurs ? insiste Leconte.

Daniel et moi nous échangeons des regards complices en pensant à son discours d'il y a deux jours. Hors de question de me la jouer solo sur ce coup-là. Hany, toujours confiant, nous sourit en coin et hausse les épaules l'air de dire : *moi, je vous aide à envahir la Corée du Nord si ça vous chante.* Puis il se retire discrètement sur le pont supérieur pour prier aux côtés de l'équipage.

– Je vais continuer à dérouler la pelote, mon colonel, je lui dis. Je dois bien ça à Nikki. On vous tiendra au courant, le moment venu.

– Compris, répond Leconte, respectueux mais frustré par la perspective d'être tenu à l'écart. J'espère que vous savez ce que vous faites.

– Justement, tiens, demande Daniel, je vous renvoie la question. Y a-t-il autre chose que nous devrions savoir avant de nous engager, petit cachottier ?

– En effet, répond Leconte. La CNIL[1] a fermé l'opération de cybersurveillance il y a deux semaines. Nous n'obtiendrons plus aucune photo de Samar. Si jamais elle quitte El Gouna, j'ai bien peur que nous la perdions pour de bon.

Il désigne la Bund autour de mon poignet et nous lance une tirade à la Benjamin Franklin :

– Vous avez peut-être le temps, messieurs, mais le temps n'en a pas.

1. Commission nationale de l'informatique et des libertés.

*

Heureusement, Leconte ne nous traîne pas dans les pattes. Dieu merci, il faut dire qu'il détonne dans le paysage. Hany propose de le reconduire à Hurghada le matin même : on veut tous s'assurer qu'il ne rate pas sciemment son vol de retour pour Le Caire. Il nous dit qu'il reprendra contact d'ici quelques jours, et qu'il reste joignable via l'ambassade le cas échéant.

Au centre, la vie continue. L'Allemagne nous envoie la crème de la crème : une quinzaine d'*Extremtaucher*[1] de Francfort débarquent pour deux semaines de plongée, en forfait tout compris. Bienvenue chez les geeks. Quatre d'entre eux ont apporté le nec plus ultra des machines sous-marines : des scooters et des recycleurs à circuit fermé dernier cri. Ce qui augure une orgie de plongées « tech », comme on dit dans le milieu. Autant dire adieu aux récifs de débutant, aux anémones délicates et aux poissons-clowns trop mignons. Ces mecs-là veulent des tombants verticaux, des grosses épaves, des plongées dérivantes épiques et des gros bancs de thons. Ils veulent tout, et si possible en même temps.

Daniel et moi, en revanche, ne voudrions qu'un peu de sommeil… Après le boulot désormais nous rôdons sans relâche – six nuits consécutives. Et nous observons. C'est ce qui nous a le mieux réussi jusqu'à maintenant. Alors nous continuons d'observer. À l'affût d'un signe, d'une opportunité ; espérant que la marée s'inverse et que la houle se lève. Daniel se farcit tous les événements branchés en ville : soirée blanche au Club Med sponsorisée par Heineken et une marque branchée de planches de surf ; soirée « Les grands fonds » à The Bends, cocktails et fruits de mer à gogo ;

1. Plongeurs extrêmes.

projection « spéciale apnée » du *Grand Bleu* au cinéma en plein air. Sans succès. Samar est aux abonnés absents.

Pendant ce temps, je passe des heures sur la BSA dans la fraîcheur du crépuscule, garé dans le coin le plus sombre du parking d'Abu Tig, espérant la repérer. Une nuit, je vais même jusqu'à emprunter le Nikon de Daniel et m'incruste en douce derrière le pare-brise du cockpit de l'*Emperor* : un bateau de wakeboard flashy temporairement amarré à Abu Tig, juste en face du *Coronado*. Encore chou blanc. Je vole quelques clichés sous-exposés du tableau arrière, mais toujours aucune trace de Samar. *No information available*, comme dirait l'ordi d'Europol. Que dalle.

Enfin, Hany flaire une piste le sixième jour. Ses potes du centre H_2O lui fournissent une copie du roster de plongée des deux dernières semaines. Bingo.

Dawoud enchaîne deux formations : Open Water et Advanced Diver. Il lui reste trois plongées pour obtenir la certification Advanced Diver. Toujours les mêmes initiales après chaque plongée : L. M. pour Leila Murr.

– La monitrice privée de Dawoud, dit Hany. Elle lui donne les cours et fait toutes les plongées en milieu protégé dans sa villa.

Puis il sourit malicieusement et ajoute : « Piscine privée. »

Dawoud. El Gouna. C'est sa ville, son œuvre. Maintenant, prenons Samar. Elle s'affiche avec lui dans les bars et restaurants. Disons qu'il s'agit d'une volonté – partagée – de rendre publique leur relation. Ici, je me permets de citer au mot près les conjectures salaces de Daniel : « Peut-être que c'est *son* yacht. Peut-être qu'il est riche, chaud comme la braise, et qu'il apprécie les jeunes talents. Peut-être que le regard diabolique qu'on lit dans les yeux de Samar sur le selfie de Nikki avec Dawoud n'était rien d'autre que de la jalousie. Peut-être que ton amie libanaise lui offre plus que des leçons de plongée. Je me demande qui joue à dominer l'autre quand ils sont seul à seul... »

Cette pensée me débecte, mais je parviens à bloquer l'image de mon cerveau.

Pourtant, sans me l'expliquer, j'ai l'impression que nous avons l'initiative – un bref avantage tactique. Mais ça ne durera pas. Leconte pense que je ne suis plus sur le radar de l'ennemi – qu'ils n'ont pas eu vent du texto que Nikki m'a envoyé. Ce qui expliquerait pourquoi Samar et Red Bull n'ont pas tenté de me régler mon compte une nouvelle fois. Et puis merde. Je n'ai pas envie que Samar m'oublie, qu'elle zappe notre passif et sous-estime ma présence sur son échiquier. Je n'ai pas envie de devenir une petite tache dans son rétroviseur.

Je veux braver les probabilités. Jeter un pavé dans la mare. Foutre le bordel, quoi.

*

« Palmyra ». La propriété de Dawoud porte le nom du repaire d'un méchant dans un film de James Bond. Elle en a également tous les attributs, notamment ce soir, sous la pleine lune. Situé sur la côte septentrionale de la très courue Mangroovy Beach, et loin de ses clubs de kitesurfing, le lieu dégage une ambiance discrète et privée. Privée, dans le sens où *il n'y a rien d'autre ici que le vent, le sable et la mer, et nous sommes absolument seuls.* C'est la sensation que l'on retient. Jusqu'à ce que vos yeux se posent sur une villa de rêve de quatre cents mètres carrés se dressant majestueusement en arrière-plan. Pas de toits en forme de dôme ici, ni d'architecture nubienne. La façade vénitienne, le péristyle en mosaïque, les balcons, les alcôves et les sols en marbre sont anachroniques : avec deux ou trois siècles de retard. On ne voit rien à l'intérieur de la villa, et de toute façon elle ne semble pas avoir d'intérieur. Cet endroit a été conçu pour vivre à l'extérieur, dîner en plein air. Des jardins paysagers spacieux avec des palmiers entourent une grande piscine – là où vraisemblablement Samar a enseigné les bases de la plongée à Dawoud. La terrasse couverte est un grand séjour avec salle à manger, dont le mobilier est un mélange Art déco et Art nouveau. Le coin salon est confortable, équipé d'une télévision à écran plat et d'un barbecue maçonné. La terrasse en surplomb donne un accès direct à la mer ; des escaliers pavés rétroéclairés conduisent à une plage privée et sa jetée en bois. Je m'attendrais presque à voir le *Coronado* amarré ici si le tirant d'eau le permettait.

Mais non. En face de la propriété, un grand banc de sable immergé, idéal pour les kitesurfeurs, s'étale sur trois cents mètres avant que le récif corallien ne s'impose et s'enfonce vers des eaux plus profondes.

Et puis il y a nous. Daniel et moi sommes allongés sur le ventre dans environ quarante centimètres d'eau, cachés au beau milieu d'une parcelle de mangrove marécageuse, infestée de bestioles, à environ deux cents mètres de la jetée privée de la villa. Deux heures plus tôt, Hany nous déposait sur la route d'accès un demi-kilomètre en amont, avec nos palmes, combis semi-sèches et sacs étanches. C'est marée basse, il fait sombre et le vent souffle pas mal. Des vagues nous éclaboussent le dos tandis que nous reluquons la scène à travers nos jumelles.

– Tu te demandes encore pourquoi on appelle cet endroit Mangroovy Beach ? je fais remarquer, scrutant la villa de part en part.

– J'ai l'impression que je mijote dans le pédiluve d'une piscine municipale et que quelqu'un vient juste d'éteindre la lumière, commente Daniel, son masque relevé haut sur le front et ses bras posés sur le sac étanche.

– Je vois c'que tu veux dire. Peter Gabriel était ici quand il a écrit « Digging in the Dirt ».

On a dégoté le poste d'observation idéal. On a un plan, tout est prêt. Sauf que Dawoud n'est pas chez lui.

– Y a un truc qui me grimpe sur la jambe, je lui dis.

Daniel met son masque, plonge la tête dans l'eau, et regarde en arrière et de côté. Puis il refait surface et crache.

– La vache, un marcheur.

– Tu déconnes !?

– Je sors en mer une fois sans mon Nikon et tu te débrouilles pour qu'une rascasse marcheuse escalade ta cuisse. Bah, t'inquiète pas. D'ailleurs, c'est pas plus mal d'avoir une paire d'yeux en plus pour ce job. Pour le coup, j'aurais dû emprunter le caisson photo étanche de l'Allem…

Il y a du mouvement sur la terrasse. Un patio s'allume et ça s'agite en arrière-plan. Une brune – coupée au carré et silhouette en sablier – et un type musclé apparaissent. Ils portent le même accoutrement : polo bleu marine, pantalon slim brun foncé en toile de coton et mocassins en daim. Ils s'affairent avec efficacité et professionnalisme. La jeune femme se dirige vers un buffet, s'agenouille et tripote une rangée d'interrupteurs. Puis elle se lève, pointe une télécommande vers le téléviseur et allume l'écran plat. Le vent porte une mélodie lambda, trop lointaine pour être identifiée. Le baraqué apporte un plateau avec deux verres et une bouteille transparente remplie d'un liquide épais et ambré et le pose sur une table basse. La donzelle sort, puis réapparaît avec une pile de lettres et de journaux qu'elle dispose sur la table basse, parallèlement au plateau.

– Du personnel, dit Daniel.

– On dirait. C'est la première fois que je les vois. À la soirée Goonies, Dawoud se baladait avec son garde du corps et son assistant.

– Tiens, voilà notre bonhomme justement.

Dawoud se pointe sur la terrasse, un portable ou une sorte de combiné sans fil collé à l'oreille. Puissantes, les jumelles grossissent ses traits fois sept. Nez aquilin trônant fièrement au milieu d'un visage carré, très bronzé, coiffé de cheveux gris et abondants coupés court. Blazer gris couture, T-shirt col V, pantalon en lin blanc et tongs. Séduisant, élégant et plus grand que ce que j'avais imaginé à Goonies.

Dawoud salue ses deux employés de maison avec un sourire et un petit signe de tête. D'un pas léger, il se dirige vers un immense canapé beige placé face à la mer, s'assied, s'installe confortablement, passe une main dans ses cheveux avec assurance, tout en parlant au téléphone par intervalles. Il est chez lui.

– Tu l'appelles ? demande Daniel.

– D'ac. J'ouvre une poche de mon sac étanche et en extrais un téléphone portable prépayé.

Hany décroche.

– Allô, *habibi*. Prêt pour la livraison.

– Feu vert, mon ami.

– Je suis à deux minutes. J'arrive avec l'enveloppe, dit-il. On raccroche.

– Ok, voyons voir quel rôle joue Dawoud dans cette histoire.

– Tu n'as rien dit à Leconte sur notre manip', constate Daniel.

– J'ai pensé qu'il valait mieux pour nous avoir une longueur d'avance. Et puis j'ai toujours l'impression que Leconte ne nous a pas encore tout dit.

– Tu crois que ce type a réellement pu commanditer les événements que Leconte associe à Samar en Europe ? demande Daniel.

Je lâche les jumelles et me tourne vers lui.

– Ça voudrait dire qu'il est impliqué dans l'orchestration et le maquillage de la mort impromptue de trois personnes, voire plus, travaillant de près ou de loin pour un gouvernement européen. C'est du lourd. Il y a forcément un commanditaire quelque part, un facilitateur qui se déplace en yacht ou un groupe de fadas qui tire les ficelles… J'aurais dû poser la question à Samar quand je l'ai suivie à la marina, j'ajoute en plaisantant.

– Tu peux lui demander maintenant, dit Daniel.

– Quoi ?

– L'« hypothèse de travail » de Leconte vient juste d'arriver.

J'attrape les jumelles à toute vitesse. Samar surgit des entrailles de la villa et fait son entrée.

– Putain, ça ne faisait pas partie du plan, ça, je commente.

Elle porte une combinaison kaki ample, une veste blanche et des talons aiguilles. Sa démarche féline fusionne l'air et la matière tandis qu'elle descend les escaliers pavés en direction du coin lounge. Les deux domestiques tournent la tête vers elle et décampent discrètement dans la direction opposée. La présence de Samar intime l'intimité, semble-t-il. Exit les sous-fifres.

Dawoud est encore au téléphone, mais raccroche immédiatement en la voyant et sourit. Penchée au-dessus de lui, elle écarte les jambes pour le chevaucher sur le canapé, nous tournant le dos. Ils s'embrassent. On ne voit pas leurs visages, mais on imagine bien qu'il ne s'agit pas d'un petit smack sur la bouche, non, plutôt d'une soupe de langues bien appuyée. Les mains de Dawoud glissent sur son dos et font tomber sa veste, révélant la peau dorée et soyeuse de ses épaules.

Daniel ne peut pas s'en empêcher. Il affiche son air de dire « je te l'avais dit ».

– *Un pelo de la concha tira más que una yunta de bueyes*[1], lâche-t-il, secouant son gros index vers moi.

Ce direct dans l'estomac me coupe le souffle, je mets du temps à émerger. Je regarde la Bund, puis essaye d'attraper le portable en me disant que j'ai peut-être encore le temps d'annuler la livraison.

Trop tard. Dawoud et Samar tournent la tête simultanément vers la porte d'entrée. Qui donc ose sonner ici, et à cette heure ?

Trente secondes plus tard, la brune réapparaît avec la livraison de Hany : une pochette kraft A4 sans rien écrit dessus. Notre pochette. Contenu ? Une impression couleur de la poupe du *Coronado* : une photo que j'ai prise de l'arrière du cockpit de l'*Emperor*. Les huit lettres dorées se détachent nettement sur le noir profond du tableau arrière en fibre de verre. On s'était dit qu'on testerait la réaction de Dawoud à découvert en voyant le yacht, mais on n'imaginait pas que Samar serait là, à ses côtés.

La brune, debout derrière le canapé, remet la pochette à Dawoud et lance un regard noir à Samar qui l'ignore superbement. Il saisit la pochette. La brune exécute un demi-tour et s'en va, crispée et distante. Dawoud ouvre calmement la pochette et sort la photo. Merde : je ne peux pas voir sa réaction derrière Samar. Il lui montre la photo ; elle est toujours sur lui à califourchon, son dos bien droit, la nuque tendue sous sa touffe de cheveux peroxydés. Je n'arrive pas non plus à voir son visage, juste une partie de son profil

1. « Un poil de chatte tire plus qu'un troupeau de bœufs ».

droit. Elle fixe la photo avec nonchalance pendant quelques secondes, et hausse ses larges épaules d'un air innocent. Un haussement d'épaules qui pourrait signifier *aucune idée, sans doute une plaisanterie*, ou bien *qu'est-ce que j'en sais moi ?* Ils parlent. Ils rient. La main droite de Dawoud caresse sa chute de reins. Ils s'embrassent. Sa main gauche tient encore la photo mais le bras s'affaisse. Ils parlent encore. Et ça se pelote et ça s'embrasse. Finalement, la main gauche veut aussi être de la partie et Dawoud lâche carrément la photo.

– Quel flop cette manip', je dis. Comme si on venait de leur livrer une pizza froide.

– Au moins, maintenant on sait qu'elle prend la respiration en binôme au sérieux, commente Daniel. Pas étonnant qu'on ne l'ait pas vue en ville ces derniers temps. Ils ont dû partir en voyage ensemble ou un truc du genre.

En attendant, Samar roule des hanches pour se décoller de Dawoud et s'agenouille à côté de lui sur le canapé. Debout, le visage détendu et confiant, il tend la main et l'invite aussi à se lever. L'autre main glisse vers ses fesses qu'il attrape fermement.

– Cette femme n'a pas l'intention d'aller où que ce soit, à part dans le lit de Dawoud. Je pense qu'on a trouvé son commanditaire, Nash. Voire son QG. Sérieusement : une villa, un méchant, et sa tueuse à gages personnelle qui fait aussi office de maîtresse et de monitrice de plongée. C'est tellement James Bond !

Face à nous, le peep-show touche à sa fin. Dawoud enroule un bras autour de la taille de Samar et l'escorte en haut des escaliers, vers les recoins plus sombres de la villa. Ma photo gît là, dépréciée, oubliée, négligemment abandonnée dans un des replis du canapé.

Daniel rompt la surveillance, pataugeant en silence pour se retirer de la parcelle de mangrove.

– Il y a fort à parier qu'on ne reverra pas ces deux-là ce soir. Allez, on y va. On a suffisamment maté pour aujourd'hui.

– Attends. Où est passé le marcheur ?

Daniel se cambre pour jeter un œil.

– Bah, il s'est barré.

Je continue à les fixer à travers les jumelles. C'est pervers, je sais. Ils déambulent côte à côte. Pour remettre le couvert dans la chambre à coucher, probablement. Et soudain… Là. Ça dure une seconde. Samar regarde en arrière, clairvoyante, les sourcils froncés. Vers la mer. Le même regard noir que sur le selfie de Nikki. Je pourrais jurer qu'elle me regarde droit dans les yeux.

*

Traversée du retour sur le *Basant,* le lendemain après-midi. Posés sur le pont solarium, on bavarde tranquillement avec les *Taucher* allemands après deux plongées mémorables à Siyul Kebira et El Gilwa. La mer Rouge a fait défiler ses plus beaux spécimens aujourd'hui : carangues géantes, thons, barracudas, tortues, murènes, poissons napoléon, un festival de raies-aigles et même un requin-léopard. Avec Daniel, on a embarqué des bi-bouteilles ce matin pour pouvoir prolonger les temps de plongée et accompagner le gang des recycleurs. Pari gagnant côté matos, mais là tout de suite on est trop épuisés pour partager l'enthousiasme général. La torpeur nous envahit comme jamais auparavant : l'accumulation d'azote, les microbulles circulant dans nos veines, le vent frais qui nous fait frissonner après les plongées successives, sans parler du manque de sommeil.

La nuit dernière, en quittant notre bourbier, nous avons pataugé jusqu'à une bande de sable désertée au nord de

Mangroovy Beach. Hany nous attendait dans le pick-up, lumières éteintes. Il nous a fait monter sur la plage arrière pour ne pas que l'on dégouline sur les sièges. On s'est endormis dans la foulée pendant les dix minutes du trajet menant au centre de plongée ; ensuite, il nous a traînés jusqu'au vestiaire et poussés sous une douche bien chaude. Je me suis réveillé sur le *Basant* cinq heures plus tard, sans vraiment me rappeler comment j'étais arrivé là.

Tandis qu'on lutte pour ne pas piquer du nez, les Allemands, eux, sont à fond : ils sortent des bières de leur sac isotherme, parcourent des guides d'identification des poissons, charcutent les noms scientifiques tout en mastiquant des bretzels. Prêt à tout pour échapper à cette joyeuse mêlée, je me réfugie derrière la console de pilotage. Youssef, la barre bloquée entre ses orteils et son regard sur l'horizon, s'accorde en douce une micro-sieste derrière les verres miroir de ses fausses Vuarnet. Son portable se met à vibrer sur le tableau de bord et l'extirpe péniblement de sa torpeur. Il l'attrape et se lance dans une tirade monocorde et gutturale en arabe pendant environ trente secondes, comme un ventriloque réciterait un mantra bouddhiste. Puis stoïque, il me tend le téléphone : « C'est pour toi. »

Sans doute le directeur du centre qui hallucine après avoir consulté les profils de plongée de la veille sur le roster. Erreur. La voix bourrue de Hany me salue d'un petit rire sec et sarcastique. Il parle pendant quelques secondes puis raccroche, m'abandonnant sans vergogne à mes scrupules et conjectures.

Daniel remarque mon changement d'humeur et me rejoint à la barre.

– Alors, on planque devant le yacht du vioque ce soir ?

– Trop tard…

Ma mine accablée gomme son sourire espiègle.

– … Le *Coronado* a quitté Abu Tig aux aurores. Je crois qu'on vient de perdre Samar.

*

Six heures du matin, le jour suivant. Je papote avec les autres moniteurs et divemasters du centre en attendant les premières caresses du soleil. Les Allemands sont partis décompresser deux jours en safari à Louxor. Daniel a pris sa journée off. Moi je suis bon pour trois baptêmes Discover Scuba dans deux mètres de chlore à admirer les petits carreaux turquoise en céramique.

J'ai laissé un message à Leconte la nuit dernière auprès de l'ambassade du Caire : les faits, rien que les faits. Le *Coronado* a pris le large ; Samar aperçue la veille, rien depuis ; elle est peut-être à bord du yacht. J'ai omis de mentionner la surveillance de la villa de Dawoud, notamment la partie concernant la pochette et la photo du tableau arrière. Leconte n'ayant pas rappelé, j'en ai conclu qu'il était en train de pister le yacht sur internet. Une fois de plus.

À 6 h 10 pile, le pick-up fait crisser le gravier devant le centre. Les membres du staff s'activent pour charger leurs caisses de matériel perso, puis grimpent sur la plage arrière pour les cinq minutes de trajet vers la marina d'Abydos. Les sobriquets coquets fusent, les allusions potaches brisent la quiétude matinale. Profitant de l'agitation, Hany descend du siège passager et me remet discrètement trois pages imprimées : le roster de plongée de H_2O de la semaine dernière. Hany et ses combines d'enfer. Le plus naturellement possible, je glisse les feuilles dans la poche kangourou de mon pull à capuche et pars à la recherche d'un peu d'intimité. Dans le local technique, je sors ma caisse de matériel de son rack tout en zieutant autour. Personne, je dois être le seul en piscine ce matin. Allez, juste un petit coup d'œil au roster.

Ok, voyons voir.

Là. Dawoud. Facile à repérer : toujours en duo avec Samar. Elle prend aussi d'autres élèves en groupe, mais Dawoud ne suit que ses cours privés et personnalisés. Mercredi par exemple : plongée « orientation » à Dolphin House à bord du *Pulsar*. C'est l'un des bateaux de H_2O. Moniteur : L. M.

Samedi dernier – le jour de la planque cradingue devant la villa de Dawoud –, plongée profonde à Marsa Abu Galawa. Même bateau. Moniteur : L. M. Et la dernière des cinq plongées permettant d'obtenir la certif Advanced Open Water Diver est prévue… aujourd'hui. Ah, plongée sur épave, c'était prévisible. *La* plongée sur épave, si emblématique de la mer Rouge. Belle façon d'achever la formation. Étrange pourtant. La semaine dernière, on n'a pas pu la faire avec les fondus allemands parce que la CDWS a officiellement décrété une interdiction d'y plonger pendant un mois pour accorder à la structure de l'épave un peu de répit face aux hordes de visiteurs. Mais… *Attends une seconde.* La case « bateau » est vide et la case « moniteur » indique FL. Lire « Freelance ».

Mon pouls s'emballe. Dawoud termine sa formation Advanced Open Water Diver aujourd'hui, et c'est un freelance inconnu au bataillon qui a le privilège de valider sa certification. Ça n'a pas de sens !

Je regarde la Bund : j'ai tout mon temps. Le roster indique le numéro de H_2O en petits caractères, en bas à droite. Je tape les chiffres sur mon portable prépayé et me précipite à l'extérieur, laissant le matériel sur place.

– Centre de plongée H_2O, Klein à l'appareil.

Voix rauque, martiale. Brouhaha en fond sonore. C'est l'heure de pointe là-bas. J'ai rencontré Klein plusieurs fois sur les quais de la marina, mais on n'est pas copains de chambrée non plus. Espérons qu'il soit trop occupé à gérer ses employés pour reconnaître ma voix.

– Bonjour, je suis Martin du *El Gouna Times*.

– Jamais entendu parler de vous. Vous êtes nouveau ?

– Heu, ouais, désolé. J'écris une petite chronique sur les cours de plongée de M. Dawoud pour le numéro de la semaine prochaine. Sa secrétaire nous a dit qu'il plongeait avec vous aujourd'hui. On aimerait aussi faire un portrait de l'instructeur. On peut passer pour une interview ?

– Mon gars, vous tombez mal. M. Dawoud a quitté la marina il y a dix minutes pour sa dernière plongée de certification.

– Ahh, mince, c'est vraiment dommage. On nous a dit que M. Dawoud avait un instructeur attitré. C'est possible de les rencontrer tous les deux à leur retour ?

– Ben, c'est un peu différent aujourd'hui. Sa monitrice personnelle est Leila Murr, mais elle s'est fait porter pâle ce matin. Elle a appelé à la dernière minute. Vous n'avez pas de bol, elle n'a jamais manqué une seule journée depuis qu'elle travaille chez nous.

– Zut. J'imagine que vous ne pouviez pas annuler la plongée.

– Je voulais le faire, ajoute Klein, mais M. Dawoud part pour la Suisse dans deux jours et il n'a pas souhaité reporter sa certification. Il a même obtenu une autorisation spéciale de la CDWS pour plonger sur l'épave aujourd'hui, en dépit de l'interdiction officielle. Il aime bien faire les choses à *sa* façon, vous savez.

– D'accord. Donc il y a un autre instructeur de H_2O qui la remplace et plonge avec Dawoud ?

– Nan. On accueille un club de plongée de Londres toute la semaine et je n'ai pas beaucoup de personnel en ce moment. Heureusement, un freelance d'Hurghada a appelé ce matin à la dernière minute, c'est lui qui remplace Leila.

– Vous savez comment il s'appelle ?

– Ouais, attendez…

J'entends Klein qui brasse des papiers.

– … le voilà. Mehdi Massari. C'est la première fois qu'il travaille pour nous, mais il figure sur la liste des indépendants fournie par la Chambre. On ne pouvait pas faire mieux au pied levé. Il a retrouvé Dawoud ce matin même sur la marina.

– Hum, ok. On pourrait interviewer quelqu'un d'autre à leur retour de l'épave ?

Klein se met à glousser.

– Eh bien, le garde du corps de Dawoud j'imagine. Il pilote un Boston Whaler 345 Conquest rutilant, spécialement affrété pour la journée. Il assure aussi la sécu surface pendant leur plongée. Désolé, mon gars, je dois me grouiller pour le check-in à la marina, tenez-moi au courant si…

Je raccroche, me dirige vers le bureau de la réception et m'affale sur la chaise tel un poids mort. Putain, où est-ce que j'ai fourré cette fichue clé USB en forme de bouteille de plongée ? Je farfouille dans la paperasse, vire des classeurs, examine les tiroirs de fond en comble. Allez, allez…

Ça y est, je l'ai trouvée ! La liste des divemasters et moniteurs que Hany a réussi à soutirer à la Chambre. Insère le truc. Clic, clic. Bien, voilà le fichier des indépendants. Ok, voyons voir. *CTRL F, tape « Massari ».*

Voilà. Ouvre le dossier personnel.

– Oh put… merde !

Je reprends le portable et compose le numéro de Daniel.

– *Holà*, vous êtes bien sur la messagerie de Daniel. C'est mon jour de congé. Je ne remplacerai *personne* aujourd'hui sauf si c'est pour plonger avec l'équipe féminine de beach-volley du Brésil…

– Daniel, c'est moi !

– Ah. Ça vaut pour toi aussi, tu sais.

– Sors du lit feignasse ! C'est *maintenant* que ça se passe !

– Quoi ? Où ?

– Sur le *Thistlegorm* !

Sixième partie

Hany cale le combiné du téléphone contre son épaule droite et interrompt sa conversation en recouvrant le micro avec sa main gauche. Ses lèvres fines s'étirent en un sourire moqueur.

– Nash *habibi*, décidément je passe mon temps à te rendre service, constate-t-il en m'adressant un clin d'œil. Reshef est ok, il peut te prendre à bord d'un Zodiac rapide du service médical d'urgence, tu sais les…

– Ouais, ouais, je vois, les grands semi-rigides orange, pigé.

Hany m'a dit que Reshef – le sauveteur plongeur que j'ai vu se diriger vers la Chambre de plongée d'Hurghada il y a environ deux semaines – parle couramment l'anglais. J'aurais très bien pu l'appeler et quémander moi-même, mais pourquoi se priver d'un bon négociateur arabe ?

– Oui, voilà, les orange. Il dit de le retrouver à Abydos dans vingt minutes.

– Hany, je te dois une fière chandelle.

Il traduit aussitôt l'expression de ma reconnaissance. J'entends la voix de Reshef qui résonne en arabe à travers le combiné. Un va-et-vient monocorde et cadencé s'amorce entre les deux hommes.

– Il dit aussi que c'est pas très… réglo, alors il demande un petit bakchich pour le dérangement.

– Je t'écoute.

– Il dit qu'il te fournit le transport en mer et qu'il pilote, mais en échange il a besoin d'un truc pour la route. Pour rouler en ville.

– Ben, je ne sais pas, il pense à quoi ?

– Il en a marre de la bicyclette.

– Hany, faut pas déconner. Je ne vais quand même pas lui acheter une voiture ou je ne sais… Ah non, HORS DE QUESTION !

– Il veut ta moto, *habibi*.

– Pas question, Hany, je ne vais pas lui donner ma BSA. Dis-lui d'aller se faire voir.

Hany lui fait part de mon refus, mettant sans doute de côté ma suggestion touristique. L'échange reprend entre les deux. Le ton monte et se transforme en syntaxe mitrailleuse. Hany fait une pause de quelques secondes pour traduire la réponse de Reshef de manière diplomatique, mais le pauvre est à court d'imagination. Il couvre à nouveau le combiné de sa main.

– Il dit : « Dans ton cul le Zodiac. »

Silence. Révolte. Enfer et damnation.

Allez, Nash. Détends-toi. Desserre les menottes. Qu'est-ce que disait Leconte déjà ? « Goûte au plaisir de la dématérialisation. » Sois fidèle à ton nouveau mode de vie.

Lisant sur ma tronche le douloureux dilemme qui me tiraille, Hany en appelle à la sagesse.

– *Habibi*, on retournera voir Mahmoud. Y a plein d'autres motos là-bas…

– Bon, ok, d'accord. Dis-lui marché conclu. Mais il a intérêt à le faire *voler* son putain de Zodiac orange !

*

Marina d'Abydos, quinze minutes plus tard. Assis sur deux caisses de matériel de plongée, je bredouille de fausses excuses dans mon portable prépayé.

– La diarrhée ?…

Laetitia, la directrice du centre de plongée, éprouve le plus grand mal à dissimuler son incrédulité.

– … T'es sérieux, Nash ?

– Horrible. Je suis quand même venu au boulot ce matin, mais impossible de passer plus d'une jambe dans la combi ni de m'éloigner de la cuvette des toilettes. Je rentre chez moi, désolé. Ça te dérangerait de confier les débutants à quelqu'un d'autre ?

– Daniel est dans le coup ?

– Quoi !? Pourquoi ?

– Nash, je viens de le voir sortir en courant du local matériel, puis sauter dans le pick-up avec deux scooters de plongée Apollo. Jaune vif. Pas très subtil. Est-ce que les Allemands sont au courant de vos combines ? Qu'est-ce que vous fabriquez avec leur matos ?

– Quoi ? Les scooters ? Je ne sais pas, aucune idée. Daniel est off aujourd'hui, j'imagine qu'il avait juste envie de…

– Laisse tomber, elle m'interrompt. Je vais mettre Nicolas avec les débutants. Rentre chez toi et soigne ta courante ou je ne sais quoi d'autre. De toute façon, vous avez besoin d'une pause tous les deux. La semaine a été longue et les clients sont contents. Mais vous avez intérêt à péter la forme demain, un troupeau de gamins de l'école internationale débarque à 9 heures du matin.

– On y sera.

– Et j'allais oublier, Nash…

– Oui, patron ?

– La dernière fois que j'ai vérifié, Hany était *mon* salarié !

*

Daniel secoue un pouce en direction des deux scooters sous-marins jaune vif sanglés aux bouteilles de nitrox réparties de part et d'autre de la console de pilotage du Zodiac, et crie pour couvrir le vrombissement des deux moteurs hors-bord Evinrude.

– Tu crois que les Allemands vont tirer la tronche quand ils constateront qu'on a emprunté leurs scooters ?

– Nan, ils n'en sauront rien, je lui réponds. Et puis Reshef va nous conduire au *Thistlegorm* fissa, on sera de retour en un rien de temps.

Je jette un coup d'œil vers Reshef, le sauveteur-plongeur-pilote devenu motard. Debout derrière la console, il arbore des lunettes de soleil enveloppantes, une vareuse orange fluo siglée « DECO » affublée de moult poches et bandes réfléchissantes, et un pantalon ciré noir. Une main sur la barre, l'autre sur la commande de l'accélérateur. Il n'a quasiment pas décroché un mot depuis le départ mais en croisant mon regard il lève le pouce en l'air, très enthousiaste, puis enroule sa main autour d'un guidon de moto imaginaire. Il imite la rotation de la poignée des gaz plusieurs fois, ponctuant son geste d'un énorme sourire victorieux.

– Qu'est-ce qu'il essaye de dire ? demande Daniel, perplexe.

– Laisse tomber.

Le Zodiac vole bien, à toute allure. D'ordinaire, une sortie sur le *Thistlegorm* avec les bateaux de plongée du centre pataudś comme des pétroliers, c'est une mini-expédition qui requiert une licence safari obligatoire. Le trajet ne dure pas moins de trois heures : on fait la traversée de nuit et quatre plongées sur site le lendemain. À bord du Zodiac de l'unité d'urgence, Hany affirme que nous aurons atteint les bouées du *Thistlegorm* en deux fois moins de temps. Du jamais vu pour les plongeurs locaux. C'est notre meilleure chance, voire la seule, de rattraper le Boston Whaler loué par Dawoud pour sa plongée privée sur l'épave légendaire.

Ahh, le *SS Thistlegorm*. Même les non-plongeurs en ont entendu parler. Le *Thistlegorm* quitta Glasgow en juin 1941, charriant dans ses cales une véritable arche de Noé d'équipement militaire : des camions Bedford, des motos BSA 350 et Norton 16H, des caisses de fusils, des pièces détachées d'avions, des munitions de petit calibre, des obus, des pneus, des bottes Wellington, des torpilles, des chars et deux locomotives à vapeur LMS (London Midland and Scottish Railway) Stanier Class 8F. Il se dirigeait vers Alexandrie en Égypte. Pour rester à l'écart des forces allemandes et italiennes qui patrouillaient la Méditerranée, le navire fit un grand détour par Le Cap, en Afrique du Sud, empruntant les eaux de la mer Rouge en direction du canal de Suez. Le 6 octobre, il attendait l'autorisation de s'engager dans le canal lorsque deux avions de patrouille allemands Heinkel He 111 lâchèrent deux bombes dessus, frappant la cale 4 qui contenait des centaines de tonnes de munitions destinées à la huitième armée britannique basée en Afrique du Nord. Le raid provoqua d'abord un terrible incendie, et un quart d'heure plus tard une énorme déflagration qui brisa pratiquement le navire en deux, projetant les deux locomotives dans les airs. Le navire coula peu de temps après. Quatre marins et cinq artilleurs de la Royal Navy trouvèrent la mort.

Le vent et la vitesse m'enivrent. Daniel interrompt brusquement mes divagations.

– Qu'est-ce qui se passe ?

– Ils attendent ce moment depuis longtemps mais je crois que notre combine avec l'enveloppe et la photo du *Coronado* les a poussés à l'action. On a chamboulé leur timing et maintenant ils improvisent en surfant sur l'agenda de Dawoud. Ils ont organisé la sortie à l'arrache.

– De quoi tu parles ?

– Dawoud veut absolument terminer sa formation avant de partir en Europe pour son boulot. Et bingo, Samar est remplacée au pied levé par un inconnu au bataillon. C'est sans doute *elle* qui lui a suggéré de faire la dernière plongée sur le *Thistlegorm*. Réfléchis : c'est le site de plongée le plus éloigné de tous. Charm el-Cheikh est à quelques encablures, c'est l'endroit idéal pour s'exfiltrer en douce. Et Dawoud qui loue un bateau pour s'assurer d'être là-bas rapidement ! Tu vois ce que je veux dire, c'est improbable, Daniel. Improbable !

J'enfonce la main dans la poche de mon short et je tends un polycopié froissé à Daniel. Il se réfugie derrière le flotteur avant du Zodiac pour se protéger du vent et déplie soigneusement la feuille de papier, ses deux mains dans le creux de l'estomac. C'est une copie de la fiche individuelle du sombre inconnu en question, extraite du listing CDWS.

– Écoute, Nash, j'veux pas jouer les rabat-joie, je suis aussi content que toi d'essayer les scooters de mer, mais arrête un peu de délirer, commente-t-il en hurlant pour se faire entendre au milieu du vacarme des propulseurs fendant les vagues et des rafales de vent qui fouettent nos visages. Qu'est-ce qui te fait penser que ce moniteur-là va tenter quelque chose contre Dawoud ?

– Tu sais qui c'est, ce type ? je beugle, hochant la tête vers le bout de papier.

Il regarde la photo d'identité, puis hausse les épaules, la bouche en coin.

– Daniel, c'est cet enfoiré de Red Bull, le flingueur à la queue-de-cheval !

*

À cette vitesse, on a plus l'impression de surfer sur du bitume que sur les vagues. Membres et méninges sont endoloris par la raclée que nous infligent les éléments.

– Tu as appelé Leconte au Caire ? hurle Daniel.

– Non, pas eu le temps.

Reshef sort de sa transe, nous fait signe depuis la console de pilotage et confirme qu'il parle couramment anglais :

– *Ok guys*, on arrive sur zone. On cherche quoi au juste ?

– Un Boston Whal…

– Là-bas ! crie Daniel, pointant l'horizon à 11 heures, une tache minuscule à environ un demi-mille nautique de nous. Ils sont amarrés pile au-dessus de l'épave : ils sont seuls sur zone, apparemment !

Les bateaux de croisière plongée mouillent habituellement toute la nuit sur site pour que les plongeurs puissent explorer l'épave dès l'aube. Mais, ce matin, Dawoud et Red Bull ont l'épave pour eux tout seuls. Le planning est idéal, trop parfait pour qu'il s'agisse d'une coïncidence.

Reshef pointe à 1 heure.

– Il y a un deuxième bateau plus loin, dit-il, à environ un mille, un mille et demi du mouillage du *Thistlegorm*.

J'arrive à peine à voir devant la proue du Zodiac mais je lui fais confiance.

– Un bateau de croisière ?

– Beaucoup plus petit, répond Reshef, balayant l'horizon par intermittence à travers une paire de jumelles de marine, tout en surveillant notre trajectoire. Un semi-rigide comme le nôtre, pour cinq à six personnes, maximum. À l'arrêt, par contre. Je ne vois pas de sillage.

– C'est quoi, ton plan ? me demande Daniel, qui se stabilise pour prendre le cap de l'épave sur sa boussole de plongée.

– On va s'équiper maintenant. Reshef, dirige-toi droit sur le Boston Whaler, mais ralentis quand on sera à moins de trois cents mètres de la bouée, ok ?

– Compris, dit Reshef, concentré.

– Daniel, dès que Reshef ralentit, on bascule et on file sur l'épave en scooter.

Jusqu'à maintenant Reshef n'a pas posé de questions mais il commence à se demander dans quoi nous l'avons embarqué. Même derrière ses lunettes enveloppantes, son visage trahit sa pensée : quel imbécile troquerait sa moto de collection contre une virée express en Zodiac orange ?

– Pourquoi toutes ces précautions, *habibi* ? me demande-t-il.

– Parce que, si Nash a raison, on ne veut pas que l'un ou l'autre bateau réalise que tu déposes des plongeurs, précise Daniel.

– Qu'est-ce que je fais une fois que vous êtes à l'eau ? demande Reshef, incrédule.

– Tu poursuis ta route et tu t'approches de la zone normalement, répond Daniel. Si on t'interpelle, tu dis qu'on t'a signalé qu'un bateau privé plongeait aujourd'hui et s'était amarré illégalement sur la poupe, et que tu viens vérifier. Ou tu leur fais un briefing sur les bouées de mouillage du HEPCA[1].

– Mais ce n'est pas mon job d'habit…

1. Hurghada Environmental Protection and Conservation Association, une ONG locale agissant pour la protection de l'environnement et du patrimoine.

– Tu inventes quelque chose, Reshef, je hurle en resserrant nerveusement la sangle de mon masque à deux mains. N'importe quoi pour nous donner du temps !

– Ouais, improvise ! renchérit Daniel. C'est ce qu'on fait, *nous* !

*

Daniel et moi sommes fin prêts, chacun serrant un scooter sous-marin sur son torse, allongés sur les flotteurs latéraux de part et d'autre de la console de pilotage du Zodiac pour nous faire aussi discrets que possible. Les moteurs Evinrude baissent d'un cran, puis d'un autre. Le Zodiac perd quelques nœuds. La coque rigide tangue, la proue s'élève et les flotteurs de la poupe s'enfoncent plus bas dans le sillage.

– *Ok, go !* crie Reshef.

On bascule de chaque côté simultanément, percutant les vagues dans une explosion de bulles assourdissante.

Expire, tire la soupape d'épaule, purge le gilet stabilisateur à fond.

Sors de l'effervescence.

Je stabilise à trois mètres sous la surface, fais courir la paume de ma main çà et là pour m'assurer que tout est en place : *resserre les sangles, revérifie le manomètre, arrange les flexibles.* Je vois Daniel qui procède au même rituel de l'autre côté du sillage. Les moteurs du Zodiac résonnent encore dans l'anonymat des sons liquides de l'océan.

Un courant dément parcourt les dix premiers mètres sous la surface. Nous chutons à quinze mètres, comme des pieds-lourds disloqués, largués dans le néant vert et abyssal du détroit de Gubal. Puis, une fois sous le torrent, nous pivotons afin d'aligner les boussoles des scooters marins sur le cap du *Thistlegorm*. Nous échangeons le signe « ok », empoignons nos machines infernales et mettons les gaz.

C'est parti.

*

Nous filons. Vite et profond.

Sha'ab Ali – le site de plongée associé au *Thistlegorm* – n'est pas particulièrement hospitalier. Mis à part la mélasse vert olive, le plancton volant et l'occasionnel thon solitaire, nous n'avons pour seule compagnie que le ronflement martien des scooters électriques, et l'échappement des détendeurs qui ponctuent notre sillage de longs chapelets de bulles ascendantes. Nous avançons en parallèle, rivés sur nos boussoles et nos ordinateurs de poignet, sans oublier le petit coup d'œil latéral sur le binôme toutes les trente secondes.

L'ambiance me plonge dans une contemplation agitée. Je me dis que le destin a un sens de l'humour plutôt tordu. Je devrais être tendu, à vif, monté à bloc par une ouverture grandiose et théâtrale. Du genre : la chevauchée des Walkyries de Richard Wagner. Mais non. En lieu et place, mon cerveau convoque « Underwater Chase » d'Al Caiola. Une musique entraînante, joyeuse et futile. Versant dans le burlesque et l'autodérision. Me voici, filant à toute allure vers une épave mythique, aux côtés d'un ancien pilote d'avion-cargo argentin interlope, véritable mufle reconverti en pro de plongée spéléo, pour empêcher qu'un homme d'affaires influent, doublé d'une célébrité locale, ne se fasse trucider par une équipe de tueurs dont on n'aurait même pas soupçonné l'existence s'il n'y avait eu les frasques douteuses et courbes fabuleuses d'une naïade libanaise. Dans le fond, ça résume plutôt bien la situation.

Soyons franc, après dix minutes passées dans cette purée verte, je crève d'envie de la revoir. L'épave, j'entends. Je l'ai déjà explorée une dizaine, voire une quinzaine de fois. Elle ressemble au décor changeant d'une pièce de théâtre géante, interactive, avec tout ce qu'il faut d'accessoires, de comédiens, de costumes et d'éclairage. On ne l'a pas encore aperçue que l'on sent déjà sa présence. Elle altère les vibrations de l'eau qui l'entoure. D'abord, votre esprit fantasme sur l'ombre qui se profile au loin. Soudain les poissons se rassemblent en bancs, l'eau devient bleu marine et des éclairs de lumière reflètent des surfaces inédites. La voilà. Elle apparaît sans crier gare, d'un coup de tuba magique. Comme ça. Sans transition. Cent quatorze mètres de longueur et peut-être… combien ? Cinq mille tonnes de métal ? Une masse sombre, surgie de nulle part, qui vous toise de toute sa hauteur et vous inflige une belle leçon d'humilité.

Daniel lève un poing triomphant : dans le mille. Vu la force du courant au début de la plongée nous aurions pu dévier et passer complètement à côté, mais nous avons coulé rapidement, puis maintenu le cap. Nous stoppons les propulseurs et marquons une pause à quinze mètres de profondeur, sur le travers tribord. Aujourd'hui, la visibilité est telle que l'on distingue parfaitement toutes les sections de l'épave. Sur notre gauche, l'étambot repose sur le flanc à bâbord, avec l'énorme propulseur, le gouvernail et les deux funestes canons anti-aériens qui hantent la partie la plus profonde de l'épave. Ensuite viennent la section bombardée, et ce qui reste des deux chars Universal Bren Carrier Mk II. La cheminée et le toit bombé marquent l'entrée de la cale 3, au-delà de laquelle la superstructure s'élève vers des eaux moins profondes. D'abord, la cabine du capitaine, reliant le pont et les passerelles, puis le mât principal, gisant au milieu d'un fatras de grues et de chargements de charbon, un paravane, des bossoirs, des wagons-citernes et une cage d'escalier conduisant au gaillard d'avant avec ses treuils et ses bollards. Et enfin, cette proue fabuleuse, avec sa gigantesque chaîne d'ancre à tribord, à jamais enterrée dans la vase.

Curieusement, on a l'impression d'être seuls sur l'épave. On balaye du regard les ponts supérieurs en quête de bulles d'air : rien à signaler. Deux possibilités : soit nous arrivons trop tard, soit ils sont dans les cales, où la structure en surplomb empêche les bulles de remonter à la surface. Je me tourne vers Daniel pour qu'il m'apporte ses lumières. Ma paume droite fend l'eau verticalement en trois directions séparées, puis je tends les deux mains, paumes tournées vers le haut et hausse les épaules exagérément. *On commence par quoi ?*

Le *Thistlegorm* n'est pas une sortie particulièrement profonde, mais en plongée loisir « à l'air » on ne peut passer que vingt minutes à trente mètres, sous peine de devoir effectuer des paliers de décompression à la remontée. La dernière fois que nous avons exploré l'épave avec un groupe de geeks suisses, pour augmenter notre autonomie on a utilisé des blocs bi-bouteille gonflés au nitrox trente-six pour cent, et on respirait sur une bouteille de nitrox cinquante pour cent pendant les paliers. Mais, ce matin, nous avons saisi les premières bouteilles à portée de main dans le local à compresseurs, et celles-ci sont remplies du traditionnel mélange nitrox trente-deux pour cent. Dans le meilleur des cas, on peut grappiller seize minutes à quarante mètres. Bref, on n'a pas le temps de gamberger.

Daniel place ses deux index côte à côte puis ses mains partent dans deux directions différentes. *On se sépare ?*

Je secoue la tête et frappe mes index l'un contre l'autre plusieurs fois. *Pas question !* Je n'ai aucune envie de me retrouver seul en tête à tête avec Red Bull.

Daniel acquiesce, esquissant un large sourire déformé par l'embout de son détendeur. Il pointe l'arrière de l'épave, puis déclenche son scooter sans attendre le feu vert. Nous longeons le flanc tribord, aux aguets, à la recherche du moindre indice de présence humaine : des bulles qui s'échappent des cloisons rouillées et poreuses du pont ; un tourbillon de sédiments trahissant le récent passage d'une paire de palmes. Toujours rien.

Nous nageons quelques secondes au-dessus de la zone d'impact ; ce qui reste de la cale 4, avant que les bombes ne l'anéantissent en 1941. Ci-gît l'héritage explosif du *Thistlegorm*, énuméré dans notre traditionnel briefing pré-plongée en surface : des amas d'obus anti-aériens et de mortiers, dont certains sont encore préservés dans leurs caisses d'origine ; de longues mines marines cylindriques gisant sur le flanc gauche de l'épave ; des obus perforants énormes, conçus pour détruire contre-torpilleurs et cuirassés. Tous attendant inexorablement d'être tirés au cœur de la bataille. Je me suis toujours demandé pourquoi les autorités égyptiennes ne les ont jamais extirpés de là, puis fait exploser ailleurs, en lieu sûr. Sans doute pensent-elles que cela apporte du piquant à la plongée.

Nous poursuivons nos recherches, survolant toutes ces munitions endormies, et rejoignons la cheminée et les restes du toit soufflé par l'explosion, symboles des blessures infligées par les bombes. Nous sommes devant la cale 3, notre point d'entrée. On s'engouffre, en commençant par le bas de l'épave, puis on remonte ses entrailles progressivement jusqu'à la proue située dans des eaux moins profondes. Les scooters nous tractent rapidement au-dessus d'un tas de grenades à main et de mines antichars. On passe de la cale 3 à la cale 2. Abrutis ! On a oublié de prendre des lampes. On stoppe nos deux engins simultanément. Trop rapides.

Trop bruyants. Trop encombrants dans un environnement clos. On les attache à ce qui devait être un câble électrique à l'époque. Agenouillés dans la vase, on s'aligne sur le souffle du navire, absorbant son humeur. Nos yeux s'accoutument à la pénombre. Des fantômes surgissent des ténèbres : des camions Ford et Bedford, des Jeep Morris, des motos Norton et BSA, des fusils Lee-Enfield Mk III, toujours rangés dans leurs râteliers, des pneus, des pièces détachées d'avions et des caisses de médicaments. Des rayons d'énergie liquide illuminent ces reliques du passé au travers des orifices, des prises d'air et des fissures dans la coque. Bienvenue au musée de la Guerre.

Les cales s'étalent sur deux niveaux. Daniel s'élance en palmage grenouille et pénètre dans le puits d'accès au niveau supérieur. De mon côté, je m'enfonce en chute libre vers le niveau inférieur et atterris sur une pile de bottes en caoutchouc. Il n'y a pas foule ici. On se met à nager l'un au-dessus de l'autre, en gardant le contact visuel, au bon vouloir des ombres lugubres projetées par les Jeep, remorques et autres pièces détachées d'avions. Le niveau inférieur, ce n'est pas pour les claustros. « Vers les sommets par des chemins étroits », écrivait Victor Hugo. Il aurait pu être plongeur. Lorsque l'on pénètre dans une grande épave qui repose au fond, couchée sur son flanc, l'oreille interne peine à distinguer le haut du bas. La tête tourne et la vision devient floue, car les sens perdent leurs repères terrestres. Nager tout droit d'une cale à l'autre peut dangereusement augmenter votre profondeur et descendre une coursive peut en fait vous faire remonter de plusieurs mètres. On apprend à rétablir l'équilibre en se concentrant sur ce qui ne changera jamais, y compris dans un environnement sous plafond : les bulles d'air vont vers le haut, et les tympans grincent si vous descendez sans compenser.

Dans mon cas, j'aurais simplement besoin d'une fichue lampe de plongée. Au lieu de ça, j'avance à l'aveugle en fond de cale 1, tâtonnant de la palme, coincé entre le marteau et l'encl… ah non, un vieux groupe électrogène tout rouillé.

Là. Devant moi.

Dans les entrailles de la proue, sous le gaillard d'avant. En zone interdite.

Deux faisceaux de lumière blanche valsent. Tels des stroboscopes solitaires dans la pénombre d'une discothèque gothique. Il faut que je voie ça de plus près pour comprendre ce qui se passe. Je slalome à droite, à gauche, me faufile entre les pièces de camion, les bottes et les caisses de fusils. Je lève les yeux. Daniel aussi l'a remarqué et se rapproche.

Puis tout devient clair.

*

Plongeur numéro un tient plongeur numéro deux à bout de bras, le secouant violemment d'avant en arrière. Plongeur numéro un : en shorty moulant trois millimètres, cuisses épaisses, deltoïdes saillants et un avant-bras poilu qui triture sa proie. Une queue-de-cheval dépasse de la sangle du masque et oscille de gauche à droite. Red Bull, le coach sportif à la gâchette facile, est de retour. Plongeur numéro deux a visiblement perdu son détendeur. Le deuxième étage pendouille le long de sa bouteille, fusant abondamment. Combinaison intégrale trop large ; Rolex tout en or qui scintille et gigote autour d'un poignet maigrelet impuissant face à l'étau de fer qui l'étouffe ; une mèche grise dépasse de la cagoule ; peau bronzée et ridée autour de la jupe du masque ; yeux globuleux derrière la vitre : Dawoud vit ses dernières secondes salées dans ce bas monde en balourd aquatique plus-que-parfait. Il déguste comme j'ai bien failli le faire sur le toit-terrasse à El Gouna. Sauf que, cette fois-ci, Red Bull tient un couteau dans sa main droite. Pas un de ces gros couteaux de plongée désuets qui prend tout le mollet, mais plutôt un poignard court de type Spyderco, à lame acérée et dentelée qui découpe le ciment comme du beurre. Au pifomètre, je dirais que Red Bull a tenté de taillader Dawoud par-derrière, mais s'est fait prendre en flagrant délit. Dawoud a juste eu le temps de saisir la main tenant le couteau et d'inspirer une dernière bouffée d'air avant que Red Bull n'arrache le deuxième étage de sa bouche. Maintenant qu'il a perdu l'effet de surprise, le tueur veut en finir rapidos, quitte à saloper le boulot : poignarder ou noyer sa victime, peu importe.

Daniel et moi échangeons des regards frénétiques, puis on s'élance en palmant comme des fous furieux. On s'incruste dans la mêlée et les coups partent dans tous les sens. Daniel attrape la main au couteau de Red Bull, tandis que je saisis le détendeur fuyard de Dawoud, le lui enfonce dans la bouche et appuie sur la purge pour chasser l'eau. Désormais, c'est une lutte à quatre qui se joue, une mêlée sauvage où les palmes frappent au hasard, dans une farandole de bulles et un concert de bouteilles heurtant les parois de la cale d'un bruit sourd et métallique. On dirait trois petites frappes qui s'arrachent un mannequin de vitrine dans un château gonflable. Hurlant à travers son détendeur, Red Bull se démène comme un diable et se dévisse le crâne en envoyant des coups de boule tous azimuts. À ce régime, il est claqué au bout de trente secondes, complètement vidé et en hyperventilation. Daniel, en revanche, n'en est qu'à l'échauffement. Il lui décoche un uppercut puissant dans la mâchoire, envoie valser son masque d'un coup sec et arrache son détendeur au passage, ne laissant que l'embout dans sa bouche. Projeté en arrière, Red Bull éructe et recule. J'en profite pour lui faire lâcher sa prise et extraire Dawoud du ring, tandis que Daniel lance un deuxième assaut frontal. Il s'apprête à le plaquer définitivement au sol quand un objet s'échappe et tombe, avec un petit bruit sourd, quasiment imperceptible. Et pourtant, il résonne fort et clair malgré le bouillonnement de la bataille dans mes oreilles. Daniel l'entend aussi et jette un coup d'œil latéral. Du coup mon champ de vision se rétrécit et je ne vois plus que ça. Cet instant où tout peut basculer.

On dirait un stylo. Un stylo à code couleur en laiton ou en aluminium. Une chose est sûre, ce truc-là ne provient pas de l'inventaire rouillé de la Seconde Guerre mondiale. Il scintille sous les faisceaux des lampes de plongée – et semble crier « BOOM » par onomatopée interposée.

Au diable Red Bull. Laisse tomber Dawoud.

Daniel et moi nous ruons sur le bout de métal brillant comme des pécheurs sur l'eau bénite. Ok, ça d'abord ; tout le reste peut attendre. Gaffe, ça a l'air fragile.

Red Bull saisit sa chance : c'est maintenant ou jamais. Dans un éclair de folie, il déclipse la bretelle de son gilet stabilisateur, largue bouteille et ceinture de plomb quasi simultanément – clonk, clonk – et décolle d'un puissant coup de palmes. Il nous file sous le nez, ondule de biais et vers le haut, puis, véritable anguille poilue, se faufile à travers un hublot, trou béant de lumière bleue. Ses palmes noires disparaissent derrière un rideau de bulles et une pile de caisses de fusils. Daniel et moi échangeons des regards sceptiques. Il ne peut pas s'en sortir d'un seul souffle, à trente mètres de la surface, surtout après ce qu'il vient de vivre. Et même s'il y parvient, l'azote dissous dans son sang va le faire mousser comme du Coca renversé et faire pétiller ses membres comme un bol de Rice Krispies. Il est condamné.

Je range le stylo respectueusement dans la poche de ma stab et me dirige vers Dawoud. Le patron de Dawascom est très secoué, il peine à retrouver son souffle. Je vérifie son manomètre : moins de trente bars. Daniel attrape les bretelles de son gilet, lui fourre son masque sous le nez pour imposer un contact visuel et fait le signe « ok » de sa main gauche. Dawoud ne réagit pas : il essaye de digérer ce qui vient de se passer. Il va mettre du temps à sortir de la cale. Daniel me regarde. *Ok, je m'en occupe. Vas-y.*

Impossible de suivre Red Bull en passant par le même hublot avec tout mon attirail. C'est trop étroit. Je sors de la cale 1 et passe à grands coups de palmes devant les camions Bedford ; devant les motos BSA WD M20 ; devant les voitures blindées aux châssis de Rolls-Royce. Enfin, j'atteins l'entrée de la cale et m'élève dans la masse indigo, profonde et électrique. Par instinct, je lève les yeux, m'attendant à voir flotter quelque part entre deux eaux le corps sans vie du tueur, le regard vitreux, braqué sur la surface interdite, là où l'eau devient air. Un certain temps s'écoule avant que mes yeux s'habituent au flot de lumière bleue et que mon cerveau accepte l'immensité liquide et la perception renouvelée du haut et du bas. Le courant s'est intensifié, balayant les ponts de la poupe à la proue. Ça s'agite derrière moi : je me retourne face au gaillard d'avant et réalise que je suis cerné. Un gros banc iridescent de vivaneaux argentés – certains rouge sang, d'autres striés de bleu – ondule au gré du courant. Des centaines d'yeux questionnent ma présence ici. Des nuées de poissons de verre, d'anthias et de poissons-papillons frémissent et palpitent à l'intérieur et tout autour du banc, formant un véritable écran devant l'énorme treuil d'ancre, comme un rideau d'écailles masquant la scène avant le début d'une pièce de théâtre. Soudain le banc se contracte, vibre et se désintègre pour faire place à un foisonnement de bulles d'air humaines. Mon cœur s'arrête.

*

Red Bull est là, bien vivant, il respire sur une mini-bouteille de plongée de secours. Et il n'est pas seul. Un autre plongeur est arrivé en renfort et rôde à ses côtés. La cagoule recouvre cheveux, mâchoire et menton ; le masque tire la peau autour des yeux et les pommettes effilées. J'apprécie l'élégance des hanches. Je connais bien ce palmage, ces superbes jambes sous le néoprène. Elle sait que c'est moi, je sais que c'est elle. Samar.

J'ai déjà l'impression d'avoir vécu ce qui va suivre, il me suffit d'appuyer sur « lecture » pour visionner une séquence que j'ai rêvée il y a longtemps. Red Bull s'avance dans ma direction. Samar pose une main sur son épaule et l'arrête dans sa lancée. Elle ramène son bras vers l'avant et lève un gros boîtier métallique, sombre et mat : une crosse large et un pontet surdimensionné prolongés par une grappe carrée de quatre longs canons soudés ensemble, le tout muni d'un guidon de visée. Elle empoigne l'arme à deux mains, fléchit un coude vers le bas, puis vise ma tête. Lentement, très lentement. Presqu'à bout pourtant. J'ai les canons en pleine tronche et je ne vois même pas ses yeux. J'ai envie de hurler, mais je m'étouffe sur une rasade d'eau salée. L'index de Samar tressaille sur la détente.

Puis, comme un automate monté sur ressort, ses épaules pivotent 90 degrés à gauche et elle fait feu. Le pistolet recule et l'un des canons tire un très mince filet de bulles argentées. Le verre du masque de Red Bull explose et l'impact projette tout son torse en arrière. Son corps s'affaisse. Du sang jaillit à l'intérieur du masque. Si une chose a eu le temps de lui traverser l'esprit, c'est bien la flèche métallique qui dépasse désormais de son crâne.

Abasourdi, j'observe la tueuse me remettre en joue. Mais la posture de Samar s'est transformée. Pendant un court instant d'incertitude, les quatre redoutables canons vacillent, puis pointent mon bas-ventre, moins pour me cibler que pour me dissuader. Elle secoue la tête légèrement. *T'as pas intérêt à me suivre, même pas en rêve*, voilà ce qu'elle me dit du regard. À cet instant précis, je nous revois roulant sur la Honda ou explorant les fonds cannois, comme si je pouvais tendre le bras, ôter son casque, son masque, qu'importe, prendre son visage à deux mains, puis prendre ses lèvres… Quel abruti !

Un moteur hors-bord gronde en Dolby Surround et le sillage d'une coque de bateau fend la surface de l'eau, quinze mètres au-dessus de nos têtes. Samar recule et lève les yeux, laissant la lumière du soleil inonder son masque. On vient la chercher j'imagine, probablement le semi-rigide que Reshef avait repéré au loin à notre arrivée. Puis elle se retourne, je la regarde remonter, guettant en vain un dernier regard de sa part.

Daniel me donne un petit coup sur la tête. Il tient Dawoud par le premier étage du détendeur, comme il le ferait pour un plongeur novice, le baladant telle une marionnette au-dessus du gaillard d'avant de l'épave. Dawoud peut à peine palmer. J'espère qu'il va survivre à l'état de choc maintenant qu'il a échappé au meurtre de justesse.

Je désigne d'un mouvement de tête le corps inanimé de Red Bull, mannequin désarticulé qui dérive sinistrement au-dessus des ponts, comme un fantôme de marin. Des traînées de sang jaillissent devant et derrière sa tête et suivent le courant vers la poupe et ses deux canons anti-aériens. Je pointe vers le haut – Samar a déclipsé son gilet stabilisateur.

Elle nous jette un dernier coup d'œil, puis se hisse sur la bouée bâbord du canot semi-rigide, tandis que l'hélice tourne encore au ralenti. Daniel et moi observons ses jambes puis ses palmes traverser la surface et retrouver l'air. Puis le moteur accélère et le semi-rigide disparaît.

Nous commençons notre ascension avec très peu de temps restant au compteur. Dawoud a perdu son ordinateur dans la bagarre, nous n'avons aucun moyen de connaître son profil de plongée. Il nous faut être très, très prudents : remonter plus lentement que les bulles les plus fines et marquer un double arrêt de sécurité. Il vide sa bouteille trois minutes plus tard et termine la plongée en respiration forcée sur mon détendeur de secours, au moment où on entend le son d'un autre moteur tournant quelque part au-dessus de nous.

Lorsque enfin nous émergeons, Reshef fonce droit sur nous, pilotant le Zodiac avec une précision chirurgicale. Nous retirons notre équipement dans l'eau et grimpons par-dessus les flotteurs du semi-rigide pendant qu'il hisse nos gilets et ceintures de plomb à bord. Dawoud frissonne et fixe son Boston Whaler amarré à une centaine de mètres. Il ne se donne même pas la peine d'essuyer la morve qui dégouline sur ses joues.

Reshef reconnaît Dawoud immédiatement mais cache sa surprise, en bon sauveteur. Il saisit le regard hagard de l'homme d'affaires dans la direction du Whaler et lui tapote gentiment l'épaule pour le rassurer.

– Votre garde du corps arrive, dit-il.

Puis il se tourne vers nous et pointe du doigt le semi-rigide emportant Samar, plus qu'une tache d'embruns filant à l'horizon.

– Ils se dirigent vers Charm el-Cheikh, *ricky-tick*, dit-il, empruntant fièrement le jargon militaire d'une série télé américaine.

Daniel ventile l'excès d'azote.

– Revenez ici, *¡hijos de puta !*

Nous nous affalons dans le Zodiac, amorphes, sonnés, pendant ce qui semble être de longues minutes, absorbant le kaléidoscope de sensations de cette plongée rocambolesque.

Je brise le silence.

– Merde.

– Quoi ? demande Daniel.

– Faut y retourner, on a zappé les scooters…

Septième partie

De retour sur la terre ferme. Deux jours après le *Thistlegorm*. À ma droite, une demi-douzaine de kitesurfeurs écume les rivages au nord de Mangroovy Beach. Le vent s'est levé il y a une heure, puissant et constant. Les ailes gonflées décollent, plongent de haut en bas puis virevoltent autour des vagues soyeuses, comme un ballet de raies-aigles. Face à moi, loin devant, s'étire l'île Shadwan, qui compte parmi les meilleurs sites de plongée en haute mer Rouge. En ce matin glorieux, j'imagine déjà les bateaux de plongée en train de s'aligner à Abu Nuhas – le père du mauvais sort –, ce récif qui a engendré des épaves légendaires telles que le *Chrisoula K*, le *Carnatic* et le *Giannis D*. Les bateaux de croisière enchaîneront ensuite avec des plongées dérivantes sur des sites époustouflants comme Siyul Soraya, Blind Reef ou encore El Gilwa. Malheureusement, le banc de sable qui s'étire juste devant moi ne recèle pas de tels trésors : une longue étendue d'eau de faible fond, artificielle et stérile. Je le sais, car Daniel et moi étions vautrés dedans il y a quatre nuits, dissimulés derrière ces fameuses parcelles de mangrove, à peine à deux cents mètres en face. Mais, ce matin, je suis de l'autre côté de l'objectif.

J'ai passé la majeure partie de la nuit dernière à griffonner fiévreusement dans mon carnet. Détails, impressions et idées fausses. Effets et conséquences. Succès et échecs. Mes paupières se sont vaillamment battues mais la concentration a flanché juste avant le lever du jour. Deux heures plus tard, une limousine couleur ivoire est venue me chercher. J'ai juste eu le temps d'attraper le carnet. En cours de route le chauffeur m'a tendu une enveloppe kraft format A4 scellée et adressée à mon nom, puis m'a déposé ici. Le majordome attendait à l'entrée. Elle portait un costume bleu marine sur mesure, très strict, mais j'ai tout de suite reconnu la coupe au carré et la silhouette en sablier. C'était la brune que Daniel et moi avions observée à travers nos jumelles lors de notre planque foireuse sur Dawoud. Une frange rangée sur le côté et des boucles de cheveux de jais désordonnés encadraient son visage ovale, une peau mate, des lèvres charnues et des pommettes méditerranéennes. Elle m'a toisé un moment avant de me tendre un jeu de clés clinquant et de me souhaiter la bienvenue d'un geste désinvolte.

– Palmyra est à vous aujourd'hui, m'a-t-elle dit en jetant un rapide coup d'œil sur l'enveloppe que je tenais en main. Avec les compliments de M. Dawoud. Il vous fait part de sa reconnaissance et vous adresse ses sincères salutations.

Elle m'a installé pour la journée et s'est éclipsée discrètement. J'ai ouvert l'enveloppe l'air de rien. Un CV photocopié. Non, plutôt une fiche de renseignement. La tronche mal rasée de Massari en noir et blanc. Red Bull. Tout son pedigree. Dawoud renvoyait l'ascenseur.

*

La villa se dresse en arrière-plan, majestueuse. Mon transat trône sur la terrasse luxuriante avec ses alcôves et ses jardins. Le vent fait bruisser les feuilles de palmier et tourne les pages de mon carnet ; des vaguelettes ondulent à la surface de la piscine. Mon nom est discrètement brodé sur le peignoir de bain, côté cœur. Puis il y a le personnel méticuleux, discret, prêt à servir : un chef et une masseuse disponibles à la demande, un barman côté piscine et boissons alcoolisées illimitées… un type a même proposé de mettre un coup de spray sur mes lunettes de soleil. Je ne sais vraiment pas quoi faire de tout ça : aujourd'hui je veux simplement passer la journée à écrire en écoutant de la musique. Daniel aura le même traitement de faveur dès son prochain jour de congé. Bien entendu, il pourrait aussi aller plonger – comme à son habitude – mais quelque chose me dit que cette fois-ci il fera une exception.

– Monsieur Gopler ?

La brune, corsetée dans son tailleur impeccable, interrompt mes divagations. Elle me tend un café frappé et pose un exemplaire du *Daily News Egypt* à côté de l'enveloppe kraft. Elle est stoïque, professionnelle, mais aussi impatiente de poser une question, semble-t-il. J'ôte un de mes écouteurs, quand ses yeux en forme d'amande se tournent vers une petite silhouette trapue, foulant vaillamment le tronçon de plage hostile en plein cagnard de 10 heures du matin. Aucun doute quant au profil. La lumière crue, éblouissante, rebondit sur le sable blanc et précise les attributs vestimentaires de son propriétaire, qui avance péniblement vers nous. Chapeau panama, lunettes de soleil Wayfarer. Chino bleu marine, chemise Oxford beige, chaussures bateau à semelles blanches et… tiens, pas de chaussettes. L'écouteur resté dans mon oreille diffuse « Per qualche dollaro in più » d'Ennio Morricone. Curieusement, les pas de Leconte se calent sur le tempo. Il marque une pause rapide, défie le ciel en grimaçant, reprend sa foulée cinématographique, s'engage sur la jetée privée en bois, et enfin attaque la volée d'escaliers pavés.

– Je vais devoir appeler la sécurité, signale la brune. Cet homme n'a rien à faire ici, c'est une propriété privée.

Je contemple l'option douce-amère de regarder Leconte se faire brutaliser et interroger par les deux molosses de la maison.

– Laissez, madame, dis-je en hochant la tête. C'est une connaissance.

Je sens qu'elle me regarde de haut, contrariée. Ça doit être le titre de civilité qui la tracasse. Ou le fait que personne – à part Daniel – ne savait que je passerais la journée ici. Je lève les yeux vers elle et lui offre mon plus beau sourire. Mais je me prends un gros vent. Elle lance un regard assassin, puis fait demi-tour. Ses cheveux noirs et soyeux fouettent l'air et diffusent du jasmin. Tempérament méditerranéen, assurément.

Leconte gravit les dernières marches brûlantes des escaliers en pierre et se rue vers le sanctuaire ombragé de la terrasse où murmurent les immenses palmiers. Il s'arrête, se courbe, haletant : c'est la délivrance. Sa main fourrage sauvagement la poche de son pantalon.

– Enfin ! Vous voilà ! lâche-t-il, respirant bruyamment.

– Bonjour mon colonel. Comment m'avez-vous retrouvé ?

Il extrait un mouchoir de soie soigneusement plié, et d'un geste théâtral éponge son front ruisselant de sueur.

– Je suis heureux de vous revoir, moi aussi, lance-t-il d'humeur taquine. Votre collègue de plongée... pardon, votre *binôme*, dit-il avec un petit sourire satisfait, Daniel, m'a indiqué que vous profitiez de votre journée de congé quelque part, aux frais de M. Dawoud. Après avoir procédé à quelques vérifications d'usage, j'ai pu restreindre l'éventail des possibilités.

– Pas si restreintes que ça, les possibilités, visiblement...

Je désigne d'un mouvement de tête les grandes taches de sueur qui cartographient sa chemise.

– … Vous passez la plage au peigne fin depuis combien de temps ?

Leconte fronce les sourcils, baisse les yeux, puis se redresse immédiatement. Je ris de bon cœur, me délectant de ses tics et de son jeu de scène solennel.

– En réalité, je cherchais votre fidèle destrier mécanique. Une sorte de chasse au trésor ; en trouvant la moto, je retrouvais l'homme. Vous êtes d'humeur piétonne aujourd'hui ? il s'enquiert.

– Quelque chose comme ça.

Je me lève et lui désigne le grand canapé beige, sur lequel Dawoud et Samar batifolaient il n'y a pas si longtemps. Je m'attendrais presque à tomber sur la photo incriminante de la poupe du *Coronado*, toujours coincée derrière un coussin ou dépassant quelque part, sous les replis d'un accoudoir.

– On se pose un moment ?

Il acquiesce, reconnaissant, et attrape son paquet froissé de Gauloises dans une autre poche de pantalon en s'asseyant. Le type au spray réapparaît dans un polo Lacoste rose, un short bleu et des espadrilles, tenant dans ses mains un bac de glace et une bouteille d'eau minérale Dasani. Il nous sert deux grands verres, puis disparaît dans la foulée.

– Pas de pastis, j'ajoute avec une moue ironique et un haussement d'épaules.

Leconte balaye mon humour d'un revers de la main. Il vide son verre en cinq gorgées agonisantes, s'en ressert un et l'avale d'un trait.

– Ça va mieux ? je demande.

– Beaucoup mieux, merci.

Il allume une cigarette, inhale, retient la fumée dans ses poumons, expire en extase et scrute l'étendue de la propriété.

– C'est à vous pour la journée ? demande-t-il, admiratif.

– Oui. Surclassement temporaire. Pas mal à côté de Buzzha Beach, n'est-ce pas ?

– Sa façon de vous remercier, j'imagine. Quelque peu dérisoire au regard des risques que vous avez pris, non ?

– C'est vrai, mais je ne m'attendais pas non plus à un virement sur un compte en Suisse. Je suppose que Dawoud ne souhaite pas que les événements de cette semaine ne parviennent aux oreilles des médias, donc je me contenterai d'une récompense discrète – en nature, sous le sceau du secret, je précise, balayant la plage de la paume de ma main.

– Désintéressé et des plus raisonnables, convient Leconte.

D'un geste mécanique, il essuie ses lunettes de soleil avec un coin de sa chemise. Puis, sans transition, il se redresse sur le canapé, plante solennellement ses deux coudes sur ses genoux et entrelace ses doigts. Cette posture signifie *revenons-en à nos moutons*. Il plonge ses yeux dans les miens.

– Alors ? Vous l'avez apporté ? demande-t-il brusquement.

– Nan. On l'a largué sur le chemin du retour, quelque part dans le détroit de Gubal.

Pas de réaction, à part un lent battement de paupières impassible.

– Et ?

– Un détonateur.

– En êtes-vous sûr ?

J'acquiesce.

– Nous l'avons pris en photo sur le Zodiac. Je l'ai envoyé par e-mail à un pote de Saint-Cyr qui dirige le cours de neutralisation des engins explosifs à l'École du génie d'Angers. Il s'agit d'un…

Je plisse les yeux, luttant pour me rappeler les spécifications techniques.

– … Il a parlé d'un stylo détonateur-retardateur. Ou quelque chose comme ça. Un modèle très désuet, mais encore utilisé pour certaines opérations clandestines apparemment. Petit, léger et, contrairement aux retardateurs modernes, il est impossible de le détecter ou de le brouiller électroniquement. Et visiblement on peut l'employer sous l'eau. Pas ultra-précis comme engin, en revanche : le délai de mise à feu dépend de la température ambiante.

Leconte caresse son menton et s'enfonce profondément dans le canapé, le regard dans le vide.

– Donc c'était ça, le plan, fait-il. Éliminer Dawoud sur le *Thistlegorm*, puis déclencher une explosion pour que cela ressemble à un accident.

– Ouais. Un gros engin explosif improvisé en quelque sorte. Cela semble jouable. Fou, mais jouable, j'ajoute. Une fois Dawoud mort, Red Bull n'avait plus qu'à attacher le cadavre à une de ces longues mines marines cylindriques, par exemple. Il y en a un paquet près de la cale 4 sur le flanc gauche de l'épave. Le détonateur-retardateur lui aurait donné le temps de quitter la zone, de dériver avec le courant de surface et remonter bien loin de l'explosion. Le garde du corps de Dawoud ne l'aurait probablement pas vu sortir de l'eau.

– *Vraiment*, Gopler, ajoute-t-il d'un air dubitatif. Une telle explosion aurait-elle semblé accidentelle ? Qui l'aurait cru, bon sang ?

– C'est un peu… tiré par les cheveux, mais plausible, en effet, vu l'arsenal stocké dans l'épave.

Je cogite en silence, tripotant le fermoir de la Bund et rappelant à mon souvenir l'image du *SS Richard Montgomery*, qui squatte dans l'estuaire de la Tamise avec mille quatre cents tonnes de munitions à bord.

– Mais oui, je conclus, je suppose que, si j'avais entendu parler de l'explosion par la bande au bar de plongeurs du bled, j'aurais mis ça sur le compte de la scoumoune. Et du coup personne n'aurait pris la peine de chercher les deux corps…

– Mais tout de même, Gopler. Un assassinat à la bombe ? Un vieux stylo retardateur ? C'est grossier et bâclé, si l'on considère le raffinement et la fugacité de leurs opérations précédentes. Cette dernière attaque semble totalement improvisée. Comme si quelque chose les avait poussés à agir de manière désespérée. Ils ont senti une présence et agi sous l'impulsion de la panique. Pourquoi, à votre avis ?

– Aucune idée, je mens, omettant de mentionner notre planque sur Palmyra et le coup de la photo du *Coronado*. Mais je pense qu'il faut surtout chercher du côté du Caire, dis-je en glissant l'exemplaire du *Daily News Egypt* jusqu'à lui.

Leconte s'arrête une fraction de seconde sur l'enveloppe kraft posée sur la table basse, puis ouvre le journal et en parcourt les gros titres.

– Quand j'ai quitté Le Caire hier, dit-il, la place Tahrir était en ébullition, encerclée par des cordons de policiers. Et ce n'est que le début, j'imagine.

– Qu'en pensent les gens de l'ambassade ?

– Ils tâtonnent pour rédiger le discours officiel. Dans les coulisses, en revanche, on insinue que ces soi-disant « révolutions spontanées » ne sont en fait que des coups d'État militaires masqués qui étaient en préparation depuis plusieurs années et qui ont exploité la vague de contestations populaires pour légitimer un renouvellement « en douceur » des classes dirigeantes. Au vu de l'exemple tunisien, je crains que cela ne présage rien de bon pour l'avenir du président Moubarak. Ce matin même, Al Jazeera était en train de passer en revue les successeurs potentiels. On s'attend à voir des types comme le chef d'état-major de l'armée ou l'ancien chef du service des renseignements monter en puissance à la tête de la nouvelle équipe au Caire. Le changement dans la continuité, en quelque sorte. Mais on parle aussi des Frères musulmans, vous savez…

Le type au spray et polo rose nous interrompt pour poser un seau à glace. Leconte commande un jus de citron pressé. Sans sucre. Je m'en tiens au café frappé. Nous ruminons en silence, savourant la douceur de cette prodigieuse brise de mer Rouge en plein mois de janvier. Les boissons arrivent, cette fois-ci apportées par la brune, qui s'est changée en polo Lacoste rose taille enfant et porte maintenant une jupe ajustée bleu marine. Ce doit être la « tenue de plage » standard des employés de maison. Elle s'attarde habilement quelques secondes pour espionner nos propos, mais comprend rapidement que nous ne reprendrons pas la conversation tant qu'elle sera là. Leconte apprécie l'effort mais sa plastique ne semble pas l'émouvoir le moins du monde.

– Merci, madame, ce sera tout.

Elle prend congé en tortillant des fesses et nous la reluquons jusqu'à ce qu'elle disparaisse pour de bon dans l'antre de la villa.

– Avez-vous informé la DGSE de la tentative d'assassinat sur Dawoud ?

– Pas encore, répond Leconte en se rongeant un ongle. J'attendais vos éléments. Par contre j'ai demandé à M. Mandouh d'essayer d'identifier les propriétaires du *Coronado* et de le suivre depuis qu'il a levé l'ancre à El Gouna. Vu l'importance de l'affaire je ne voulais pas m'en remettre à un simple site web en source ouverte.

– Et alors ?

– Il est remonté jusqu'à un consortium pétrolier égyptien, Egypt National Petroleum. ENP. Je vous la fais courte : le Sunseeker appartient au gouvernement égyptien. Il emprunte actuellement le canal entre Suez et Port-Saïd.

– Ça colle bien avec la théorie du coup d'État masqué, alors.

– Oui. Mais que vient faire Dawoud dans ce contexte ?

Il avale quelques gorgées de jus de citron (l'amertume lui fait plisser les yeux) et balaye du regard l'exemplaire du *Daily News Egypt*. Je ne sais pas s'il essaye d'échafauder une théorie qui tienne la route avec le peu d'indices à sa disposition ou s'il s'évertue à extraire quelques détails insipides d'une vérité plus large et encombrante. Il repose son verre à côté de l'enveloppe kraft.

– Qu'en pensez-vous, Gopler, maintenant que vous avez rencontré le personnage de près ?

– Souvenez-vous de mon briefing sur le *Basant*. Les affaires de Dawoud ont prospéré sous le régime d'Hosni Moubarak, et son groupe a profité d'un véritable traitement de faveur de la part des autorités politiques égyptiennes. Ceux qui instrumentalisent actuellement les révoltes du Caire pour se débarrasser de Moubarak veulent probablement faire le vide et neutraliser tout successeur potentiel. Quelqu'un comme Dawoud, avec ses vues d'entrepreneur libéral et laïque, représente sûrement une menace à court ou moyen terme. Donc ils prennent des mesures de précaution bien en amont et le surveillent sans relâche. Ils prévoient de se débarrasser de lui si nécessaire. Mais il s'agit d'une figure populaire, ils ne peuvent donc pas simplement le flinguer au beau milieu de la marina d'Abu Tig. Il faut tout d'abord infiltrer son entourage, identifier un proche susceptible de suivre ses déplacements et d'être en mesure de frapper le moment venu.

– Ce faisant, embraye Leconte, ils apprennent par la bande qu'il mise sur la plongée sous-marine pour mieux promouvoir sa ville auprès de la clientèle internationale. Et quel meilleur moyen que de voir le gourou *en personne* plongeant à El Gouna ? Joli coup publicitaire. Mais d'abord Dawoud doit apprendre. Donc ils lui fournissent l'instructeur idoine. Une *monitrice* en qui il aura entièrement confiance, disponible à plein temps pour lui donner des cours personnalisés – et plus si affinités.

– Allons plus loin, encore : Samar s'est inscrite à Cannes il y a un an pour être officiellement certifiée comme instructeur de plongée. Elle avait besoin de cette certification *pour cette mission*. L'opération était donc planifiée il y a longtemps déjà, bien avant que ce malheureux s'immole à Sidi Bouzid. Ceux qui ont infiltré Samar dans l'entourage de Dawoud savaient que les choses allaient aussi tourner en Égypte et ont placé Samar pour qu'elle s'occupe de Dawoud le moment venu.

Leconte considère les implications.

– Quelqu'un aurait anticipé le vent du changement, ainsi que la vacance du pouvoir, mais ne souhaitait pas que Dawoud en fasse partie. Ces gens sont d'authentiques disciples de Machiavel, dit-il en soupirant.

Il fronce les sourcils puis se vautre dans le canapé, consterné.

– Toutes mes félicitations, Gopler, vous avez été beaucoup plus clairvoyant que moi. Sur ce coup-là, en tout cas. Je me suis enfermé dans un scénario ridicule et obtus sans envisager ce cas de figure. Je m'en veux de ne pas y avoir pensé avant vous. Il reste bien un peu de gendarme en vous, tout compte fait.

*

Leconte allume une Gauloise et se mure dans le silence, inspirant le moment autant que possible en tirant de longues et profondes bouffées de cigarette. Un téléphone sonne loin derrière nous, la sonnerie ricoche sur les colonnades en mosaïque et résonne contre le sol en marbre. Je me retourne et aperçois la brune qui déboule à toute vitesse pour attraper un combiné mains-libres ultra-design. Elle répond en chuchotant, puis pivote soudainement dans notre direction. Ses yeux chocolat noir se braquent sur les miens et insistent. Elle place la paume de l'autre main sur le microphone et tend le combiné dans ma direction.

– Je crois que c'est pour vous, me dit Leconte en se retournant.

Je me lève et me dirige vers elle. Quand je lui prends le combiné elle ne m'a toujours pas lâché du regard. Dans ses yeux un mélange de curiosité, de peur et d'incompréhension. Elle a reconnu l'appelant. J'attends qu'elle s'éloigne et je m'annonce.

– Gopler.

– Je n'ai que quelques secondes, *Narsès.*

La chair de poule instantanée.

– Tu ne te débrouilles pas mal pour un ancien gendarme désabusé, dit-elle.

Voix de velours, mais rauque, riche et profonde. Samar. Tellement de choses à lui dire, de questions à lui poser.

– C'est ce que vient de me dire mon ancien boss.

– C'est lui qui t'envoie sur mes trousses ? Comment m'a-t-il suivie jusqu'ici ?

– Tout le monde laisse des traces, Samar. Surtout autour des morts. Leçon de base de l'enquêteur.

– Je m'en souviendrai.

Comment sait-elle que je suis là aujourd'hui ? Et qu'est-ce qu'on raconte à une tueuse à l'autre bout du fil ? *Allez, embraye.*

– Je suppose que je devrais te remercier d'être encore en vie.

– Je ne traite pas les cibles incidentes moi-même, dit-elle. J'ai atteint un niveau dans mon organisation où d'autres gens le font pour moi.

Voilà, tout est dit.

– Et Mehdi Massari ? je demande.

– Massari était une erreur de recrutement. Mon erreur.

– J'en déduis que c'est lui qui a tué Nikki.

– Son job était de protéger le premier cercle – moi, en l'occurrence. Ton amie m'avait suivie jusqu'au yacht du client. Massari l'a noyée sur place, dans la marina d'El Gouna, et a transporté son corps jusqu'à Hurghada pour brouiller les pistes.

– Tu te décharges ou tu assumes sa mort ?

– Je l'assume, Nash. Et tu devrais aussi.

Je serre les mâchoires en silence, les doigts crispés autour du combiné. Leconte me regarde discrètement de l'autre côté de la terrasse. Est-ce qu'il a deviné que c'est Samar qui appelle ? Je fais de mon mieux pour ne rien laisser paraître.

– Nikki n'aurait pas dû mourir pour vos conneries complotistes, Samar. Elle mérite justice.

– Oublie-la, dit-elle froidement. Personne n'obtient réellement justice. Soit les gens ont de la chance, soit ils n'en ont pas.

– Pas sûr qu'Orson Welles apprécie d'être cité dans ce contexte. Et moi, je n'apprécie pas qu'on ait tenté de me buter deux fois.

– J'avais uniquement ordonné à Massari de te surveiller. Il a désobéi, t'a raté sur la terrasse et, ce faisant, a probablement compromis notre dispositif ainsi que la suite de l'opération.

– Est-ce que Massari faisait aussi partie du commando mobylette qui a tenté de me dézinguer à Cannes ?

– Non, ce ne sont pas nos méthodes. À Cannes, c'est le client qui a jugé que tu en avais trop vu à la villa d'Escragnolles et qu'il était temps de m'exfiltrer pour me placer au plus près de la cible.

– Vous ne plaisantez pas, vous, quand vous dites « au plus près » de la cible. Qui est ton client ? Qui a voulu éliminer Dawoud ?

– Pas tes oignons, Nash. Dawoud s'est envolé pour Zurich hier soir, la mort aux trousses. J'ai cru comprendre qu'il ne reviendra pas en Égypte avant un certain temps. Le client est satisfait, même si le contrat n'est que partiellement rempli. On passe au client suivant.

– Pourquoi m'appelles-tu, alors ?

– Pour entendre ta voix. Pour te narguer un peu, aussi. Mais surtout pour te convaincre de ne pas essayer de me retrouver.

– Tu t'y prends mal.

– On ne se reverra pas, Nash, cela vaut mieux pour toi. Tu as foutu notre opération en l'air. Je ne pourrai pas t'épargner deux fois.

– Samar, attends…

Elle raccroche.

*

Je rejoins Leconte sur la terrasse, le pas lent, des fourmis dans les jambes et le cerveau en feu.

– C'était elle, n'est-ce pas ? me demande-t-il. Je l'ai lu sur votre visage. Vous feriez un piètre espion, Gopler.

Il brûle de m'assaillir d'un millier de questions mais il se retient et prépare le terrain. Sournoisement.

– J'ai demandé des nouvelles de votre amie Nikki à l'attaché de police néerlandais. Sachez que son corps est arrivé à Breda sans encombre. Ses parents sont divorcés depuis des années mais son jeune frère vit actuellement à Breda. C'est un élève de la Koninklijke Militaire Academie d'ailleurs. Le saviez-vous ?

Il sait très bien que non. Trop honteux pour ressasser les souvenirs, je chasse les images de mon esprit, comme un p'tit con ingrat. Mais je ne compte pas me laisser manipuler. J'ai la parade. Quelque chose m'intrigue dans le regard de Leconte. Pas uniquement en cet instant, mais depuis que l'on se connaît. Une douleur, une détresse, une quête de réponses qui ne viendront jamais. Elle affleure à la surface de manière très ponctuelle, comme maintenant.

– Suis-je le seul à avoir perdu quelqu'un de cher dans cette affaire, mon colonel ?

Le vent chaud se lève. Les douces rafales d'air salé tournoient et atténuent la tension, retardant la réaction épidermique de Leconte. Il gigote sur le canapé, plie et déplie ses jambes, fait courir ses doigts le long de l'accoudoir et tire fiévreusement sur sa cigarette. J'insiste un peu.

– Lorsque nous étions sur le *Basant*, vous avez précisé que cette affaire n'était pas une « priorité politique » pour les renseignements français, que personne n'avait été officiellement affecté dessus.

Leconte s'arrête de gigoter. Je déroule.

– Vous avez d'emblée cherché à lier Dawoud aux trois morts suspectes en Europe. Bille en tête. J'en déduis que l'un d'eux vous a affecté personnellement, je me trompe ?

Leconte reste stoïque.

– C'est vrai.

Son regard se vitrifie à nouveau. Le même regard noir, triste et résolu qu'il affichait sur le *Basant* dix jours plus tôt.

– L'avocat français décédé à Bern en mars 2008, ajoute-t-il, tandis que son visage devient blanc de plomb, était mon frère cadet.

Je laisse mon visage et le vent exprimer mes condoléances. Une minute de silence. Puis j'embraye.

– C'est pour ça que la DGSE vous a directement transmis les photos d'identité de Samar. Sans doute un ancien collègue ou chef de service qui le fait par amitié ou par compassion et vous donne l'opportunité de fouiller de votre côté, de monter un dossier.

– Je refuse de penser qu'il n'y aura pas de justice rendue dans cette affaire, Gopler. Je ne pense plus qu'à ça. Depuis des années. Rendre justice à mon petit frère.

– Quitte à utiliser des pions et à les mettre en danger pour arriver à vos fins ? Vous dissimulez bien votre rage mais elle aveugle votre discernement, mon colonel. Vous êtes dangereux. Dawoud n'était pas le commanditaire de Samar, je pense que vous vous en doutiez mais vous faites feu de tout bois pour relier les trois morts suspectes, pour hameçonner les services français et prouver que l'affaire mérite leur attention. En fait vous n'avez que faire des complots politiques égyptiens. C'est Samar qui vous intéresse, n'est-ce pas, mon colonel ?

– Je ferai tout ce qui est en mon pouvoir pour mettre cette femme sous les verrous. Mon seul lien entre ces trois *assassinats*, Gopler, c'est elle. Et par conséquent, c'est *vous*.

Leconte allume une autre cigarette, puis se carre confortablement dans le canapé.

– Alors parlez-moi d'elle, voulez-vous bien ? Ne serait-ce que pour honorer ses victimes.

Il regarde mon carnet, posé sur l'accoudoir du canapé.

– Et puis, ajoute-t-il, il faut bien que toutes ces notes vous servent à quelque chose !

*

J'ouvre donc le carnet et je fais ressurgir les souvenirs. Je rembobine onze mois plus tôt. En commençant par la séance des présentations lorsque j'ai croisé son regard envoûtant et dangereux pour la première fois. Toutes ces heures passées à tremper dans la piscine et à mettre les cours en pratique sur le récif artificiel du centre.

– Samar sortait du lot, je raconte en feuilletant les premières pages. Point barre. La troupe cannoise était déjà atypique. Elle, elle était hors catégorie. Elle ne quittait jamais la villa et communiquait peu. Elle sortait du lot parce qu'en fait elle faisait tout pour ne pas y rentrer.

Je décris sa distance, son éloignement social qui sied normalement aux timides ou aux introvertis, auxquels s'ajoutait une efficacité presque pathologique, quelque chose que je n'avais jamais perçu chez une femme auparavant. Rien que des impressions passagères et un mur de questions, jusqu'aux derniers jours de la formation, lorsque j'ai essayé de gratter la surface et de retirer les couches pour voir ce qui se cachait réellement dessous.

– Tout a commencé par un coup de poignée d'accélérateur, quand j'y pense.

Je me remémore la poursuite improvisée jusqu'à la grandiose villa d'Escragnolles. Le flirt dans la discothèque et la séance de jambes en l'air avec la pin-up inaccessible. Leconte lève un sourcil, incrédule.

– Vous avez couché avec elle ?

– Et dès que je m'éclipse de notre nid d'amour, deux vestes en cuir en motocross m'allongent à grands coups de cartouches électroniques et tentent de me finir au cran d'arrêt.

– J'ai appelé un collègue gendarme en poste place Beauvau à propos de ces fameuses cartouches, dit Leconte. Il s'avère qu'un lot expérimental s'est fait dérober d'un camion du fabricant sur une aire de stationnement quelque part entre Londres et Paris, trois semaines avant votre agression. Les cartouches réapparaissent encore de temps à autre, au compte-gouttes, sur un braquage ou un vol à main armée…

– Samar prétend que les deux motards de Cannes agissaient pour le compte de son client, pas pour le sien.

– Je pense qu'elle dit vrai. Mais elle vous a tout de même livré sur un plateau. Vous avez eu affaire à des tueurs professionnels, commente-t-il, rien à voir avec un vulgaire vol à la tire sur la Côte d'Azur. Elle vous a attiré dans son lit, loin de la foule, et a posé son piège. C'est comme cela qu'elle vous a désigné comme cible aux tueurs. Motif, à votre avis ?

– J'ai dû me faire repérer comme un bleu à Escragnolles. Je n'étais pas censé établir un lien entre elle et la villa louée par le consulat d'Égypte. Ni entre elle et l'Arabe coquet auquel elle rendait visite, d'ailleurs. Sans doute égyptien, lui aussi. Ce qui est sûr, c'est que, sans l'intervention d'Anatoly – mon pote russe – et de ses frangins, j'aurais fini dans un cercueil. Cela ne fait aucun doute, une ligne en petits caractères dans la colonne des faits divers de la feuille de chou locale. Ou une victime extrêmement suspecte de plus sur ma liste.

Je frotte l'arrière de mon crâne.

– La prochaine fois, je réfléchirai à deux fois avant de suivre une inconnue par pur voyeurisme.

– Bien au contraire, Gopler, ne vous retenez pas. Cette envie irrésistible a porté ses fruits, c'est évident. C'est grâce à ce fameux coup d'accélérateur que Dawoud a eu la vie sauve. Maintenant, rafraîchissez-moi la mémoire : Samar a disparu juste après l'attaque à la moto, n'est-ce pas ?

– Trois jours plus tard, oui, en subtilisant un vieux recycleur du centre. Elle voulait éviter les aéroports. Le *Coronado* est venu la chercher la nuit.

– C'est là qu'elle a commis une erreur, n'est-ce pas ?

– J'animais une plongée de nuit improvisée à la dernière minute. Comme la directrice du centre n'était pas au courant, elle n'a pas pu prévenir Samar.

– Et vous l'avez *vue* partir, conclut-il en imaginant la scène en Technicolor. La Rochefoucauld avait raison : la fortune et l'humeur gouvernent le monde. Mais, dites-moi, comment expliquez-vous le rôle de la directrice du centre, Patricia Neumann ? À en croire votre histoire, elle a fermé les yeux sur le vol du recycleur ; elle vous a fait croire que Samar avait obtenu une place de monitrice quelque part en Indonésie ; et elle l'a certifiée en tant qu'instructeur sous un faux nom… Un véritable appui logistique et administratif, tout de même. J'ai passé les finances du centre au peigne fin, une *due diligence* dans les règles de l'art. Rien à signaler, le centre est réputé, pignon sur rue. Qu'en pensez-vous ?

– Qu'il faut plutôt chercher du côté de son fils, Stefan Neumann. Si vous consultez son casier judiciaire, je suis sûr que vous y trouverez…

– Un petit dealer local d'héroïne, interrompt Leconte, interpellé en mauvaise compagnie lors d'une descente de la police judiciaire, il y a deux ans. Relâché en liberté conditionnelle.

– Toxicomane, plus que véritable dealer, si vous voulez mon avis. Samar a foncé droit sur le maillon faible et a dû les soumettre tous les deux à un chantage béton. Ça explique comment elle a réussi à subtiliser l'Oxygers 57 sans embrouille. Pareil pour son faux certificat d'instructeur.

Une voix féminine murmure quelque chose en arabe derrière nous. La brune est en train de briefer deux sous-fifres mâles en uniforme. Elle me regarde de travers, ne sachant pas comment me lire, et encore moins comment interpréter le coup de fil. Je flashe mon plus beau sourire. Elle hésite, puis fait de même. Ses consignes données, elle roule des hanches vers la piscine, sans se retourner, comme si elle était l'avatar de Samar. Ses formes alimentent les conjectures de Leconte.

– J'aime à penser que les gens de la DGSE vont poursuivre leurs patrouilles sur internet d'une manière ou d'une autre, malgré le carton rouge de la CNIL, dit Leconte. Qui sait, Samar va peut-être réapparaître quelque part sur la Toile.

– Je n'y crois pas trop. Nous avons compromis la sécurité de ses opérations, démasqué sa légende. Elle… *ils* ont mis les voiles, je corrige.

– J'ai toujours pensé qu'elle travaillait seule, reprend Leconte. Une franc-tireuse qui aligne les contrats. Pour ses clients, elle incarne l'opportunisme, la discrétion absolue, le mensonge puis le démenti, le tout emballé dans un joli petit lot. Un client, une mission à la fois. Puis elle passe au suivant. En tout cas, c'est comme cela que je concevais les trois assassinats en Europe. Qu'est-ce qui vous suggère autre chose ?

– Elle a parlé en disant « mon organisation », « notre opération » et « nos méthodes ». J'ai l'impression que c'est pour cela qu'elle m'a appelé. Pour me faire savoir qu'elle n'agit pas seule. Et puis il y a ceci.

Je me penche en avant, sors les photocopies de l'enveloppe kraft et les tends à Leconte. Il se gratte une narine en lisant, puis marque une pause. Encore une gorgée de jus de citron. Il avale avec précaution, en levant son sourcil inquisiteur, et à cet instant précis je jure que je pourrais lui fourrer un cageot entier de foutus citrons dans le gosier.

– Dawoud doit encore avoir d'excellents contacts pour pouvoir se procurer ces informations, dit-il. Et rédigées en anglais, s'il vous plaît. Pas étonnant que ses adversaires veuillent le mettre à l'écart. C'est la photo de son bourreau, je présume ?

– Ainsi que celui de Nikki. Le flingueur qui m'a raté de peu sur la terrasse. Lisez jusqu'en bas.

Leconte s'exécute.

– Cinq ans dans l'unité 777. Un ancien commando égyptien ?

– Un ex-nageur de combat, je pense. Devenu tueur à gages. Samar dit l'avoir recruté elle-même sur place pour sécuriser l'opération.

– Où voulez-vous en venir ? Cela ne nous apprend pas grand-chose sur son organisation.

– Je pense que si. Samar était plongeuse bien avant que je la rencontre au centre de Cannes. Plusieurs centaines de plongées à son actif, j'en suis sûr. Elle avait manifestement été formée à l'utilisation d'un recycleur militaire et aux techniques de contre-filature. À El Gouna elle choisit de recruter un ancien nageur de combat égyptien, puis l'exécute avec un vieux flingue sous-marin à fléchettes développé dans les années 70 pour les plongeurs des forces spéciales soviétiques…

– Quel rapport avec Bern, Strasbourg ou Biarritz ? Quel rapport avec mon frère ?

– Je ne sais pas, mais je crois que c'est là qu'il faut chercher.

– Mais, bon sang, *où ça*, Gopler ?

– Sous l'eau, mon colonel. Les réponses sont sous l'eau.

*

Anatoly se penche par-dessus la rambarde tribord de la proue, fou d'impatience.

– *Ey, rebyata*[1] *!* Ils sont là !

Daniel et moi avons quitté la scène égyptienne sans demander notre reste. Non pas pour fuir le danger. El Gouna était bien loin des secousses de la place Tahrir. Non. On a eu, comment dire, une opportunité. J'ai appris qu'Anatoly, mon acolyte espiègle et mafieux, se prélassait sur l'île de Grand Bahama. Après Cannes, il avait vendu son hôtel particulier azuréen, avait roulé sa bosse à son compte quelque temps dans les Caraïbes, et avait fini par atterrir comme instructeur dans un centre de plongée à Freeport. Il a adoré. Et l'a acheté. C'est-à-dire l'intégralité du centre : les murs, le matos, les bateaux, le personnel. Même la mascotte, un chien potcake nommé Taser. Anatoly m'a passé un coup de bigot début février. J'en ai touché deux mots à Daniel. Il a crié de joie. On a fait nos valises dans la foulée. Hani nous a conduits à Marsa Alam et claqué la bise en guise d'adieu. J'ai le sentiment que je ne le reverrai pas. On a scruté le tableau des départs et pris le premier vol international avec deux sièges disponibles. Gracieusement offert par Dawascom. Au moment d'embarquer, les enceintes de l'avion nous ont accueillis avec « Lebanese Blonde » de Thievery Corporation. Deux jours plus tard, Moubarak démissionnait et confiait les clés de son pays à l'armée après presque trois semaines de manifestations nationales réclamant son départ. Dawoud est toujours en Suisse. En pleine négociation autour d'un énorme projet immobilier. Il a le nez fin, l'animal !

1. « Hé, les gars ! »

– Ton pote russe, là, dit Daniel en désignant Anatoly du menton.

– Oui ?

– Je viens de réaliser à qui il me fait penser.

– Laisse-moi deviner. Viktor Bout ? Leonid Minin ?

– Les trafiquants d'armes ? Raté. Mais t'y es presque. Pour tout dire, je lui trouve une gueule de méchant de James Bond.

– Je sais. Un peu comme toi, d'ailleurs.

Anatoly et Daniel. Différents, mais pas tant que ça, en fait. Ils ne sont pas du genre à renoncer, à se retenir ou à faire semblant. Ils ne s'embarrassent pas des dilemmes, impasses ou autres scrupules. Moi oui. Avant. Il y a un an, j'aurais été incapable de me poser, de profiter et de passer une journée entière à lire et sonder mes états d'âme. Je me serais senti gâté, improductif, délinquant, et même coupable. Plus maintenant. En quittant la gendarmerie, j'ai changé de peau. Le sable et l'eau de mer en ont poncé la couche supérieure avec ses rugosités faites de convenances et d'inhibitions, dévoilant ce faisant qui j'étais vraiment. J'ai largué l'artifice des mondanités, les règles vertueuses que je m'étais imposées à moi-même, les gadgets en plastique et les soucis permanents de la « petite vie », pour embrasser une existence moins rassurante. La piraterie m'attire plus qu'avant : la désobéissance, les incartades et les chemins de traverse. Je les accueille avec une liberté non dissimulée. Je suis un gamin de neuf ans qui se fait faire une crête sur la tête pour la première fois de sa vie, sans en souffler mot à sa maman.

Daniel se penche par-dessus mon épaule, son masque perché sur le front. Il est équipé de pied en cap : combi, stab, bouteille et tout le toutim.

– Encore en train de griffonner sur ton carnet ? demande-t-il, observant d'un air dubitatif ma main qui s'agite sur le papier.

– Oui. J'ai la mémoire courte. Je dois tout noter très vite sinon mes pensées s'envolent…

– Et t'en fais quoi ?

– Eh bien, je laisse les mots s'attarder sur la page quelque temps. Le papier absorbe l'encre, tu vois… mais aussi tout ce qu'il y a autour. Surtout la poussière, les traces de doigts, l'eau de mer et les taches de café. Lorsque je relis mes notes deux ans plus tard, les mots ont une autre saveur. Ils ont le goût du moment où ils ont été écrits. Tu piges ?

– Non. Et il fallait absolument que tu te mettes à écrire *maintenant ?* Genre, là, *tout de suite* ? fait-il en désignant mon matos.

Car oui, moi aussi je suis tout équipé, debout, penché sur la table – ou plutôt croulant sous le poids de la bouteille et des plombs qui me labourent les hanches –, prêt à sauter. Je referme le calepin d'un geste solennel et le jette dans le sac de plongée.

– Il n'y a jamais de mauvais moment. J'ai pensé à quelque chose, il fallait que je le note. Un titre. Ce doit être Tiger Beach qui stimule mon imagination.

– Sans blague, dit Daniel. Je viens de jeter un coup d'œil à l'avant du bateau. C'est du gros.

Des torpilles sombres apparaissent sous le kaléidoscope miroitant de la surface. Elles convergent et ondulent sous la quille. D'élégants patrouilleurs, superbes et suprêmes. Nos hôtes sont arrivés.

Anatoly distribue des accolades flamboyantes, chargées d'adrénaline. Daniel sourit de toutes ses dents, surexcité. On se dandine tous les trois vers la poupe, jusqu'au grand pont de plongée baigné de soleil. Deux filles et un gars sont déjà là, en train de tripoter des caissons vidéo sous-marins valant une petite fortune. Un biologiste et une équipe de télévision qui préparent un reportage animalier sur les requins. Nous nous regroupons, effectuons un dernier contrôle pré-plongée et vérifions nos instruments. La Bund est formelle : c'est l'heure de plonger.

Remerciements

Nitrox est né en 2007, en mer Rouge, et en anglais. Le recueil de rêveur accumulait les divagations. Victoria Gosling et Jane Flett, membres de la plateforme *The Reader Berlin*, m'ont prodigué les premiers soins littéraires et inculqué les bases du roman. Le manuscrit anglais, baptisé *The Freelancers*, a ensuite bourlingué et évolué entre Genève, Paris et New York, en s'imprégnant des commentaires encourageants de nombreux amis, parents, plongeurs et non-plongeurs. Une parachutiste parfumée a trouvé le projet intéressant et m'a embarqué en même temps. La version autoéditée du livre doit sa première apparition publique à Jason Heaton, journaliste horloger, qui a eu la gentillesse de le plébisciter sur son excellent podcast *The Grey Nato*. Alexandra Bigaignon s'est attelée à la traduction du texte ; la version française doit beaucoup à son travail. Brice Masi, biologiste, plongeur hors pair et fondateur de Click-Dive.com, m'a gratifié d'une dernière lecture généreuse. L'été dernier, Céline, devenue depuis ma femme chamane, a insinué que le moment était venu de mettre le manuscrit au courrier. Deux semaines plus tard, Gwenaëlle Denoyers m'appelait à New York et je découvrais ce qu'est une éditrice. Merci à toutes et à tous. L'aventure continue.

DANS LA MÊME COLLECTION

Antoine Brea
Récit d'un avocat

William Gay
Petite Sœur la Mort

Clayton Lindemuth
En mémoire de Fred

Mimmo Gangemi
La Vérité du petit juge

Sam Millar
Au scalpel

Franz Bartelt
Hôtel du Grand Cerf

Thomas H. Cook
Danser dans la poussière

Jacky Schwartzmann
Demain c'est loin

Gordon Ferris
Les Adieux de Brodie

Cyril Herry
Scalp

Petros Markaris
Offshore

Parker Bilal
Le Caire, toile de fond

Sophie Chabanel
La Griffe du chat

Mike Nicol
Power Play

Renaud S. Lyautey
Les Saisons inversées

Joseph Kanon
Moscou 61

Benjamin Myers
Dégradation

Jacky Schwartzmann
Pension complète

Jean-Yves Martinez
Les Enchaînés

Julien Capron
Feux de détresse

Petros Markaris
Trois Jours

Sophie Chabanel
Le Blues du chat

RÉALISATION : NORD COMPO À VILLENEUVE-D'ASCQ
ACHEVÉ D'IMPRIMER SUR ROTO-PAGE
PAR L'IMPRIMERIE FLOCH, À MAYENNE
DÉPÔT LÉGAL : AVRIL 2019. N° 141751 (94100)
IMPRIMÉ EN FRANCE